CURA

CURA

CURA

A trajetória pela doença mental até alcançar a saúde mental

Dr. THOMAS INSEL

Membro da Academia Nacional de Medicina dos Estados Unidos

ALTA BOOKS
GRUPO EDITORIAL
Rio de Janeiro, 2023

Cura

Copyright © 2023 da Starlin Alta Editora e Consultoria Ltda.
ISBN: 978-85-508-1851-1

Translated from original Healing: Our Path from Mental Illness to Mental Health. Copyright © 2022 by Thomas Insel, MD. ISBN 9780593298046. This translation is published and sold by Penguin Press an imprint of Penguin Randon House LLC, the owner of all rights to publish and sell the same. PORTUGUESE language edition published by Starlin Alta Editora e Consultoria Eireli, Copyright ©2023 by Starlin Alta Editora e Consultoria Eireli.

Impresso no Brasil – 1ª Edição, 2023 – Edição revisada conforme o Acordo Ortográfico da Língua Portuguesa de 2009.

```
Dados Internacionais de Catalogação na Publicação (CIP) de acordo com ISBD

159c    Insel, Dr. Thomas
        Cura: a trajetória pela doença mental até alcançar a saúde
        mental / Dr. Thomas Insel ; traduzido por Caroline Suiter. - Rio de
        Janeiro : Grupo Editorial Alta Books, 2023.
        336 p. ; 15,7cm x 23cm.

        Tradução de: Healing: Our Path from Mental Illness to Mental
        Health.
        Inclui índice e apêndice.
        ISBN: 978-85-508-1851-1

        1. Saúde mental. 2. Cura. 3. Doença mental. I. Suiter, Caroline. II.
        Título.

2023-645                                    CDD 616.89
                                            CDU 613.86
        Elaborado por Vagner Rodolfo da Silva - CRB-8/9410

        Índice para catálogo sistemático:
        1. Saúde mental 616.89
        2. Saúde mental 613.86
```

Todos os direitos estão reservados e protegidos por Lei. Nenhuma parte deste livro, sem autorização prévia por escrito da editora, poderá ser reproduzida ou transmitida. A violação dos Direitos Autorais é crime estabelecido na Lei nº 9.610/98 e com punição de acordo com o artigo 184 do Código Penal.

A editora não se responsabiliza pelo conteúdo da obra, formulada exclusivamente pelo(s) autor(es).

Marcas Registradas: Todos os termos mencionados e reconhecidos como Marca Registrada e/ou Comercial são de responsabilidade de seus proprietários. A editora informa não estar associada a nenhum produto e/ou fornecedor apresentado no livro.

Erratas e arquivos de apoio: No site da editora relatamos, com a devida correção, qualquer erro encontrado em nossos livros, bem como disponibilizamos arquivos de apoio se aplicáveis à obra em questão.
Acesse o site www.altabooks.com.br e procure pelo título do livro desejado para ter acesso às erratas, aos arquivos de apoio e/ou a outros conteúdos aplicáveis à obra.

Suporte Técnico: A obra é comercializada na forma em que está, sem direito a suporte técnico ou orientação pessoal/exclusiva ao leitor.

A editora não se responsabiliza pela manutenção, atualização e idioma dos sites referidos pelos autores nesta obra.

Produção Editorial
Grupo Editorial Alta Books

Diretor Editorial
Anderson Vieira
anderson.vieira@altabooks.com.br

Editor
José Ruggeri
j.ruggeri@altabooks.com.br

Gerência Comercial
Claudio Lima
claudio@altabooks.com.br

Gerência Marketing
Andréa Guatiello
andrea@altabooks.com.br

Coordenação Comercial
Thiago Biaggi

Coordenação de Eventos
Viviane Paiva
comercial@altabooks.com.br

Coordenação ADM/Finc.
Solange Souza

Coordenação Logística
Waldir Rodrigues

Gestão de Pessoas
Jairo Araújo

Direitos Autorais
Raquel Porto
rights@altabooks.com.br

Assistentes da Obra
Beatriz de Assis
Gabriela Paiva

Produtores Editoriais
Illysabelle Trajano
Maria de Lourdes Borges
Paulo Gomes
Thales Silva
Thiê Alves

Equipe Comercial
Adenir Gomes
Ana Claudia Lima
Andrea Riccelli
Daiana Costa
Everson Sete
Kaique Luiz
Luana Santos
Maira Conceição
Nathasha Sales
Pablo Frazão

Equipe Editorial
Ana Clara Tambasco
Andreza Moraes
Beatriz Frohe
Betânia Santos
Brenda Rodrigues

Caroline David
Erick Brandão
Elton Manhães
Gabriela Nataly
Henrique Waldez
Isabella Gibara
Karolayne Alves
Kelry Oliveira
Lorrahn Candido
Luana Maura
Marcelli Ferreira
Mariana Portugal
Marlon Souza
Matheus Mello
Milena Soares
Patricia Silvestre
Viviane Corrêa
Yasmin Sayonara

Marketing Editorial
Amanda Mucci
Ana Paula Ferreira
Beatriz Martins
Ellen Nascimento
Livia Carvalho
Guilherme Nunes
Thiago Brito

Atuaram na edição desta obra:

Tradução
Caroline Suiter

Copidesque
Carolina Freitas

Revisão Gramatical
André Luiz Cavanha
Fernanda Lutfi

Revisão Técnica
Dra. Daniela Sopezki
Mestra em Psicologia Clínica e Doutora em Saúde Coletiva

Diagramação
Joyce Matos

Capa
Paulo Vermelho

Editora afiliada à:

ALTA BOOKS
GRUPO EDITORIAL

Rua Viúva Cláudio, 291 – Bairro Industrial do Jacaré
CEP: 20.970-031 – Rio de Janeiro (RJ)
Tels.: (21) 3278-8069 / 3278-8419
www.altabooks.com.br — altabooks@altabooks.com.br
Ouvidoria: ouvidoria@altabooks.com.br

Para Deb

Foi dito, em outras épocas, que a mente de um homem é um país distante que não pode ser abordado nem explorado. Mas, hoje, sob as condições atuais da realização científica, será possível para uma nação tão rica em recursos humanos e materiais como a nossa tornar acessível a mente, outrora distante. Aqueles com distúrbios mentais e pessoas com deficiência intelectual não precisam mais ser alheios aos nossos afetos ou excluídos do cuidado das nossas comunidades.

— John F. Kennedy, mensagem especial ao Congresso, 28 de outubro de 1963[1]

AGRADECIMENTOS

Em 2019, ouvi uma entrevista de Terri Gross com o lendário escritor Jay McInerney, na qual ele confessou: "Escrever um romance é como dirigir pelo país à noite. Basta seguir os faróis e, de alguma forma, chegar ao outro lado." Este livro, embora não seja um romance roteirizado por um grande escritor, tinha a característica de "seguir os faróis". Começou como um livro sobre tecnologia. Na época, a inteligência artificial e o *big data* foram propostos como respostas para quase todas as perguntas e fiquei entusiasmado com o fato de que as mesmas abordagens que estávamos usando no Google para revolucionar a diabetes e o câncer transformariam facilmente o mundo das doenças mentais. Meu "passeio pelo país" me levou a lugares que eu não esperava, não apenas ideologicamente longe do Vale do Silício, mas emocionalmente mais perto das necessidades de indivíduos que não podiam acessar a internet e nunca apareceriam no mundo do *big data*. Não tenho certeza se cheguei totalmente ao "outro lado", mas acabei em um lugar com mais humildade e, espero, mais humanidade do que onde comecei.

Há tantas pessoas generosas e pacientes que ajudaram ao longo do caminho. Por essa guinada da alta tecnologia para alta interação, estou em dívida com Gardiner Harris, Doug Abrams, Lara Love e Lauren Sharp. Gavin Newsom e Ann O'Leary me encorajaram a focar

AGRADECIMENTOS

a Califórnia como um recorte para a crise nacional. Serei eternamente grato ao Instituto Steinberg, especialmente Darryl Steinberg, Maggie Merritt e Katie Lucas, por me darem um lugar para explorar questões políticas. E sou também grato à Universidade de Stanford, especialmente Laura Roberts, por me honrar com um título de professor que dava acesso à biblioteca e excelentes colegas acadêmicos.

Minha educação no mundo real da saúde mental foi um presente generoso de pessoas ocupadas que se dedicaram a explicar o que estava e o que não estava funcionando na prática. Encontrei-me com vários membros da County Behavioral Health Directors [Diretrizes de Saúde Comportamental do Condado, em tradução livre] na Califórnia, todos líderes, ativistas e clínicos extraordinários: Jonathan Sherin, Veronica Kelley, Amie Miller, Toni Tullys e Donnell Ewert. Agradecimentos especiais a Alex Sabo do Centro Brien (antigo Centro de Saúde Mental Berkshire).

Indivíduos que desenvolveram soluções específicas foram uma das duas inspirações para escrever este livro. Continuei a encontrar tesouros que ninguém parecia conhecer. Meus agradecimentos a Bob Heinssen (CEC), Roberto Mezzina (Trieste), Steve Fields (Fundação Progress), David Clark (IAPT), Dixon Chibanda (Banco da Amizade), David Olds (Parceria Enfermagem-Família), Joe Parks (Lares de Saúde), David Covington (Crisis Now), Larry Smith (Grand Lake), Greg Simon (Cuidado Colaborativo), Michelle Lambrechts (Gheel OPZ), Bob Waldinger (Centro do Desenvolvimento Adulto de Harvard), Jake Izenberg (Presídio de São Francisco), Shira Shavit (Clínica de Transição UCSF), Vikas Duvvuri (Hospital Fremont), Aislynn Bird (Alameda Assistência Médica para Desabrigados).

A outra inspiração veio de indivíduos que me ajudaram a entender a recuperação. Brandon Staglin, Elyn Saks, Carlos Larrauri e Lara Gregorio compartilharam suas jornadas comigo. Assim como Creigh Deeds, Patrick Kennedy e dezenas de indivíduos que escolheram não ser mencionados neste livro.

AGRADECIMENTOS

Meus agradecimentos a muitos colegas que leram e melhoraram as primeiras versões deste livro: Harold Pincus, Richard Frank, Ron Kessler, Ellen Leibenluft, Matthew Hirshtruitt, Myrna Weissman, Gabe Aranovich, Rob Waters, Steve Hadland, Ricardo Munoz, Helen Christensen e Stefan Scherer forneceram comentários úteis. As conversas com Don Berwick foram fundamentais para me ajudar a mudar o foco dos cuidados com a saúde para a saúde.

Quando iniciei este projeto, não imaginei o quanto a conclusão exigiria um esforço em equipe. Tive muita sorte em ter um agente, Will Lippincott, da Aevitas, e uma editora, Ginny Smith Younce, da Penguin Random House, que eram apaixonados por esse tema e se comprometeram a me ajudar a seguir os faróis até o fim. Nada disso teria acontecido sem Abby Holstein, que me ajudou a moldar as ideias originais em um manuscrito legível. Com Abby e Ginny na equipe, não é falsa modéstia dizer que quaisquer virtudes aqui são devidas a elas, e quaisquer deficiências são provavelmente os lugares onde eu não aceitei o seu conselho de especialistas. Agradecimentos especiais a Ellie Marlor, que forneceu assistência especializada de referências; Caroline Sydney, que moldou este manuscrito em um livro; e Jane Cavolina, que me ensinou que cuidados médicos eram duas palavras.

Ao longo da minha carreira diversificada, tive a sorte de encontrar mentores excepcionais em cada canto. Bob Feinberg me levou à ciência e convenceu um clínico despreparado a entrar para o Instituto Nacional de Saúde dos EUA (NIH). Dennis Murphy, Steve Paul, Phil Skolnick e Fred Goodwin me deram uma oportunidade na carreira científica. Quando deixei a ciência laboratorial, Mike Johns, Elias Zerhouni, Harold Varmus, Tony Fauci e Francis Collins me ensinaram sobre liderança e serviço público. Meus anos no NIH, cercados por colegas criativos e dedicados, foram um presente. Não existe palavra melhor! O NIH continua a ser um tesouro nacional, apoiado pelos contribuintes, mas apolítico e singularmente focado na ciência e na saúde pública.

Finalmente, a minha maior dívida é para com a minha parceira de mais de cinquenta anos, Deb Insel, que é a única escritora talentosa da

AGRADECIMENTOS

família. Depois de ler uma versão inicial do manuscrito, que ela pronunciou como "um completo lixo", Deb me incentivou a escrever para as famílias e não para colegas acadêmicos, a remover dezenas de gráficos e tabelas, e a apenas contar histórias de pessoas reais em lugares reais. Depois de cinco décadas, aprendi a aceitar o conselho dela. E talvez daqui a um ano ou dois, lhe mostre o resultado para ver se o veredito dela mudou.

SUMÁRIO

Nota sobre Linguagem — *xiii*
Introdução — *xvii*

PARTE 1
UMA CRISE DE CUIDADOS

CAPÍTULO 1	Nosso Problema	3
CAPÍTULO 2	Alheios aos Nossos Afetos	25
CAPÍTULO 3	Tratamentos Que Funcionam	43

PARTE 2
SUPERANDO AS BARREIRAS PARA MUDAR

CAPÍTULO 4	Corrigindo a Crise de Cuidados	67
CAPÍTULO 5	Atravessando o Abismo da Qualidade	93
CAPÍTULO 6	Medicina de Precisão	123
CAPÍTULO 7	Além do Estigma	143
CAPÍTULO 8	Recuperação: Pessoas, Lugar e Propósito	159

PARTE 3
O CAMINHO À FRENTE

CAPÍTULO 9	Soluções Mais Simples	183
CAPÍTULO 10	Inovação	199
CAPÍTULO 11	Prevenção	219
CAPÍTULO 12	Cura	237

Apêndice: Recursos   247
Notas   255
Índice   295

NOTA SOBRE LINGUAGEM

Qualquer conversa sobre saúde mental tem que navegar por um cenário linguístico repleto de conflitos políticos, históricos e profissionais. Estamos lidando com doenças mentais, saúde mental, transtornos mentais, distúrbios cerebrais ou transtornos comportamentais? São doenças, transtornos ou condições? O campo é saúde mental ou saúde comportamental? E as pessoas afetadas são pacientes, clientes, consumidores ou sobreviventes? As palavras importam. Neste livro, uso o termo "doença mental" para me referir a transtornos mentais manifestados como mudanças em como pensamos, sentimos e nos comportamos.

Eu compreendo esses transtornos originados no cérebro, mas o termo "transtorno cerebral" conota uma lesão irreversível. O humor, a ansiedade e os transtornos psicóticos envolvem uma desregulação da atividade cerebral, talvez um transtorno de conectividade ou uma "arritmia cerebral", mas não (ainda) uma lesão identificável. E, em relação a alguns transtornos neurodegenerativos, as pessoas podem se recuperar de transtornos mentais. Por outro lado, o "transtorno cerebral" transmite com precisão a natureza séria do problema. Existe o risco de que o termo "transtorno mental" signifique uma condição leve ou moderada que não é mortal nem incapacitante.

NOTA SOBRE LINGUAGEM

Transtornos comportamentais incluem vícios, de nicotina a opiáceos. O uso e o abuso de substâncias estão frequentemente associados a doenças mentais, mas, neste livro, serão tratados como uma consequência e não uma forma central de doença mental. Evito os termos "saúde comportamental" e "transtorno comportamental" ao falar sobre doença mental grave porque esses transtornos envolvem muito mais do que comportamento, mas reconheço que, para os sistemas de saúde e para os contribuintes, "saúde comportamental" descreve a ampla área da doença mental, adicções a substâncias ou a comportamentos e, às vezes, bem-estar.

O termo "transtorno de saúde mental" é particularmente desagradável. Falamos de doenças cardíacas, não de "transtorno de saúde cardíaca", ou doenças metabólicas, não de "transtorno de saúde metabólica". Não vejo razão para tratar doenças mentais de forma diferente.

São transtornos, doenças ou condições? Usarei os termos "transtorno" e "doença" de forma intercambiável. Em ambos os casos, fazemos bem em lembrar que os rótulos que usamos são simplesmente convenções com limitações. Rótulos como "doença" ou "transtorno" descrevem um conjunto de sintomas. Eles não definem uma pessoa.

E eu me refiro a pessoas com essas doenças como pacientes. Os psicoterapeutas denominam "clientes" e os sistemas de saúde referem-se a "usuários". Pessoas que experimentam tal vivência às vezes se autodenominam "sobreviventes". Minha abordagem é médica e sem rodeios, não porque acredito em um modelo médico paternalista para tratamento (não acredito) e não porque acho que a medicação é o único tratamento para doenças mentais (não acredito), mas por duas razões práticas: primeiro, quero que o seguro de saúde público e privado pague pelos tratamentos que funcionam e, segundo, quero que os padrões que esperamos para os cuidados médicos e cirúrgicos se apliquem ao tratamento de doenças mentais. Não é possível exigir paridade para clientes que não são pacientes. Se queremos os benefícios e o rigor da ciência médica, nossa linguagem precisa aderir às convenções médicas e científicas. Mas, como você verá, uma abordagem médica introduz uma sé-

NOTA SOBRE LINGUAGEM

rie de restrições que precisaremos atravessar se quisermos um futuro diferente para pessoas com doenças mentais.

Finalmente, uma nota sobre os nomes. Indivíduos identificados com apenas o primeiro nome no texto são um agregado de muitos indivíduos e não uma descrição completa de ninguém. Eles são fictícios, no sentido de que nenhuma dessas pessoas existe, mas características específicas são derivadas de pessoas reais com detalhes alterados para proteger o anonimato. Esses históricos de casos foram construídos para serem representativos, portanto podem parecer familiares e pessoas que conheci e milhões que não conheci. Mas essas histórias não são retratos de um indivíduo, e qualquer semelhança com uma pessoa viva ou morta é tanto não intencional quanto inevitável. Por outro lado, os indivíduos identificados com o primeiro e o último nome são reais e os entrevistados e citados revisaram o conteúdo quanto à precisão.

INTRODUÇÃO

Tenho enfrentado doenças mentais como pai, cientista e médico por quase meio século. Habilitado como psiquiatra e trabalhando como neurocientista, passei as últimas quatro décadas testemunhando descobertas de pesquisa sobre como o cérebro funciona na saúde e na doença. Em última análise, tornei-me, por mais de uma década, o "psiquiatra da nação" — diretor do Instituto Nacional de Saúde Mental (NIMH), e supervisor de mais de $20 bilhões para pesquisa em saúde mental. Ajudei o presidente George W. Bush a responder aos tiroteios nas escolas e coorientei a Iniciativa Brain* do presidente Barack Obama. Aconselhei membros do Congresso sobre cuidados de saúde mental e trabalhei com líderes no Pentágono sobre a questão do suicídio no exército. Em suma, era meu trabalho fazer a diferença para os norte-americanos com algum tipo de doença mental. Eu deveria ter sido capaz de nos ajudar a superar obstáculos da morte e da invalidez, mas não fui capaz porque entendi o problema de forma errada. Ou talvez seja mais preciso dizer que o problema que eu estava resolvendo, apoiando cientistas brilhantes e

---

* Iniciativa BRAIN (acrônimo para Brain Research Through Advancing Innovative Neurotechnologies, ou Pesquisa Cerebral por meio de Neurotecnologias Inovadoras Avançadas em tradução livre). [N. da T.]

INTRODUÇÃO

clínicos dedicados, não era o problema que enfrentavam quase vinte milhões de norte-americanos que viviam com doenças mentais graves.

Em uma noite fria de maio de 2015, durante meu último ano como diretor do NIMH, eu estava em Portland, Oregon, fazendo uma apresentação para uma sala cheia de defensores da saúde mental, principalmente membros de famílias de jovens portadores de doença mental grave. O NIMH é o maior financiador mundial de pesquisas de doenças mentais, que mantém estudos sobre as causas e os tratamentos de transtornos como depressão e esquizofrenia, bem como pesquisas básicas sobre o funcionamento cerebral. Como o NIMH é financiado pelos contribuintes, interagir com o público foi uma parte importante do meu trabalho. Naquele dia, cliquei na minha apresentação-padrão do PowerPoint que mostrava nosso progresso recente: imagens de scanner de alta resolução mostrando mudanças cerebrais em pessoas com depressão, células-tronco de crianças com esquizofrenia mostrando ramificação anormal de neurônios e mudanças epigenéticas como marcadores de estresse em ratos de laboratório — todas as evidências de nosso sucesso científico e razões para os cidadãos serem gratos por essa administração sábia de seus dólares de contribuintes. Tínhamos aprendido tanto! Estávamos fazendo muito progresso!

Enquanto eu podia ver cabeças assentindo na primeira fila, um homem alto e barbudo na parte de trás da sala usando uma camisa de flanela parecia cada vez mais agitado enquanto eu descrevia nossas emocionantes descobertas. Quando o período de perguntas e respostas começou, ele saltou para o microfone a fim de fazer a primeira pergunta: "Você realmente não entende. O meu filho de 23 anos tem esquizofrenia. Ele foi hospitalizado cinco vezes, tentou suicídio três vezes, e agora é morador de rua. Nossa casa está pegando fogo e você está falando sobre a química da tinta." Enquanto eu estava lá um pouco espantado, pensando em como responder, ele perguntou: "O que você está fazendo para apagar esse fogo?"

De repente, minha boca pareceu seca. Minhas respostas imediatas foram defensivas: "A ciência é uma maratona, não uma corrida."

"Precisamos saber mais antes de fazer melhor." "Seja paciente, revoluções levam tempo." Mas, naquele momento, eu sabia que ele estava certo. Anos antes, eu tinha visto meu filho lutar contra o transtorno do déficit de atenção com hiperatividade (TDAH), e minha filha, viciada em dietas, quase morrer de anorexia nervosa. Cada um se recuperou, mas as suas jornadas não foram fáceis. Suas lutas foram meus dias mais difíceis como pai. Eu também sabia como era se sentir impotente diante de uma casa em chamas. E eu sabia que nada que meus colegas e eu estávamos fazendo abordava a urgência cada vez maior ou a magnitude do sofrimento que milhões de norte-americanos estavam vivendo — e morrendo.

O progresso científico em nosso campo *era* impressionante, mas, enquanto estudávamos os fatores de risco para o suicídio, a taxa de mortalidade subiu 33%. Enquanto identificávamos a neuroanatomia do vício, as mortes por overdose aumentaram três vezes. Enquanto mapeávamos os genes da esquizofrenia, as pessoas com essa doença ainda estavam cronicamente desempregadas e morrendo vinte anos antes.[2] Nossa ciência buscava causas e mecanismos enquanto os efeitos desses transtornos estavam acontecendo com o aumento da morte e da incapacidade, o aumento de prisões e da falta de moradia, e o aumento da frustração e do desespero dos pacientes e de suas famílias. De fato, muitas das questões sociais mais refratárias da década — pessoas sem-teto, prisões, pobreza — poderiam ser rastreadas, em parte, até o fracasso da nossa nação em cuidar de pessoas com doenças mentais. Enquanto isso, nossa pesquisa sobre métodos de imagem cerebral e novas terapias moleculares prometeu tornar o diagnóstico e o tratamento *mais* caros e *menos* acessíveis.

Em outras áreas da medicina, avanços científicos estavam literalmente salvando vidas. Para pessoas com câncer, doenças cardíacas e derrame, a pesquisa durante as quatro décadas de minha carreira foi revolucionária, com reduções proporcionais de morte e de incapacidade. A AIDS passou de uma sentença de morte para uma doença tratável. Novos tratamentos para o câncer foram quase uma cura. Por que, com tanto progresso em neurociência e genética, não tínhamos reduzi-

INTRODUÇÃO

do mortes ou incapacidade para pessoas com doenças mentais graves? Essa pergunta me faz lembrar de uma história infeliz.

No último mês de sua vida, o presidente John F. Kennedy fez o notável discurso no Congresso, citado na epígrafe de abertura, que prometia que todos os recursos do governo seriam dedicados à luta contra a doença mental. Isso não aconteceu, como veremos, mas o chamado de Kennedy à ação e ao cuidado ainda deve ser nossa direção. Em termos científicos, chegamos muito longe desde que Kennedy observou que a mente não era mais "um país distante". O progresso científico nos últimos sessenta anos tem sido inegável, mas as pessoas com doenças mentais continuam "alheias às nossas afeições". Elas continuam a viver como um povo à parte, "excluído do cuidado de nossas comunidades". Eu entendi que nossa tarefa é terminar uma jornada que nossa nação começou décadas atrás e depois foi tragicamente abandonada.

Para entender como podemos terminar essa jornada iniciada pelo presidente Kennedy, embarquei na minha própria odisseia, não como psiquiatra, mas como jornalista em busca de soluções. Aprendi com pessoas fora do sistema de atendimento, pessoas vivendo na rua, trancadas em prisões, presas em salas de emergência, e bloqueadas pelo nosso sistema de cuidados fragmentados. Pessoas que tinham sido pacientes psiquiátricos me contaram como o sistema falhou com elas em seus momentos mais vulneráveis. Repetidamente, ouvi provedores na linha de frente descreverem os cuidados de saúde mental neste país como uma crise. As famílias me contaram sobre seus esforços desesperados a fim de encontrar um lugar para ir em uma emergência, ou sua busca frustrante a fim de encontrar cuidados eficazes para um ente querido com o tipo de doença complexa que uma prescrição de antidepressivos não conserta. Aprendi que as famílias se tornaram especialistas involuntários, e muitas vezes eram os cuidadores padrão, persuasivos, guias e socorristas.

Para entender melhor as raízes dessa crise, me aprofundei na história e na política, tentando entender por que e como não conseguimos criar ou pagar por um sistema de cuidados para pessoas com doenças

INTRODUÇÃO

mentais quando tínhamos feito melhor para pessoas com condições crônicas de saúde física. Visitei lugares e programas nos EUA e além, nos quais inovadores de saúde, empreendedores sociais e especialistas em tecnologia compartilharam ideias e projetos que podem fazer a diferença para pessoas com doenças mentais.

Ouvi este refrão: os cuidados de saúde mental estão falidos; nossa casa está pegando fogo; estamos de fato em uma crise, uma crise de tratamento. Simplificando, doenças mentais são diferentes de outras doenças. Nossa abordagem atual é um desastre em muitas frentes. O atendimento em saúde mental não é apenas prestado de forma ineficaz, mas só é acessado principalmente durante uma crise. Além de ser estrategicamente focado apenas em aliviar sintomas e não em ajudar as pessoas a se recuperar.

Mas também ouvi uma narrativa diferente, que parecia igualmente convincente e ainda não apreciada. Esta foi uma narrativa de cura: os tratamentos atuais funcionam; doença mental não é uma sentença de prisão perpétua; as pessoas podem se recuperar. Vi muitas vezes programas, profissionais e indivíduos alcançando esse objetivo de cura por meio da recuperação. A recuperação é mais do que uma redução dos sintomas: é o retorno a uma vida plena e significativa. Ou, como um psiquiatra muito sábio trabalhando na skid row* de Los Angeles me disse, "Recuperação? É o PLP. Trata-se de pessoas, lugar e propósito". Ele estava descrevendo o roteiro para uma vida completa e significativa. E o caminho para a recuperação, para essas três letras, não passa simplesmente por clínicas e hospitais. Como veremos, requer algo além de cuidados médicos.

Escrevi grande parte deste livro durante a pandemia da Covid-19, outra crise que revelou a necessidade de pensar além dos cuidados médicos. Pessoas não brancas são mais propensas a ser hospitalizadas e

---

* Skid row, oficialmente conhecida como Central City East, é uma área no centro de Los Angeles. A área possui uma das maiores populações de pessoas sem-teto nos Estados Unidos. No local encontra-se uma das maiores áreas de consumo de crack do país. [N. da T.]

INTRODUÇÃO

mais propensas a morrer de Covid por causa de injustiças sociais. A política falhou na prevenção básica, como máscaras faciais e distanciamento social, devido à desconfiança generalizada. A ciência entregou vacinas na "velocidade da luz", mas a vacinação mostrou-se muito mais difícil. A pandemia nos lembrou de que as soluções médicas só eram eficazes quando a sociedade precisava delas. Melhorar a saúde exigia lidar com as disparidades sociais, enfrentar a desconfiança e fechar lacunas de implementação. Em última análise, superar a pandemia exigiu uma abordagem orientada a grupos populacionais, testando e vacinando pessoas fora de clínicas e de hospitais e alcançando pessoas mais vulneráveis.

A saúde mental também exige mais do que uma solução médica. A cura inclui um foco em equidade, em confiança e em conhecer pessoas para além dos cuidados de saúde tradicionais. Isso não tenciona minimizar a necessidade de soluções médicas. Assim como na Covid-19, pacientes com doença mental se beneficiariam com melhores terapias e melhor prevenção. Mas, no que diz respeito à saúde mental, já temos o que a maioria das pessoas precisa para se recuperar, e não é apenas tratamento médico. Simplificando, o problema de saúde mental é médico, mas as soluções não são apenas médicas: são sociais, ambientais e políticas. Não só precisamos de um melhor acesso a tratamentos médicos; precisamos incluir pessoas, lugar e propósito como parte do cuidado.

Fazer esse trabalho significa abordar grandes males sociais, como pessoas em situação de rua, encarceramento e mortes por desespero (por suicídio, overdoses e alcoolismo) como consequências inescapáveis de doenças mentais. No início da minha jornada, já reconheci que nenhum desses enormes desafios sociais seria solucionado sem resolver a crise de saúde mental. No fim da minha jornada, eu estava convencido de que a crise de saúde mental poderia ser resolvida, mas não sem assumir esses desafios sociais. Em cidades e municípios rurais, em bairros ricos e pobres, testemunhei o poder curativo da recuperação. Mas, ainda mais importante, entendi que focar a cura para os milhões com doenças mentais graves nos coloca no caminho de uma sociedade mais equitativa, compassiva e inclusiva.

Sim, nossa casa está pegando fogo, mas a boa notícia é que a história da saúde mental nos Estados Unidos é impulsionada por uma surpreendente narrativa de esperança: a consciência de que as soluções para o nosso sistema falido já estão perto de ser evidenciadas, prontas para serem implantadas. Tudo o que falta é o compromisso.

Essa narrativa de esperança emergiu de muitas fontes, mas, acima de tudo, de pessoas que conheci que lutaram contra doenças mentais e cresceram com a experiência. Brandon Staglin convive com a esquizofrenia há trinta anos. Conhecendo-o agora na meia-idade, com seu comportamento silencioso, escolha de palavras cuidadosas e humor irônico, ele é instantaneamente simpático, o tipo de pessoa que exala compaixão e amabilidade. Ele não hesita em perguntar sobre suas necessidades e fala sobre si mesmo, com apenas um sorriso tímido. Mas, quando conheci Brandon em uma arrecadação de fundos para a saúde mental há quinze anos, ele parecia distraído e mecânico; alguém que não estava gravemente doente, mas que não estava totalmente bem.

Seu primeiro ataque de psicose, quase quinze anos antes disso, foi no verão após seu primeiro ano de faculdade, logo após terminar com uma namorada. Atormentado por sentimentos de fracasso, ele ficou sobrecarregado pela ansiedade. Como ele descreve agora: "Algo se quebrou. Senti que espíritos estavam tentando invadir meu corpo. De repente tive essa sensação inabalável de que o lado direito do meu cérebro havia sumido. Especificamente o direito, não o esquerdo. Tinha sangrado de alguma forma, e com ele todos os marcadores emocionais de quem eu era — meu amor pelos meus pais, meu afeto pelos meus amigos — simplesmente se foram."

Incapaz de dormir e cada vez mais irracional, ele acabou em um hospital psiquiátrico por três dias. Diagnosticado com esquizofrenia, Brandon iniciou um longo processo de tratamento de tentativa e erro com seu médico enquanto trabalhavam para encontrar a combinação

INTRODUÇÃO

de medicamentos antipsicóticos que o ajudariam. Muitos ajudaram, mas efeitos colaterais tornaram as drogas intoleráveis. E eles não controlavam os pensamentos aterrorizantes que apinhavam seu cérebro: o que ele chama de medos "condicionais" — se ele ingerisse muita quantidade de comida, alguém que ele amava morreria. Ele se sentiu dominado por "demônios". Depois de três meses sem muita resposta, seu médico tentou um novo antipsicótico, clozapina, que o ajudou a controlar o pior desses pensamentos. Enquanto ele continuava a se consultar com um psiquiatra e a manter seus medicamentos, ele também continuava a lutar com um diálogo interno distrativo.

Brandon, como muitas pessoas com esse transtorno, tinha sintomas "positivos" ou emergentes — alucinações e delírios ("espíritos tentando invadir meu corpo") — e "negativos" ou sintomas de déficit — pensamentos lentos ou distraídos e o que os psiquiatras chamam de "embotamento afetivo" ou falta de sentimento, como a sensação que Brandon tinha de que toda a emoção havia sido drenada de seu cérebro. Os medicamentos visam aos sintomas positivos, mas geralmente os sintomas negativos são mais incapacitantes.

De alguma forma, Brandon foi capaz de suprimir esses sintomas negativos o suficiente para retornar à faculdade e, finalmente, se formar com um diploma duplo em engenharia e antropologia. Sua segunda pausa veio quando ele se preparou para a pós-graduação. Ele havia reduzido a medicação antipsicótica a fim de conseguir mais horas de vigília para estudar e, alguns meses depois de baixar a dosagem, foi atingido por dores agudas na testa; dores que ele agora descreve como uma forma de alucinação. Brandon deixou o trabalho, desistiu de frequentar a pós-graduação e se internou em outro hospital psiquiátrico.

O que torna a história de Brandon excepcional é o que aconteceu a seguir. Depois de retomar a medicação, ele decidiu, como diz agora, "me comprometer com a sanidade. Tive a sorte de nunca estar doente demais para não saber que estava doente". Ele embarcou em um plano expansivo de longo prazo que fornecia suporte em todas as áreas de vulnerabilidade: medicação para seus delírios, um programa experimental de treinamento baseado em computador para seus sintomas negativos, treinamento para habilidades sociais, apoio ao trabalho, tocar guitarra e meditação. Brandon teve a sorte de ter uma família que estava totalmente comprometida com a sua recuperação e tinha os meios para apoiar os seus planos.

Mais de duas décadas depois, Brandon não teve mais episódios de psicose. Ele atribui sua recuperação a encontrar conexão, refúgio e significado, não definidos por doença mental. Ele continua com seus três Ms: medicação, meditação e música. Pensamentos intrusivos distrativos, que ele atribui à esquizofrenia, ainda o importunam, mas eles não o controlam. Ele é casado, atua como presidente da One Mind, uma organização sem fins lucrativos que defende a pesquisa em saúde cerebral, e viaja pelo país como porta-voz de pessoas com doenças mentais graves. Recentemente, ele concluiu um programa de pós-graduação na Universidade da Califórnia, São Francisco, para criar uma rede de compartilhamento de dados que permitirá que as clínicas na Califórnia, especializadas no fornecimento de serviços de detecção e intervenção precoce para psicose, comparem os resultados e desenvolvam práticas bem-sucedidas.

Nem sempre precisamos saber muito para fazer nosso melhor. Com cuidados abrangentes e de alta qualidade — cuidados que incluem pessoas, lugar e propósito —, as pessoas podem se curar. No entanto, a maioria das pessoas com uma doença mental que se beneficiariam desses tratamentos não está sendo cuidada; muitas vezes, aqueles que procuram cuidados não podem acessá-los, não podem pagá-los ou recebem cuidados inadequados, inapropriados, inconsistentes. Mesmo as famílias que têm seguro saúde e recursos financeiros suficientes, que vivem nas proximidades de profissionais e instalações de tratamento, e que têm a vantagem de serem brancas, podem passar décadas em um longo processo, muitas vezes autodirigido e infeliz, de buscar e tentar diferentes tratamentos na esperança de que funcionem. E esses tratamentos geralmente não visam mais do que reduzir os sintomas.

INTRODUÇÃO

Para a recuperação, temos de ir mais longe. Trata-se de construir uma vida. Trata-se de criar significado, propósito, como disse o psiquiatra da skid row, e desfrutar do apoio social e do ambiente que cria uma vida plena. A verdade é que sabemos o que a recuperação requer. Nossa maior tarefa é colocar em prática as diversas coisas que aprendemos que são eficazes, preenchendo a lacuna entre o que sabemos e o que fazemos.

PODEMOS SIMPLESMENTE MODIFICAR NOSSO sistema de saúde mental para preencher essa lacuna? No início dos anos 2000, após uma onda de tiroteios em escolas, participei de uma coletiva de imprensa com o então cirurgião-geral dos EUA,* Richard Carmona, para responder às preocupações públicas sobre segurança escolar. Uma das primeiras perguntas foi: "O que você vai fazer para consertar o sistema de saúde mental nos Estados Unidos?" Antes que eu pudesse responder, o Dr. Carmona replicou: "Nada", disse. "Não vamos consertar o sistema de saúde mental, porque nos Estados Unidos não há sistema de saúde mental para consertar." O Dr. Carmona estava certo, e sua resposta ainda soa verdadeira: não temos um sistema de saúde mental. Na melhor das hipóteses, temos um sistema de atenção ao adoecimento mental projetado para responder a uma crise, mas não desenvolvido com uma visão de saúde mental focada na prevenção e na recuperação. Esse sistema de auxílio-doença foi construído por companhias de seguros e companhias farmacêuticas, e, em certa medida, provedores de serviço de saúde. Não foi construído por ou para pacientes ou famílias ou comunidades. O Dr. Carmona entendeu que "a correção" não era simplesmente uma nova política ou um novo medicamento; exigia uma reformulação do problema e um refoco em soluções que passaram do atendimento de crises e internações para prevenção e recuperação.

---

* O cirurgião-geral dos Estados Unidos é o chefe operacional do Corpo Comissionado do Serviço de Saúde Pública dos EUA (PHSCC) e, portanto, o principal porta-voz em questões de saúde pública no governo federal dos Estados Unidos. [N. da T.]

INTRODUÇÃO

Como fazer da prevenção e da recuperação o foco do cuidado? Como superamos o obstáculo? Mesmo depois de uma vida inteira em campo, muitas das minhas respostas a essas perguntas provaram-se erradas. Pensei que nosso maior problema era o acesso ao cuidado, mas há quase 600 mil provedores de cuidados de saúde mental, mais do que quase qualquer outra especialidade médica. Pensei que precisávamos de uma nova geração de tratamentos, mas os tratamentos atuais são tão eficazes quanto alguns dos medicamentos mais utilizados na medicina. Pensei que se providenciássemos um atendimento melhor, veríamos melhores resultados, mas os resultados dependem de muito mais do que somente os cuidados com a saúde. Carmona estava certo: precisamos repensar o problema.

Este livro começa definindo essa crise, depois passa a investigar o que agora retarda a solução da crise, e termina com um chamado à ação, lembrando a declaração original do presidente Kennedy, de que aqueles com doenças mentais não devem estar "excluídos do cuidado de nossas comunidades". A narrativa segue indivíduos e suas famílias lutando para entender a doença mental enquanto tentamos responder a uma série de perguntas simples que os confundiram e me atormentaram.

Com tantos provedores, por que há tão pouco acesso? Metade dos nossos municípios não têm profissional de saúde mental. E metade dos nossos psiquiatras não aceitam plano de saúde ou não estão disponíveis na saúde pública. Se você tem um jovem que precisa de internação psiquiátrica, talvez precise procurar fora do estado. Como um ex-superintendente de saúde mental de Massachusetts me disse: "É mais fácil colocar seu filho na Faculdade de Medicina de Harvard do que encontrar um leito psiquiátrico em um hospital estadual." Os problemas de acesso são forças poderosas de discriminação que criminalizaram a doença mental. Como resultado, nossas prisões e nossos presídios tornaram-se hospitais psiquiátricos, e nossos poucos hospitais psiquiátricos públicos restantes são essencialmente usados como prisões para pacientes forenses.*

---

* Um indivíduo com doença mental acusado ou condenado por um crime. E, em particular, aquele que obteve sentença de inimputável por conta de transtorno mental. [N. da T.]

INTRODUÇÃO

Se os tratamentos são tão eficazes, por que os resultados são tão terríveis? Há várias razões. Em primeiro lugar, embora os tratamentos individuais funcionem, eles raramente são combinados para fornecer o tipo de cuidado integral de que a maioria das pessoas precisa. Em segundo lugar, há uma lacuna de conhecimento na correspondência de tratamentos aos indivíduos. A medicina de precisão ainda não é uma realidade para doenças mentais. Por fim, há o desafio crônico e refratário de atitudes negativas em relação ao tratamento que impedem muitas pessoas de se beneficiarem dele — ou apenas o utilizam durante uma crise.

No entanto, veremos que, para cada um dos impedimentos, há soluções. Às vezes nos EUA, e muitas vezes em outros países cujos cuidados de saúde mental são mais avançados, há programas promissores que proporcionam melhores resultados. Não precisamos prender as pessoas porque elas têm uma doença mental. A qualidade do atendimento pode ser melhorada, integrando tratamentos e capacitando prestadores para entregar os tratamentos que funcionam. A ciência está nos dando categorias diagnósticas mais precisas para que possamos combinar tratamentos com as necessidades específicas de um indivíduo. A discriminação pode ser superada.

Uma das lições de outras áreas da medicina é o poder de melhorias no cuidado. Durante minha carreira, por exemplo, a leucemia linfoide aguda, o tipo de câncer mais comum em crianças, passou de 90% de fatalidade para 90% de curabilidade. Pouco desse magnífico progresso pode ser atribuído a drogas inovadoras; a maioria resultou de aprender a usar melhor os tratamentos em mãos. Da mesma forma, começamos a reconhecer que, combinando elementos de cuidado para jovens com um primeiro episódio de psicose, os resultados mudam da incapacidade para a recuperação.

Também vimos a promessa de inovação em fechar a lacuna entre o que sabemos e o que fazemos. A tecnologia pode democratizar o tratamento, ajudando as pessoas a se engajar no cuidado e oferecendo acesso a cuidados de alta qualidade. Qualquer pessoa com serviço de internet tem acesso a informações, tratamentos e comunidades de apoio. Hoje, pessoas que lutam contra a depressão em Boston e em Botsuana podem acessar o mesmo cuidado do mesmo provedor de saúde.

Se eu estivesse criando hoje a mesma apresentação do PowerPoint que uma vez mostrei na época do cargo no NIMH, eu ainda me concentraria na promessa de ciência e inovação. Eu diria que podemos resolver uma crise de cuidados. Mas eu também teria que moderar esse entusiasmo com uma verdade inesperada: a própria assistência à saúde explica[2] apenas cerca de 10% das possibilidades na saúde. O mesmo vale para a saúde mental. Muito do que precisamos para melhores resultados é fundamental para todos os aspectos da saúde, mas não faz parte da assistência de saúde. Agora entendemos que fatores sociais (seu CEP, não seu código genético) e escolhas de estilo de vida (como você vive, não quantos medicamentos você toma) são muito mais importantes para os resultados de saúde do que seu diagnóstico específico ou seu plano de saúde. Mas esses fatores, como os fatores fundamentais para a recuperação, muitas vezes não são pagos pelo plano de saúde e geralmente não são oferecidos como parte do tratamento.

É imprescindível ampliar a lente para pensarmos sobre o problema. As estatísticas sobre o aumento das mortes e deficiências não são apenas o resultado de um sistema de cuidados fracassado. Culpar os médicos que cuidam de pessoas com doenças mentais é como acusar biólogos de campo das mudanças climáticas. Pessoas com doenças mentais estão encarceradas, são sem-teto ou suicidas porque não estamos mais comprometidos com pessoas, lugar e propósito para todos nós. Tornaram-se intocáveis, fáceis de ignorar até que "eles" se tornem um ente querido, um vizinho ou um colega de trabalho. Pode não haver grupo mais desprivilegiado, mais maltratado em nossa sociedade. Eles morrem, em média, mais de vinte anos prematuramente.[3] O que equivale à expectativa de vida do norte-americano da década de 1920.

Este livro defende uma abordagem fundamentalmente nova, que eu negligenciei como "psiquiatra dos Estados Unidos", quando o objetivo era desenvolver um biomarcador para a depressão ou um alvo molecular para esquizofrenia. Para ser claro, não me arrependo do financiamento do NIMH para genômica e neurociência. Ainda acredito que precisamos de uma ciência melhor e de uma compreensão mais profunda da biologia, da psicologia e dos fatores ambientais subjacentes às doenças mentais. A química da tinta *é* importante. Os pioneiros que trabalham nessa química algum dia serão anunciados como heróis. Mas também há pioneiros que têm uma visão mais ampla do problema, que veem a doença mental através das lentes mais amplas dos direitos humanos. Eles estão encontrando maneiras mais rápidas de apagar o fogo, demonstrando que pessoas com doenças mentais não precisam mais ser "alheias aos nossos afetos" ou "estar excluídas do cuidado de nossas comunidades".

Em 2019, visitei um grupo de pioneiros em Trieste, Itália, para aprender com uma cidade que se tornou famosa por seu compromisso com o cuidado em saúde mental. No fim da minha visita, tomei um táxi para o aeroporto. O motorista era da Eslovênia, mas falava excelente inglês. Enquanto dirigia pela orla adriática nessa bela cidade portuária no extremo nordeste da Itália, ele orgulhosamente apontou os pontos turísticos. E então, meio virando em seu assento para me olhar de frente, ele apontou para uma colina e disse: "E lá em cima está a clínica. Você sabe que temos os melhores cuidados de saúde mental do mundo aqui?" Meu motorista não tinha como saber que eu tinha visitado Trieste especificamente para aprender sobre seu sistema de saúde mental. Mas não fiquei surpreso, por completo. Durante décadas, Trieste tem sido líder em enfatizar a recuperação de pessoas com doenças mentais.

Há muito tempo, Trieste fechou seus manicômios, mais ou menos na mesma época em que os Estados Unidos fechavam seus hospitais estaduais. Mas, em contraste com os EUA, Trieste reconcentrou todos os seus esforços em ajudar pessoas com doenças mentais a ter uma vida plena na comunidade. O complexo que meu taxista apontou era San Giovanni, o local do manicômio original. Hoje San Giovanni é um parque e abriga uma escola, parte da universidade, vários serviços de saúde e cooperativas que reintegram ex-pacientes do manicômio na força de trabalho e lhes proporcionam empregos significativos. Um exército de *operatori* (trabalhadores) — com uma força de trabalho às vezes maior do que o número de pacientes em Trieste — fornece apoio social e visitas domiciliares. Trieste adota uma abordagem holística, focando o indivíduo e suas conexões sociais, não a desordem. Como o Dr. Roberto Mezzina, do San Giovanni, me disse: "Focamos a hospitalidade, não a hospitalização." O objetivo é a recuperação, definida como inclusão em família, trabalho e comunidade.

Durante minha visita, a equipe de intervenção em crise foi chamada para a casa de um jovem com uma psicose aguda. A equipe contou com uma enfermeira, uma assistente social e um colega. Sem polícia, sem ambulância, sem armas de fogo. No caminho para a casa, a assistente social conversou por telefone com a mãe do jovem. A equipe passou sete horas com o paciente e sua família, elaborando um plano para que ele ficasse em casa, sendo cuidado na comunidade. Mais tarde, a enfermeira me perguntou sobre serviços de intervenção em crise nos EUA. Quando expliquei que não podemos contatar membros da família sem consentimento, ela olhou para mim com descrença. "Como você pode ajudar sem a família? É uma loucura."

Em Trieste, pessoas em situação de rua são inexistentes e a dependência química é menos evidente. Há altas taxas de emprego e baixas taxas de internação para pessoas com doença mental grave. Em um seguimento de 5 anos de 27 pessoas,[4] Mezzina encontrou uma redução de 20% nos sintomas e um aumento de 50% no funcionamento social, com 9 pessoas em empregos competitivos e 12 vivendo de forma independente. A satisfação dos usuários, raramente medida nos EUA, ultrapassou 80% nas últimas 3 décadas.

O movimento em Trieste começou há mais de cinco décadas, época em que os Estados Unidos estavam começando a se afastar da visão de Kennedy para a saúde mental. O deles é um compromisso baseado em um objetivo de direitos humanos, não apenas um de saúde. Trieste não apresenta uma solução rápida ou completa para as comunidades

INTRODUÇÃO

nos EUA, onde a pobreza endêmica e a discriminação complicam nossa abordagem às pessoas com doenças mentais. Mas, apesar do enorme desafio nos EUA, o momento da mudança chegou.

Em última análise, só podemos ultrapassar obstáculos sobre incapacidade e morte se entendermos que a crise de saúde mental não é apenas uma crise de cuidado; é uma questão de direitos humanos. Quando pessoas com transtornos mentais têm deficiência, elas são, por definição, incapazes de se defender. Os defensores da saúde mental há muito proclamam que "não existe saúde sem a saúde mental". Verdade, mas a verdade maior é que, como nação, precisamos entender que "não há justiça sem saúde mental". Se a verdade inconveniente é que a crise de saúde mental é uma crise de direitos humanos, algo com que nossa nação é condenada, a verdade imperceptível é que as soluções estão escondidas à vista de todos. Não estamos mais naquele "país distante" da ignorância, mas ainda temos de nos comprometer com a cura, com um caminho da doença mental à saúde mental.

Completei minha odisseia sentindo que há apenas dois tipos de famílias nos Estado Unidos: aquelas que estão lutando contra a doença mental e aquelas que não estão lutando contra uma doença mental *ainda*. Cedo ou tarde, a maioria de nós será afetada pela crise de cuidados de saúde mental. Todos nós devemos ter um papel na resolução, seja por meio do nosso trabalho como profissionais ou voluntários, nossa participação como eleitores e membros da comunidade, nossa defesa a amigos ou familiares, ou simplesmente tornando-nos conscientes e sensíveis à maneira como tratamos ou pensamos sobre aqueles com uma doença mental. A recuperação é um objetivo para um indivíduo e uma necessidade de curar a alma da nossa nação. Nossa casa está pegando fogo, mas podemos apagá-lo. Sabemos o caminho, se formos determinados.

PARTE 1

UMA CRISE DE CUIDADOS

1.
NOSSO PROBLEMA

> Todos que nascem têm dupla cidadania, no reino dos sãos e no reino dos doentes. Apesar de todos preferirmos só usar o passaporte bom, mais cedo ou mais tarde nos vemos obrigados, pelo menos por um período, a nos identificarmos como cidadãos desse outro lugar.
>
> — Susan Sontag, *Doença como Metáfora*[1]

Roger

Quando olham para trás agora, quinze anos depois, os pais de Roger mal se lembram de como tudo começou. Roger nunca foi um garoto fácil; ele sempre pareceu ter uma "configuração diferente". Quando bebê, ele não dormia durante a noite. Por volta dos 2 anos ele era irritado e, quando entrou no jardim de infância, ele era menos sociável do que as outras crianças, brincando alegremente sozinho. Seu gêmeo fraterno, Owen, era mais fácil de lidar. Isso mudou quando os meninos estavam na escola primária. Como seus pais descrevem agora, quando os gêmeos tinham 9 anos, Owen teve diabetes e Roger teve programação de computador. A diabetes de Owen exigia injeções de insulina, exames de urina e uma equipe ofensiva na escola e em casa para garantir que o açúcar no sangue estivesse sob controle. Enquanto isso, sem qualquer incentivo e quase sem que ninguém percebesse, Roger tornou-se um programador extraordinário. O Python, um revolucionário sistema de programação de computadores, havia se espalhado recentemente mundo afora como a melhor linguagem para jogos e gráficos. O pai de Roger lembra: "Ele parecia entender a linguagem Python. Ele programava por horas, muitas vezes ficava acordado a maior parte da noite e, mesmo no ensino fundamental, ele estava sendo pago para resolver problemas para novas empresas de software." O fato de ele ter uma "configuração diferente", nessa idade, significava que Roger era brilhante, talvez como Bill Gates ou Steve Jobs. Durante um período da infância, ele foi um prodígio online, interagindo com adultos que nunca souberam que ele era uma criança.

Quando Roger se tornou um adolescente, a "configuração diferente" evoluiu para algo aterrorizante. Por volta dos 13 anos de idade (seus pais não têm certeza do momento), a obsessão de Roger com a programação desapareceu tão rapidamente quanto havia chegado alguns anos antes. Ele ainda mantinha níveis intensos de foco, mas ninguém, incluindo Owen, sabia exatamente como Roger estava passando seu tempo. Aos 15 anos, suas notas, que sempre estiveram no topo de sua classe, começaram a despencar, e seus poucos amigos do ensino médio pareciam desaparecer. Pensando nisso agora, sua mãe acredita que talvez o primeiro sinal de aviso real tenha sido quando Roger começou a frequentar a igreja. Os pais de Roger eram católicos não praticantes. O que perturbou sua mãe não foi a oração, mas a insistência em chegar à missa exatamente a tempo e sentar-se sempre no mesmo banco. "Havia infelicidade e inflexibilidade" no comportamento de Roger, que fazia ambos os pais pensarem que algo estava errado com seu filho brilhante.

Aos 16 anos, Roger estava constantemente online. Embora ainda não soubessem, perceberam mais tarde que ele tinha descoberto o mundo de sites de teorias da conspiração. Seu foco o levou ao universo de teorias falsas sobre o 11 de Setembro e o Holocausto. Ele passou horas acompanhando conversas sobre os Illuminati em um site que pedia ação para preparar o mundo para o retorno de Jesus. Ele encontrou, online, uma sociedade inteira de pessoas reforçando sua crescente paranoia. A mesma mente que poderia facilmente dominar o código de computador estava vendo conspirações em todos os lugares.

No meio do último ano do ensino médio, Roger teve um surto psicótico, quando perdeu completamente o contato com a realidade. Internamente, como ele me disse mais tarde, ele se sentiu mais focado, mais certo, cheio de um senso de propósito. Externamente, ele ficou desleixado por algumas semanas, faltou à escola, passou quase uma semana sem dormir. Ele mal tinha comido por dias quando saiu do quarto nu para gritar que todos estavam em perigo. "A CIA tem nos observado! Eles estão prestes a atacar!" Sua explicação era difícil de compreender, mas tinha algo a ver com vozes, "vozes alienígenas", que lhe diziam para tirar sua roupa e "andar pela terra" para salvar sua família da destruição. Era meados de janeiro e uma incomum tempestade de inverno na Geórgia estava em pleno vigor. Para a mãe de Roger, sua intensidade foi o mais angustiante. "Seus olhos estavam arregalados e sem piscar. Ele não conseguia parar de falar." Nada que seus pais diziam ou perguntavam, nenhuma tentativa de tranquilização, conseguia alcançá-lo em sua agitação extrema.

Eles me dizem isso anos depois, sentados no mesmo sofá, na mesma sala onde suas vidas mudaram para sempre, durante aquela tempestade de neve esquisita. Ambos os profissionais de meia-idade pensam na primeira psicose de Roger, o que eles chamam de "sua ruptura", como o pior momento de suas vidas. O pai de Roger, um advogado, lembra: "Foi tão surreal. Assustador, sim, mas tão inexplicável. Roger poderia ter tomado uma droga psicodélica que o deixou louco? Talvez, mas ele nunca gostou de drogas ou de álcool. E ele não saía de casa há dias." Eles perceberam, desconfortavelmente, que esse novo comportamento era apenas uma extensão do declínio angustiante dos meses anteriores. O próximo pensamento deles foi: "Como conseguiremos ajuda para ele?"

Roger não estava interessado em ir ao pronto-socorro ou passar por um psiquiatra. Ele insistiu, agora gritando com o pai, que o problema não era o medo dele, mas a verdadeira ameaça sobre a qual eles precisavam fazer algo. Sem uma solução melhor e, de certa forma, com medo de um ataque por parte de Roger, o pai ligou para a polícia. Ele lamenta essa decisão agora, mas na época, confrontado com um filho que estava irracional e agitado, não via alternativa.

Quando a polícia chegou, o que havia sido uma situação familiar tensa tornou-se uma crise clínica. Pensando que a polícia era a CIA e que o temido ataque estava acontecendo em tempo real, Roger correu para a porta. Momentos depois, ele estava no chão, algemado e imobilizado, gritando obscenidades enquanto quatro policiais lutavam para levá-lo para dentro da viatura. Os oficiais entenderam que Roger estava em estado psicótico, mas, da perspectiva deles, ele também era violento.

As salas de emergência são montadas para traumas e condições agudas de saúde, como infartos e crises de asma, mas, para uma criança de 17 anos de idade, controlada pela paranoia, algemada a uma maca e cercada por estranhos, o cenário adicionava combustível ao fogo. Seus pais estavam lá, mas Roger pensou que eles não eram realmente seus pais; eles eram imitadores que trabalhavam para a CIA. Ele falava sem parar, mas apenas fragmentos do que ele dizia faziam sentido para os pais. Após três horas, um psiquiatra chegou, fez um exame rápido, fez algumas perguntas e recomendou injeções de haloperidol, um medicamento antipsicótico.

O pai de Roger lembra: "Presumi que ele seria medicado no pronto-socorro e internado assim que ficasse menos agitado. Mas nos disseram que não havia leitos na cidade. Então, ficamos no pronto-socorro por três dias, dormindo em uma cadeira ao lado de Roger, que ainda estava amarrado à maca. Fomos procurar ajuda, mas nunca nos sentimos tão desamparados." No terceiro dia, Roger foi transferido para um hospital a cerca de cinquenta quilômetros de distância. A essa altura, após múltiplas injeções de haloperidol, ele estava tão dopado que mal conseguia falar.

A primeira internação de Roger durou três dias, apenas algumas horas a mais do que a estadia no pronto-socorro. Ele foi diagnosticado com transtorno esquizoafetivo, possivelmente esquizofrenia, e tratado com risperidona, outro medicamento antipsicótico. Na alta, ele estava melhor, conseguia dormir e era coerente, mas estava longe de estar bem. Ele voltou para casa com três frascos de medicação e se ausentou da escola por dez dias. Logo ele estava dormindo, tomando banho e comendo.

Conheci Roger e sua família como vizinhos, não como pacientes. Depois da alta, o pai do Roger perguntou-me se eu falaria com o filho dele. Nos encontramos em sua casa e andamos pela vizinhança durante algumas horas. Naquele momento, Roger era esguio e tinha pouco mais de 1,80m de altura. Seu cabelo era longo, liso e sujo, mas não desleixado. Seu rosto era bonito, perceptivelmente, apesar de um pouco de acne. Minha primeira impressão foi de timidez; Roger não fez contato visual e não quis apertar minha mão. Então fiquei surpreso com como ele ficou falante enquanto caminhávamos. Havia um verdadeiro senso de intencionalidade no seu discurso. Na verdade, ele parava de andar para falar. E ele parecia experimentar o mundo sem filtro, de modo que uma sirene distante ou um cão latindo a um quarteirão de distância o distraíam. Ele ainda tinha hematomas por ter sido contido pela polícia.

"O hospital era como um filme de terror. Havia pessoas tagarelando constantemente e alguém estava gemendo a noite toda, então eu não conseguia dormir muito." Embora ele não se considerasse doente, descreveu as semanas anteriores e seu tempo no hospital como "puro terror". "Estou tendo muitos pensamentos estúpidos." Esse era o seu termo para as vozes, que ele percebeu agora serem internas, embora parecessem inevitavelmente externas e reais. Mas, agora que estava medicado, ele sentiu que esses problemas estavam resolvidos. Perguntei-lhe o que ele mais queria. Ele pensou por um longo tempo, parado na calçada em frente à sua casa. "Paz" foi tudo o que disse.

Uma semana depois de sair do hospital, um dia depois de fazer 18 anos e dois dias antes de voltar para a escola, ele parou de tomar a medicação. As drogas o faziam se sentir "lento e grogue". Ele não gostava dos "pensamentos estúpidos", mas realmente não gostava da maneira como as drogas entorpeciam seus sentidos. Cinco dias depois, com as vozes dizendo-lhe para "andar pela terra", ele fez uma pequena mala e saiu de casa.

Quando os pais o encontraram, uma semana depois, Roger vivia na rua, desabrigado e murmurando para si mesmo. Por mais temerosos que estivessem um mês antes, agora estavam despedaçados. Isso nunca foi o que eles esperavam da "configuração diferente".

E, infelizmente, é aqui que a história de psicose aguda de Roger se transforma em uma jornada em direção à incapacidade crônica. Durante os cinco anos seguintes, Roger foi detido cinco vezes na cadeia do município, foi hospitalizado três vezes devido à psicose e passou quatro vezes pelo pronto-socorro depois de ser agredido na rua. Tornou-se fumante e alcoólatra, mas afastou-se dos opiáceos e da metanfetamina. Suas posses incluem uma Bíblia, um saco de notas que ele escreveu para registrar seus pensamentos e um guarda-chuva e uma lona que ele usa na chuva. Ele é morador de rua a maior parte do tempo, mas, com a ajuda de um assistente social e sustentado por seus pais, ele tem um quarto onde fica durante o inverno.

"Tentamos ajudá-lo, mas os profissionais nos disseram repetidamente que, a menos que Roger seja um perigo iminente para si ou para os outros, não há nada que possamos fazer", diz a mãe. "Claro, gostaríamos de cuidar dele em casa, mas ele não quer morar conosco. Por longos períodos, não conseguimos localizá-lo." Por mais que sonhem que um dia ele dominará esses "demônios" e retornará ao Roger que conhecem, eles vivem com medo constante de que ele morra antes dos trinta anos, uma vítima da esquizofrenia.

Enquanto isso, Owen, cuja diabetes já foi uma preocupação tão grave, está na pós-graduação estudando neurociência com foco na neurobiologia da esquizofrenia. Sua diabetes agora está sob excelente controle, e sua equipe de cuidados inclui um endocrinologista, um nutricionista e um enfermeiro. Ele tem um monitor contínuo de glicose ligado a uma bomba de insulina que mantém o açúcar no sangue dentro de uma faixa saudável. Ele pensa em Roger todos os dias e imagina um momento em que a doença de Roger será tratada com o mesmo compromisso e os mesmos recursos que o ajudaram a controlar a diabetes.

A Crise

Essa história, uma integração de tantas tragédias individuais, é repetida quase cem mil vezes por ano nos Estados Unidos. Enquanto alguém como Roger pode acabar sem-teto ou preso, há quase a mesma probabilidade de que ele morra de uma complicação da esquizofrenia. Mesmo aqueles de nós que conhecem a doença mental intimamente podem não pensar nisso como fatal, assim como as doenças cardíacas ou o câncer são assassinos. Normalmente, quando vemos as palavras "doença mental" e "morte" na mesma frase, é para explicar um homicídio ou um tiroteio em massa.

As doenças mentais são, na verdade, grandes assassinos, não por homicídio, mas por suicídio. Há mais de 47 mil mortes por suicídio nos EUA a cada ano,[2] o equivalente a um tiroteio em massa de 129 pessoas a cada dia, todos os dias. Isso é um suicídio a cada onze minutos. Não só há quase três vezes mais suicídios do que homicídios a cada ano, mas o suicídio como causa[3] de mortalidade médica supera o câncer de mama, o câncer de próstata e a AIDS. Pelo menos dois terços,[4] alguns diriam 90%, dos suicídios resultam de depressão, transtorno bipolar, esquizofrenia ou uma das outras categorias de doenças mentais.

Ao contrário de outros assassinos de grande escala, acidentes automobilísticos e homicídios, o suicídio nos EUA tem *crescido* em tendência, não diminuído, nas últimas décadas. A taxa de homicídios caiu quase 50% desde o início dos anos 1990.[5] E embora, globalmente, a taxa de suicídio tenha caído 38% desde meados da década de 1990,[6] nos EUA, em contraste, esta subiu gradualmente, de 1999 a 2018, aumentando em mais de 33%. Se considerarmos também overdoses de drogas e mortes por doença hepática alcoólica, tais mortes de desespero se tornaram tão prevalentes nos EUA em 2018 que estavam reduzindo a expectativa de vida geral dos EUA pela primeira vez em um século.

Um surpreendente relatório de 2006[7] da Administração de Serviços de Saúde Mental e Abuso de Substâncias — *Substance Abuse and Mental Health Services Administration* (SAMHSA) — do governo federal dos EUA revelou que o suicídio era apenas parte do problema da mortalidade por doenças mentais. Quando os autores, Craig Colton e Ronald Mandersheid, vasculharam os registros de óbitos de oito estados, descobriram que pessoas com doenças mentais no sistema público de saúde (ou seja, no Medicaid* ou Medicare†) morreram quinze a trinta anos antes do resto da população. A extensão da mortalidade precoce dependia do estado: em média, pessoas com doenças mentais morreram aos 49 anos no Arizona e aos 60 anos em Rhode Island. No geral, a expectativa de vida para aqueles com doença mental nos 8 estados estudados era de cerca de 50 anos, o que significa cerca de 23 anos de longevidade perdidos.

A causa dessa mortalidade precoce não era suicídio. Como observam Colton e Mandersheid, "As principais causas de morte para a maioria dos clientes públicos de saúde mental foram semelhantes às de indivíduos nos EUA e em populações gerais estaduais, especialmente doenças cardíacas, câncer e doenças cerebrovasculares, respiratórias e pulmonares. As pessoas com doenças mentais têm problemas médicos que levam à morte, especialmente se tiverem tratamento médico inadequado." Enquanto os pais de Roger estavam preocupados que seu filho morresse cedo de esquizofrenia, eles ainda não haviam contado com a probabilidade de sua morte por doença pulmonar aos 55 anos. Mas o ponto mais importante é que as pessoas com doenças mentais estão perdendo um século de progresso médico, que aumentou a expectativa de vida para os norte-americanos de 55 anos para quase 80 anos.[8] Em outras palavras, em termos de expectativa de vida, esses norte-americanos vivem como no início da década de 1920.

---

* Medicaid é um programa de saúde social dos Estados Unidos para famílias e indivíduos de baixa renda e recursos limitados. [N. da T.]

† Medicare é o sistema de seguros de saúde gerido pelo governo dos Estados Unidos destinado às pessoas de idade igual ou maior que 65 anos ou que atendam a certos critérios de rendimento. [N. da T.]

NOSSO PROBLEMA

As doenças mentais não são apenas mortais, elas são incapacitantes. As pessoas com doenças mentais são atualmente o maior grupo de diagnóstico individual[9] de receptores com menos de 65 anos de idade que recebem o benefício de assistência à pessoa com deficiência do governo. Se o século XX foi a era do tratamento de doenças infecciosas agudas e fatais, a maioria dos especialistas em saúde pública prevê[10] que o século XXI será a era do tratamento de doenças crônicas não transmissíveis, como diabetes e doenças cardíacas. Para esses transtornos crônicos, a incapacidade pode ser mais importante do que a mortalidade, porque as pessoas sobrevivem por anos, mas podem ser incapazes de trabalhar ou cuidar de si mesmas. Da mesma forma, reduzir a incapacidade para pessoas com esses transtornos, incluindo aqueles com doença mental, deve ser a nossa definição de sucesso.

Como avaliamos a deficiência? Uma maneira de medir a deficiência é olhar para a prevalência e a gravidade de uma doença. As doenças mentais são certamente prevalentes. O NIMH estima que cerca de um em cada cinco adultos dos EUA têm uma doença mental.[11] Esse número abrange uma ampla gama de distúrbios, desde fobias de aranha até esquizofrenia, muitos dos quais podem ser leves ou moderados em gravidade e, em última análise, têm pouco impacto no trabalho ou na função. Os transtornos mentais que causam deficiência ou incapacidade se enquadram na categoria de transtorno mental grave ou TMG.

Não há nenhum teste diagnóstico preciso para transtorno mental grave. Roger estaria dentro dos números de transtorno mental grave. Muitas pessoas com diagnósticos como esquizofrenia, transtorno bipolar, transtorno depressivo maior, transtorno de estresse pós-traumático (TEPT), anorexia nervosa e transtorno de personalidade borderline se enquadrarão nessa categoria de TMG. Geralmente, as pessoas com doença mental que têm "comprometimento funcional grave,[12] que interfere substancialmente ou limita uma ou mais atividades importantes da vida" são consideradas como tendo TMG. Mas minha definição favorita de TMG vem de Patrick Kennedy,[13] que, tanto como membro do Congresso quanto, mais recentemente, como defensor da saúde mental, tem sido um defensor de pessoas com TMG. Certa vez, ele definiu doença mental grave como "qualquer transtorno mental que afete alguém que você ama". De acordo com o governo federal, cerca de um em cada vinte adultos norte-americanos atende aos critérios para TMG.[14] Outros 6% das crianças e jovens norte-americanos atendem aos critérios de desregulação emocional grave (DEG),[15] categoria de incapacidade equivalente à TMG em adultos.

A incapacidade é definida pelos epidemiologistas como "anos de vida produtiva perdidos". O estudo Carga Global de Morbidade,[16] que monitora estatísticas de saúde em todo o mundo, classifica 369 causas de incapacidade, tanto de doenças como de lesões. A partir desse estudo contínuo, a doença mental é a causa número um de anos perdidos por incapacidade.[17] Essa estatística pode parecer inacreditável, mas pode ser explicada pelo início precoce da doença mental. Ao contrário de quase todas as outras fontes médicas graves de incapacidade, 75% das pessoas com doença mental relatam o início antes dos 25 anos.[18] Combinado com a alta prevalência, o início precoce muitas vezes significa uma vida com deficiência. E qual é a tendência? A estatística global de incapacidade para a saúde mental aumentou 43% de 1990 a 2016.[19]

Além dessas estatísticas surpreendentes, e que estão se tornando piores, sobre morte e incapacidade, a doença mental vem com um preço impressionante.[20] O aumento dos custos de medicamentos, internações e cuidados de longo prazo tem sido descrito como uma das maiores ameaças à nossa economia. Menos conhecido é que, em 2013, os transtornos mentais lideraram a lista das condições médicas mais caras, com a conta superando US$ 200 bilhões[21] para os transtornos mentais e o abuso de substâncias nos EUA, representando 7,5% de todos os gastos médicos, um número que provavelmente aumentará por causa da epidemia de opiáceos e das consequências para a saúde mental[22] devido à pandemia da Covid-19.

Seja em termos de morte ou de incapacidade, pessoas como Roger estão vivendo uma tragédia americana. Acho intrigante que esses números e as tendências que representam, um aumento de 33% na mortalidade, um aumento de 43% na morbidade, um preço de US$ 200 bilhões, não fazem parte de nossas conversas nacionais sobre saúde, assistência médica ou economia. Afinal, se víssemos *um aumento* de 12 mil mortes — o equivalente a um 747 cheio de pessoas caindo a cada duas semanas —, independentemente da causa, médica ou não, crê-se que chamaríamos de crise e responderíamos de acordo.

Mas essa crise é diferente da pandemia da Covid-19 ou da epidemia anterior de AIDS, emergências de saúde pública desencadeadas por uma doença emergente. A crise de saúde mental não é resultado de um aumento da prevalência ou de uma nova doença. De fato, quase todas as doenças mentais modernas têm sido parte da condição humana há muito tempo. A crise da saúde mental é simplesmente uma crise de cuidados. A tragédia para Roger não foi que ele desenvolveu esquizofrenia. A tragédia foi que ele não recebeu as intervenções que poderiam salvar sua vida.

Uma Abordagem Diferente

Depois que Gavin Newsom foi eleito governador da Califórnia no fim de 2018, ele solicitou US$11 bilhões do estado para ajudar a transformar o sistema de saúde mental. A Califórnia, a quinta maior economia do mundo, há muito luta para fornecer cuidados adequados aos seus 2 milhões de cidadãos com TMG. De fato, os rankings da qualidade dos cuidados de saúde mental nos cinquenta estados localizaram a Califórnia na metade inferior,[23] com base no acesso e nos resultados. Nosso primeiro encontro ocorreu em um escritório pouco mobiliado, a duas quadras do Capitólio, em Sacramento, quatro semanas antes de sua posse. Ele começou a conversa com uma confissão surpreendente. "Quando fui prefeito [de São Francisco], reconheci a importância de abordar a falta de moradia e a aglomeração das prisões, mas perdi completamente a causa básica: doença mental grave não tratada. Eu não quero cometer esse erro novamente." A Califórnia tinha mais da metade dos desabrigados no país, e tantas pessoas estavam encarceradas que os prisioneiros estavam sendo enviados para instalações em outros estados. Agora governador eleito, Newsom sabia que precisava agir mais uma vez, mas desta vez ele entendeu o problema como uma crise de cuidados.

Concordei em passar um ano viajando pelo estado como olhos e ouvidos do governador, testemunhando a crise e ouvindo as pessoas com soluções. Minha odisseia me levou do alto deserto do interior para a costa, de clubes e clínicas a acampamentos de sem-teto e casas de recuperação. Uma das minhas primeiras paradas foi em São Francisco, para me encontrar com Steve Fields, um veterano comunitário e ativista, com décadas de experiência servindo pessoas como Roger. A história de Steve começou em 1969, quando ele era um objetor de consciência contra a Guerra do Vietnã. Durante a época do projeto, ele e outros comandantes precisavam de um projeto de serviço público para substituir o serviço militar. Situado em Haight-Ashbury, em São Francisco, no fim da década de 1960, o serviço público parecia criar um centro de recuperação para pessoas com TMG liberadas do Hospital Estadual de Napa como parte do movimento de desinstitucionalização. Ele construiu a Progress House como um santuário, com moradia de curto prazo e apoio psicológico. Quando visitei Steve em 2019, ele estava planejando sua celebração do 50º aniversário para o que agora é a Progress Foundation, instalada em um antigo prédio de bombeiros no centro de São Francisco, onde ele supervisiona vários centros residenciais de tratamento de crise e de longo prazo.

Perguntei a Steve sobre Roger. O que ele aprendeu em cinquenta anos nas linhas de frente da intervenção de crise para pessoas em psicose aguda? Steve, que há muito tempo trocou seu rabo de cavalo loiro e suas sandálias por cachos grisalhos e mocassins, explicou: "Leitos em hospitais nunca foram a resposta certa para a maioria das pessoas. Casas de recuperação, na época, não funcionavam porque eram sobre moradia e não sobre tratamento. O que funciona é uma série de programas focados no tratamento que forneçam moradia, rotina e tratamento, mas, acima de tudo, apoio social. Pessoas com doença mental grave se sentem rejeitadas e sem esperança. Hospitalização não corrige isso. Cuidados comunitários que garantem a reabilitação requerem pessoal, tempo e dinheiro. Mas funciona. Para as pessoas que passam pelo nosso sistema residencial, menos de um 1% estão de volta aos atendimentos hospitalares de urgência sete anos depois."

Steve está descrevendo um sistema de atendimento que teria evitado o declínio de Roger e o desespero de seus pais. Idealmente, a doença de Roger teria sido detectada e tratada muito antes de sua "ruptura". Hoje sabemos que a maioria das pessoas com TMG desenvolve psicose após dois ou três anos de mudanças mais sutis. Aos poucos, ficam preocupados com pensamentos bizarros, às vezes paranoicos, distanciam-se de amigos e familiares e podem ter problemas de concentração. Essa fase, agora chamada de "pródromo",[24] pode representar um período crítico para a interrupção da psicose com psicoterapia intensiva.

Contudo, mesmo que a ruptura se apresentasse como se apresentou, imagine este cenário diferente. A chamada em uma crise não é para a polícia ou para os bombeiros, mas para o 988. A central 988* pode servir como um controlador de tráfego aéreo, com acesso ao GPS, um registro de leitos, bem como uma conexão prioritária com a polícia, se necessário. A central 988 disponibiliza uma van com equipe de crise móvel, incluindo uma enfermeira psiquiátrica, uma assistente social e um par, alguém com vivência com psicose aguda. A equipe trabalha com Roger e sua família, potencialmente o dia todo, para neutralizar a crise imediata, iniciando uma conversa com Roger, ouvindo suas preocupações e aliviando o pânico. A enfermeira tem apoio de telessaúde para perguntas médicas e acesso aos registros médicos de Roger. O assistente social educa a família sobre as opções de cuidados comunitários a considerar. E o colega senta-se com Roger para ouvi-lo e tranquilizá-lo, com base em sua própria experiência. Juntos, eles decidem que, para a segurança

---

* O número 988 foi designado como o novo código de discagem de três dígitos que encaminhará para o National Suicide Prevention Lifeline. Embora algumas áreas possam se conectar ao Lifeline discando 988, esse código de discagem estará disponível para todos nos Estados Unidos a partir de julho de 2022. No Brasil, em caso de crise psiquiátrica é necessário discar 192; o SAMU encaminhará o paciente para a unidade de pronto atendimento (UPA) ou hospital mais próximo para contenção da crise. [N. da T.]

de Roger, uma estadia em uma unidade de estabilização de crise psiquiátrica o ajudará a encontrar alívio para sua angústia e voltar a uma rotina de sono e refeições regulares.

Durante sua permanência de sete dias na unidade, Roger conhece outros adolescentes e alguns adultos que estão lutando contra doenças mentais. Pela primeira vez, depois de meses de isolamento, ele percebe que não está sozinho. Ele conhece um treinador, que lutou contra a psicose quando era adolescente. Mas o treinador não fala sobre conspirações, alienígenas ou a CIA — ele ajuda Roger a criar um plano de três meses para atingir metas muito específicas: segurança pessoal em casa, sucesso na escola, seu primeiro encontro com uma garota. Roger também se consulta com um psiquiatra, que lhe dá medicação para seus "pensamentos estúpidos" e explica os efeitos colaterais que eles vão gerenciar juntos para que a medicação não interfira em seus objetivos. E ele recebe uma equipe, incluindo uma assistente social e um terapeuta ocupacional, que o ajudará pelos próximos seis meses para guiá-lo na escola, planejar a faculdade e conseguir um emprego de meio período a fim de evitar o isolamento e a ruminação mental. Eles falam sobre o quanto de sua experiência ele deve compartilhar na escola e como explicar sua ausência. A equipe acredita na tomada de decisão partilhada, o que significa que Roger tem livre arbítrio em cada passo. E eles lhe dão esperança de que a doença mental é real, mas não precisa defini-lo.

Enquanto isso, os pais de Roger e de Owen se juntam a um grupo de apoio familiar administrado pela divisão local da Aliança Nacional sobre Doenças Mentais — *National Alliance on Mental Illness* (NAMI) —,[25] onde podem aprender estratégias para gerenciar doenças mentais e evitar incapacidades, mesmo quando Roger não reconhece sua doença. Outros pais lhes dizem para não confrontar os delírios de Roger; eles devem tentar se relacionar com o "Roger não louco", envolvendo-o em objetivos práticos que ele quer dominar.

Na sua primeira reunião, eles aprendem que o que eles têm chamado de "ruptura" realmente é como uma perna fraturada. Requer cuidados urgentes para fixar o osso, depois meses, talvez anos de reabilitação para restaurar a força e a mobilidade.

Excepcionalismo*

Com opções como a Progress Foundation, por que tantas pessoas como Roger acabam sem-teto ou presas? A resposta é complexa, mas começa com um pouco de história sobre como as doenças mentais são semelhantes e diferentes de outras condições médicas.

Quando comecei na psiquiatria há mais de quatro décadas, ensinaram-me que pessoas como Roger eram vítimas e que as famílias eram implicitamente e às vezes explicitamente a causa das doenças mentais. As mães foram descritas como "esquizofrenogênicas", e o diagnóstico psiquiátrico estava envolto em culpa e vergonha.[26] Além de isolarmos os pacientes de suas famílias, os cuidados de saúde mental eram realizados em hospitais estaduais ou em clínicas comunitárias, um mundo à parte dos cuidados médicos e cirúrgicos. Mesmo meu treinamento na Universidade da Califórnia, São Francisco, foi em um instituto satélite, fisicamente separado do centro médico adjacente. A insinuação era inconfundível. A psiquiatria era pré-científica, uma disciplina que o resto da medicina via com um pouco de culpa e vergonha. Na verdade, quando saí da faculdade de medicina na década de 1970, a atitude predominante foi capturada em uma descrição popular das quatro opções de carreira: os clínicos sabem tudo e não fazem nada, os cirurgiões não sabem nada e fazem tudo, os psiquiatras não sabem nada e não fazem nada, e os patologistas sabem tudo e fazem tudo, mas tarde demais.

Durante grande parte das últimas quatro décadas, psiquiatras como eu lutaram contra aquela imagem de "não saber nada, não fazer nada", argumentando que doenças mentais são doenças médicas, não diferen-

---

* Excepcionalismo é a percepção ou crença de que uma espécie, país, sociedade, instituição, movimento, indivíduo ou período de tempo é "excepcional" (ou seja, incomum ou extraordinário) e, portanto, está fora das normas, princípios, direitos ou obrigações consideradas "normais". [N. da T.]

tes de diabetes, câncer ou doenças cardíacas. Podemos não ter identificado uma lesão específica ou um teste diagnóstico, mas as doenças mentais são fundamentalmente distúrbios cerebrais com uma biologia que envolve o mesmo tipo de alterações celulares e moleculares encontradas em outras doenças médicas. As pessoas com doenças mentais devem, portanto, ser tratadas nas mesmas instalações de cuidados de saúde e cobertas pelo mesmo seguro com benefícios equivalentes, uma ordem que, por lei, é conhecida como paridade.

Eu ainda defendo a inclusão e a paridade, mas acho que precisamos admitir que o problema de Roger difere da maioria das doenças médicas de várias maneiras críticas. Como observado, as doenças mentais quase sempre começam antes dos 25 anos de idade,[27] em contraste com a maioria dos problemas médicos, que surgem na segunda metade da vida. Os transtornos psiquiátricos se manifestam como mudanças na forma como pensamos, sentimos e nos comportamos. Como resultado, quando temos uma doença mental, é provável que confundamos doença e identidade. É um erro comum, revelado na nossa linguagem. Eu "tenho" doença cardíaca, mas eu "sou" bipolar ou esquizofrênico. Que os sintomas desses transtornos surjam na adolescência, quando a identidade está se formando, torna a confusão entre doença e identidade ainda mais provável e perigosa.

Para doenças médicas em geral, as doenças infecciosas forneceram o modelo para pesquisa e tratamento. Encontrar o vírus que causa a doença, projetar uma droga que o mata e finalmente desenvolver uma vacina para erradicar o problema. Em suma, você teria que dizer que esse modelo funcionou notavelmente bem. Muitas das doenças infecciosas de um século atrás — sarampo, poliomielite, tétano — simplesmente não nos afetam mais, exceto as comunidades que recusam vacinas. O modelo que postula uma causa singular e busca uma solução singular pode ser viável em muitas áreas da medicina, mas ainda não foi bem-sucedido para doenças mentais.

De fato, um dos aspectos mais excepcionais da doença mental tem sido a relativa falta de progresso nos resultados. Enquanto as taxas de mortalidade por doenças cardíacas, derrame e a maioria das doenças infecciosas caíram, o suicídio aumentou.[28] Como vimos com Owen, irmão de Roger, a diabetes agora pode ser tratado[29] com um nível de precisão que reduz algumas das consequências mais incapacitantes, como cegueira e doença vascular. Novos tratamentos para algumas formas de câncer, especialmente cânceres infantis, estão produzindo respostas notáveis em doenças que antes eram fatais. As últimas quatro décadas têm sido, sem dúvida, uma época de ouro para o progresso médico. No entanto, os resultados para pessoas com doença mental não mudaram significativamente.

Por um lado, temos Roger e milhões de outros com TMG acabando como moradores de rua, presos e fora do nosso sistema de cuidados. Eles correm alto risco de suicídio ou mortalidade precoce. Por outro lado, temos a Progress Foundation e centenas de organizações que oferecem soluções para quase todos os problemas que levam ao declínio de Roger. E muitas dessas soluções não são complicadas nem inacessíveis. Hoje temos mais medicamentos, mais terapias e mais clínicos do que em qualquer momento da nossa história. De fato, os números para o aumento do tratamento são ainda mais surpreendentes do que os números para o aumento da morbimortalidade. Desde 2001, as prescrições de medicamentos psiquiátricos mais do que dobraram, com um em cada seis adultos norte-americanos tomando um medicamento psiquiátrico.[30] E, de acordo com uma pesquisa anual do governo, há mais crianças e adultos em tratamento ambulatorial do que nunca. Essa pesquisa de base populacional[31] descobriu que 14,4% dos adultos (35 milhões) e 14,7% dos adolescentes (3,6 milhões) passavam por tratamentos de saúde mental.

É uma aposta segura predominante na medicina que, se tratarmos mais pessoas, a morte e a incapacidade diminuem. No entanto, quando se trata de doença mental, há mais pessoas recebendo tratamento do que nunca, mas a morte e a incapacidade continuam a aumentar. Como mais tratamento pode estar associado a piores resultados?

Alguns críticos, como o jornalista científico Robert Whitaker,[32] culparam os tratamentos pela crise da saúde mental. Observando a correlação temporal do aumento da incapacidade com o aumento do uso de medicamentos, Whitaker argumenta que antidepressivos e antipsicóticos criam uma "supersensibilidade" que torna os pacientes dependentes e cronicamente incapacitados. Com alegações de que os resultados a longo prazo eram melhores antes da "revolução da psicofarmacologia", ele escreve que o estabelecimento psiquiátrico, em colaboração com a indústria farmacêutica, conspirou para supermedicar e supertratar crianças e adultos com resultados desastrosos.

Nem todos acreditam nessa teoria da conspiração. Outros veem o problema como um tratamento ineficaz. Eles afirmam que os tratamentos atuais são necessários, mas não são suficientes para curar distúrbios mentais complexos. Em um grito de guerra intitulado "Revolution Stalled [Revolução Paralisada, em tradução livre]", Steven Hyman, meu antecessor na diretoria do NIMH, observa que precisamos saber muito mais sobre a biologia da doença mental antes de "podermos iluminar um caminho através de um terreno científico muito difícil".[33] O ponto do Dr. Hyman é que não sabemos o suficiente sobre os mecanismos ou sobre as causas de doenças mentais para desenvolver medicamentos que são tão eficazes quanto insulina ou antibióticos.

Há uma terceira perspectiva que acho que explica o enigma de mais cuidados, mas piores resultados. Suspeito que os médicos estão ajudando as pessoas que atendem, que estão atendendo mais pessoas do que nunca e que provavelmente são mais eficazes hoje do que há 25 anos. Por que não estão ultrapassando os obstáculos? A maioria das pessoas com doença mental não está em tratamento, as pessoas em tratamento recebem pouco mais do que medicamentos (que, como diz o Dr. Hyman, não são adequados) e muitas das pessoas que recebem medicamentos não os tomam.[34] Essa falta de tratamento é uma das maneiras críticas pelas quais ter uma doença mental é diferente de ter outras doenças. Em contraste com o câncer, doenças cardíacas, diabetes e acidente vascular cerebral, a maioria das pessoas com uma doença mental, como

Roger, está sofrendo fora do sistema de cuidados. Eles são contados por estudos epidemiológicos de base populacional, que contabilizam a morte e a incapacidade; podem receber uma prescrição ou procurar ajuda ocasional, mas não estão em tratamento. Portanto, a crise de cuidado não é apenas falta de acesso, mas falta de engajamento.

Estudos populacionais, como pesquisas de mercado porta a porta ou por telefone, contam a mesma história. Esses estudos epidemiológicos revelam o que chamo de lei 40-40-33. Menos da metade — quase 40%[35] — das pessoas identificadas com uma doença mental em estudos epidemiológicos estão em tratamento. Dessas, apenas 40% recebem "cuidados minimamente aceitáveis",[36] o que significa que o tratamento é baseado em alguma evidência científica.

Isso significa que apenas 16% (40% de 40%) têm qualquer probabilidade de melhoria no tratamento. E para a maioria dos tratamentos, sejam psicossociais ou médicos, nas formas como são administrados hoje, apenas cerca de um terço responde suficientemente, um terço recebe algum benefício e um terço não responde. Assim, se 33% de 16% pode ter expectativa de melhora com o tratamento, apenas um pouco mais de 5% da população total em necessidade realmente melhora, o que os médicos chamam de "em remissão". Sim, mais pessoas estão em tratamento — esses 5% podem estar em tendência de aumento até 6 ou 7% — e os clínicos podem estar tendo sucesso com esses poucos afortunados, mas os resultados da população permanecem terríveis porque a maioria dos necessitados não está recebendo a ajuda que merece. É uma crise de cuidados.

O envolvimento limitado nos cuidados e a prestação ineficaz destes são claramente enormes obstáculos para as pessoas com doenças mentais. Mas, em um acompanhamento de estudo epidemiológico[37] que mostrou que apenas 40% das pessoas estavam recebendo tratamento, os pesquisadores perguntaram aos outros 60% que não estavam sob tratamento o que os impedia de obter ajuda. No geral, o que os cientistas chamaram de "barreiras atitudinais",* como querer lidar com o problema sozinho, foi citado por 97,4% das pessoas com uma doença que não estavam em tratamento. Por outro lado, os problemas de acesso foram observados em apenas 22,2% dos que não recebem tratamento.

É difícil imaginar uma grande porcentagem de pessoas com câncer ou doença cardíaca que se recusam a procurar atendimento. A doença mental tem um impacto diferente. Muitas pessoas com esquizofrenia, como Roger, não reconhecem que têm uma doença, então rejeitam os tratamentos. Para muitos com depressão, a desesperança é uma barreira à procura de cuidados. Para pessoas com ansiedade, afastamento é um sintoma central. Metade das pessoas que morrem por suicídio não estiveram sob tratamento de saúde mental.[38] As doenças mentais são traiçoeiras na medida em que frequentemente impedem seu próprio tratamento. E quanto mais grave a doença menor a probabilidade de o indivíduo procurar atendimento. Isso não é para culpar a pessoa com a doença, mas para reconhecer que a própria natureza desses transtornos torna mais difícil ultrapassar os obstáculos da doença mental. E, claro, isso significa que as famílias muitas vezes são tanto buscadoras de cuidados quanto cuidadoras. As famílias, há muito culpadas injustamente como a fonte do problema, são, de fato, decisivas para a solução, indiscutivelmente mais do que em qualquer outra doença.

Seria reconfortante acreditar que a maioria das pessoas que não estão em tratamento pode, de fato, sobreviver por conta própria sem a ajuda de um profissional de saúde mental e de uma família que apoia. Para muitos com distúrbios leves ou situacionais, esse é sem dúvida o caso. Infelizmente, os números de morte e de incapacidade trazem pouco conforto. Como diabetes, hipertensão e outras doenças crônicas, a maioria das doenças mentais tem uma maneira de não desaparecer. Em vez disso, elas costumam metastizar para abuso de substâncias, problemas de relacionamento e incapacidade. E, em última análise, elas con-

---

* Barreiras atitudinais: atitudes ou comportamentos que impeçam ou prejudiquem a participação social da pessoa com deficiência em igualdade de condições e oportunidades com as demais pessoas. [N. da T.]

tribuem para a pessoa viver na rua, em prisões, com problemas médicos crônicos e, muitas vezes, para uma morte precoce e solitária.

Se não estão recebendo atendimento, onde estão as pessoas com doença mental? Tal como Roger, podem ser encontradas nas prisões, em seu quarto na casa dos pais, em abrigos. Às vezes parece que elas estão em toda parte, exceto onde podem se recuperar. Elas sofrem, invisíveis, e lutam com demônios que as impedem de organizar a ação coletiva necessária para exigir direitos civis básicos. Podemos ver o problema como falta de moradia ou aglomeração nos presídios e penitenciárias, mas, assim como o governador Newsom descobriu, não reconhecemos que a causa-raiz é doença mental não tratada. Assim, a crise continua. À medida que exploramos como chegamos a esse ponto crítico, fica claro que nossa negligência e sua invisibilidade conspiraram para permitir que Roger e milhões de outros percam as oportunidades de recuperação.

2.

ALHEIOS AOS NOSSOS AFETOS

> Até agora, as doenças mentais e o retardo mental estão entre os nossos problemas de saúde mais críticos. Eles ocorrem com mais frequência, afetam mais pessoas, exigem tratamento mais prolongado, causam mais sofrimento às famílias dos aflitos, desperdiçam mais de nossos recursos humanos e constituem mais drenagem financeira tanto para o tesouro público quanto para as finanças pessoais de cada família do que qualquer outra condição.
>
> — Presidente John F. Kennedy,
> Mensagem Especial ao Congresso, 31 de outubro 1963[1]

Rosemary

Quando nasceu em setembro de 1918, Rosemary Kennedy foi a primeira filha e a terceira criança no que estava destinado a se tornar a família norte-americana mais famosa do século XX. Seu segundo irmão mais velho John se tornaria o 35º presidente da nação; seus irmãos mais novos, Robert e Edward, serviriam no Senado dos Estados Unidos; e suas irmãs mais novas Eunice, Patricia e Jean se tornariam o equivalente da realeza norte-americana. Mas quase desde o momento de seu nascimento na casa Kennedy, na Rua Beale, em Boston, durante os últimos dias da Primeira Guerra Mundial e no meio da pandemia de gripe de

1918, Rosemary era obviamente diferente. Rosemary tinha uma forma de déficit intelectual, então chamada de retardo mental, que se tornou um desafio inevitável para essa família ambiciosa. Sua mãe, Rose Kennedy, aceitou esse desafio, comprometendo anos de tutoria e apoio para garantir que Rosemary fosse incluída como apenas mais uma criança saudável nessa família ocupada e competitiva.

Quando adolescente, Rosemary foi descrita como sociável e doce, a mais atraente das filhas Kennedy, mas claramente lenta e cheia de explosões emocionais repentinas e surpreendentes. Quando ela chegou aos vinte e poucos anos, seu pai, Joseph Kennedy Sr., a enviou para um convento em Washington, capital, na esperança de que uma vida tranquila e estruturada seria boa para ela. Mas Rosemary começou a afastar-se do convento e tornou-se cada vez mais conhecida pelo seu temperamento e pelo seu comportamento imprevisível. Qualquer que fosse a natureza de seus problemas comportamentais, seu pai buscava o tratamento mais moderno e tecnológico disponível, que, em 1941, era a lobotomia. A cirurgia foi um desastre: Rosemary regrediu de uma mulher de fala desorganizada, de 23 anos de idade, para uma mulher com deficiência grave e parcialmente paralisada que precisava de cuidados institucionais em tempo integral.

De acordo com a maioria dos biógrafos, a operação e suas consequências trágicas foram um segredo carregado de culpa[2] que Joseph Kennedy Sr. escondeu de sua esposa, Rose, e de seus outros filhos. Foi somente em 1961, quando o derrame do patriarca o impediu de administrar remotamente os cuidados institucionais de Rosemary, que a verdade completa emergiu. Mas esse desaparecimento repentino e inexplicável de uma das crianças Kennedy foi, por vinte anos, uma influência poderosa, mas não dita, especialmente para Rose, que dedicou mais tempo à sua filha deficiente intelectual do que a qualquer um de seus outros filhos. De fato, muitos anos depois dos assassinatos que acarretaram na perda dos filhos, Rose Kennedy supostamente comentou que ela estava "profundamente ferida pelo que aconteceu com meus filhos, mas eu me sinto mais de coração partido pelo que aconteceu com Rosemary".[3]

O Relicário

A doença mental, antes simplesmente conhecida como "loucura", provavelmente sempre fez parte da condição humana. Ela tem sido vista como possessão demoníaca ou como profecia inspirada, mas sempre como misteriosa, irracional e assustadora. A loucura nos séculos XVIII e XIX foi muitas vezes o resultado de sífilis ou de envenenamento por mercúrio (fabricantes de chapéus no início do século XIX usavam mercúrio em seu trabalho, daí a expressão "louco como um chapeleiro"). Mas, antes do século XX, quase todas as doenças mentais que reconhecemos hoje eram predominantes. Aqueles que eram loucos, ao longo dos séculos, foram queimados na fogueira ou, mais frequentemente, aprisionados por toda a vida; ou, em algumas circunstâncias, celebrados como místicos.

Embora a doença mental seja ancestral, o cuidado em saúde mental como um conjunto de intervenções é uma inovação recente. O nascimento dos cuidados de saúde mental modernos[4] pode ser datado do início do século XIX, quando Philippe Pinel, na França, William Tuke, na Inglaterra, e Dorothea Dix, nos EUA, começaram a defender o tratamento humano de pessoas com doenças mentais. Em vez de trancar pessoas mentalmente doentes como prisioneiros, sua abordagem envolvia o estabelecimento de manicômios, hospitais e instalações adjacentes geralmente longe das cidades, onde pacientes, como aqueles com tuberculose e hanseníase, poderiam viver em ambientes protegidos. Em outras palavras, o tratamento humanizado significou uma mudança da detenção para a hospitalização. Nos EUA, os cuidados de saúde mental para o século após 1860 significavam um sistema hospitalar estatal,[5] composto por manicômios que em todo o país abrigavam cerca de 600 mil pessoas com doenças mentais em 1955.

Na década de 1960, a qualidade dos cuidados, em cerca de 350 manicômios estaduais, era altamente variável. Algumas eram quase pequenas cidades. Mais da metade dos residentes estavam em hospitais com mais de três mil pacientes. Quase metade ficou internada por mais de dez anos. Algumas instituições eram mal financiadas, muitas eram segregadas por raça e a maioria era, na melhor das hipóteses, armazéns para pacientes com incapacidade crônica. Esses hospitais recebiam pouca manutenção, pois as instalações envelheceram e poucos funcionários tinham treinamento adequado. Antes do fim da década de 1950,[6] havia tratamentos químicos para neurossífilis e choque insulínico para esquizofrenia, mas medicamentos antipsicóticos e tratamentos psicológicos modernos ainda não estavam disponíveis. Ironicamente, um dos poucos tratamentos disponíveis, a lobotomia, era uma intervenção cirúrgica. Por meio de uma abordagem cega, guiada apenas por pontos de referência no crânio, o neurocirurgião romperia as conexões entre os lobos frontais e o resto do cérebro. A lobotomia, realizada em vinte mil pessoas,[7] supostamente ajudou pacientes violentos ou incontroláveis a se tornarem silenciosos e dóceis. Esse foi o destino do personagem fictício Randle McMurphy, no filme de 1975 *Um Estranho no Ninho*, bem como Rosemary Kennedy. Na verdade, ajudou mais as instituições do que os pacientes, e a consequência para os pacientes foi muitas vezes uma vida inteira de incapacidade. No entanto, em 1949 a lobotomia foi reconhecida com o Prêmio Nobel de Fisiologia ou Medicina.[8]

Em 1961, quando o presidente Kennedy assumiu o cargo, ele chegou à Casa Branca carregando o segredo da família sobre Rosemary. Foi outra irmã, Eunice, que transformou a tragédia de Rosemary em uma causa, superando a história de silêncio de sua família ao falar sobre as necessidades das pessoas com deficiência intelectual. Hoje é difícil apreciar a coragem necessária para quebrar esse tabu. Eunice insistiu que seu irmão usasse seu poder para fazer algo sobre o armazenamento de pessoas com doenças mentais e retardo mental. Eunice até reescrevia seus discursos,[9] dizendo-lhe: "Você deveria colocar mais fogo nos seus discursos." A resposta do presidente: "Você devia colocar mais dos seus discursos no fogo."

A Mensagem Especial de Kennedy ao Congresso de 1963 foi a primeira e última vez que um presidente dos EUA se concentrou tão extensiva e exclusivamente nos cuidados de saúde mental. Eunice Kennedy supostamente passou seis horas revisando e editando um rascunho desse discurso.[10] Mais de cinquenta anos depois, esse discurso se destaca como o documento mais importante da história da política de saúde mental nos EUA.

Todos os anos, quase 1.500.000 pessoas recebem tratamento em instituições para doentes mentais e deficientes intelectuais. A maioria delas está confinada e espremida dentro de uma rede antiquada e superlotada de instituições estatais de custódia. O valor médio gasto em seus cuidados é de apenas US$4 por dia — pouquíssimo para beneficiar ao indivíduo, mas muito, se medido em termos de uso eficiente de nossos dólares de saúde mental...

O custo total para os contribuintes é de mais de US$2,4 bilhões por ano em despesas públicas diretas para serviços. Os gastos públicos indiretos — nos custos sociais e no gasto de recursos humanos — são ainda mais elevados. Mas a angústia sofrida tanto por aqueles que sofrem como por suas famílias transcende as estatísticas financeiras — particularmente tendo em vista o fato de que tanto a doença mental quanto o retardo mental ocorrem com tanta frequência na infância, o que leva, na maioria dos casos, a uma vida inteira de incapacidade para o paciente e a uma vida inteira de dificuldades para sua família.

Essa situação tem sido tolerada há muito tempo. Isso perturbou a nossa consciência nacional — mas apenas como um problema desagradável de mencionar, fácil de adiar e sem esperança de solução.

A Mensagem Especial inspirou a Lei de Saúde Mental Comunitária, o último projeto de lei que Kennedy assinou antes de seu assassinato. Como disse o psiquiatra e advogado E. Fuller Torrey em sua excelente história sobre essa época: "Quando foi assinado em 31 de outubro de 1963, a legislação que cria centros de saúde mental da comunidade federal era um relicário para Rosemary Kennedy. Um mês depois,[11] a legislação também se tornou um memorial para John Kennedy."

A Lei de Saúde Mental Comunitária norte-americana acelerou o processo de "desinstitucionalização" que já havia começado com a introdução dos primeiros medicamentos antipsicóticos na década de 1950. A clorpromazina (comercializada como Amplictil, no Brasil), originalmente desenvolvida na França como um anti-histamínico sedativo, resultava na redução da agitação, das alucinações e dos delírios de pessoas com psicose. Em um relatório no *The Journal of the American Medical Association*, de maio de 1954, William Winkelman observou[12] que a clorpromazina "pode reduzir a ansiedade grave, diminuir fobias e obsessões, reverter ou modificar a psicose paranoica, acalmar a mania ou a agitação extrema de pacientes". O medicamento foi rapidamente adotado em hospitais estaduais norte-americanos, e em 1955 estava sendo comparado ao uso de penicilina para doenças infecciosas. Muitos pacientes, mesmo alguns que estavam hospitalizados há anos, viram seus sintomas diminuírem radicalmente com o tratamento à base de clorpromazina. Eles foram supostamente capazes de deixar o hospital e construir vidas fora da instituição.

Em retrospectiva, sabemos que a nova medicação não era a penicilina e que a esquizofrenia e outras formas de TMG não eram tão fáceis de tratar quanto as doenças infecciosas. Mas, na época, Kennedy argumentou que, com esse novo medicamento antipsicótico e o acesso a cuidados de saúde fora do manicômio, as pessoas que lutam com doenças mentais poderiam escapar da institucionalização de longo prazo e, assim, permanecer como parte da comunidade. Essa foi uma peça central de sua campanha Nova Fronteira, o que os historiadores chamaram de sua visão de Camelot. De certa forma, ele sem dúvidas conseguiu. Em 1963, havia quase 600 mil pacientes com doenças mentais em hospitais estaduais. Com a introdução da Lei de Saúde Mental Comunitária, esse número começou a cair rapidamente e, na virada do século, havia caído 90%.[13] Hoje, nos poucos estados que ainda possuem hospitais psiquiátricos, os leitos são majoritariamente para casos forenses em unidades fechadas* ou adultos com deficiência intelectual grave.

A mudança realmente veio, mas a visão que Kennedy buscou provou ser vaga.

Camelot

Minha primeira experiência profissional como psiquiatra em 1975 foi em uma das centenas de centros comunitários de saúde mental lançados pela Lei de Saúde Mental Comunitária. Eu tinha acabado de me formar na faculdade de medicina, mas não tinha certeza se continuaria na medicina. Meu estágio da faculdade, em Boston, foi em grande parte em hospitais de ensino lotados, que achei desumanos e desanimadores. Sem ter um plano melhor, me inscrevi para um estágio no Centro Médico Berkshire em Pittsfield, Massachusetts, um dos poucos lugares que oferecia seis meses de psiquiatria não em um hospital, mas em um centro de saúde mental comunitário. Eu gostaria de poder dizer que escolhi esse estágio porque ele deu acesso a uma nova forma de cuidado em saúde mental ou porque era uma oportunidade de trabalhar na comunidade. Na verdade, temia a perspectiva de ser um estagiário médico normal, de ficar em plantão todas as noites e trabalhar 80 horas por semana. E Berkshire ofereceria algumas das melhores pescarias da Nova Inglaterra. Minha escolha nasceu da preguiça, não do compromisso com uma causa. No entanto, dentro de um mês de trabalho no centro, eu estava fissurado.

Em 1975, o Centro Berkshire serviu toda a "área de influência" do oeste de Massachusetts, incluindo a cidade de Stockbridge, onde Norman Rockwell ainda fazia suas pinturas clássicas de uma América idílica. Rockwell havia se mudado para Stockbridge anos antes a fim

---

* Unidade fechada significa uma ala do hospital protegida com alarme ou tornozeleiras, pulseiras ou dispositivos semelhantes que fazem com que uma porta se feche automaticamente e tranque, impedindo assim que um paciente saia livremente do hospital. [N. da T.]

de estar perto do Austen Riggs Center, um hospital psiquiátrico onde alguns dos psicanalistas mais famosos atendiam. A mudança tinha a intenção de cuidar de sua esposa, mas Rockwell também foi tratado por Erik Erikson, que estava na equipe do Riggs e era o analista mais famoso dos Estados Unidos da época. Talvez a minha memória desse período tenha algum viés rockwelliano, mas havia coisas boas para celebrar nesse tempo e nesse lugar.

Para atender quase 150 mil pessoas no oeste de Massachusetts, a clínica Berkshire tinha uma equipe excepcional: três psiquiatras seniores, quase em tempo integral, duas enfermeiras em tempo integral, vários assistentes sociais e um grupo de terapeutas aliados para arteterapia, assistência ao trabalho e alcance familiar. O centro estava fisicamente ligado ao Centro Médico Berkshire, um hospital de serviço completo e um serviço de emergência que estava totalmente integrado ao centro comunitário de saúde mental, de forma que estagiários como eu trabalhavam em ambos os lugares. Tínhamos acesso a um hospital estadual que ficava a uma hora de distância, em Northampton, para onde os pacientes iam por uma semana ou mais quando a hospitalização prolongada era essencial. Durante toda a internação estávamos em contato com o paciente e a equipe, garantindo uma entrega calorosa com alta do paciente internado para o atendimento ambulatorial. E envolvemos as famílias no processo de avaliação e no plano de tratamento, para garantir o que consideramos um cuidado integral e continuado.

Foi em um fim de semana na sala de emergência que conheci Julia, uma estudante universitária em um episódio de mania. Eu tinha lido sobre mania na faculdade de medicina, mas nunca tinha visto alguém falando sem parar, alternando entre "sexo", "nexo" e "vexo"; com o que os psiquiatras chamam de "associação clang" e, às vezes, criando uma "salada de palavras" que era incoerente, ou pelo menos impossível de acompanhar. Julia não dormia há vários dias ou noites. Ela foi levada para o pronto-socorro pelo supervisor responsável pelos dormitórios, que se deparou com sua "pregação" em uma janela aberta no último andar. O supervisor de dormitório não tinha certeza do que fazer em um fim de semana, quando o centro de aconselhamento do campus estava fechado.

A família de Julia morava perto de Pittsfield, então eles se juntaram a nós no pronto-socorro, onde foi tomada a decisão de interná-la no hospital estadual em Northampton, onde a equipe poderia atualizar nossa clínica sobre o progresso dela. Ela ficou lá pouco mais de uma semana, respondeu bem à medicação e foi transferida de volta para meus cuidados em nosso *day hospital*, essencialmente um programa intensivo de tratamento ambulatorial com grupos e atividades para pessoas que se recuperavam de uma crise de psicose enquanto moravam em casa, em vez de em um hospital. Apenas duas semanas depois, ela mal parecia ser a mesma pessoa que conheci na sala de emergência. Agora ela estava coerente e quieta, mas um pouco insegura se sua mente era confiável ou ainda estava prestes a enlouquecer. Além do *day hospital*, ela e seus pais começaram a frequentar um grupo multifamiliar para saber como os outros estavam lidando com doenças mentais graves. Uma das assistentes sociais do Centro Comunitário de Saúde Mental se uniu ao centro de aconselhamento universitário para organizar um plano de longo prazo para Julia retornar à faculdade sem perder o semestre. Quando saí da clínica para iniciar a fase médica do meu estágio, um mês depois, Julia estava de volta à faculdade, mas voltava duas vezes por semana para encontrar seu terapeuta no centro comunitário de saúde mental.

Fornecíamos muito mais do que medicamentos no Centro Médico Berkshire: acompanhávamos intensivamente os pacientes, tínhamos uma abordagem gradual para ajudar as pessoas após a hospitalização e víamos as pessoas se recuperarem. Em uma palavra, éramos responsáveis. Ainda que a pessoa estivesse em casa, na escola, em nossa clínica ou no hospital estadual, éramos responsáveis por seus cuidados. Os pacientes não eram abandonados porque isso não existia: os cuidados não estavam fragmentados. O nosso centro não era perfeito. Em parte como produto da época e em parte devido à proximidade com o Centro Austen Riggs, lidávamos com pacientes pelo viés psicanalítico. Como resultado, provavelmente passamos muito tempo conversando com eles sobre questões passadas e, certamente, pouquíssimo tempo ajudando-os a resolver problemas urgentes do mundo real, como moradia, apoio familiar e emprego. Os medicamentos que usamos em 1975 foram a primeira geração de antipsicóticos e antidepressivos, com efeitos colaterais que causaram terríveis tiques e espasmos musculares. No entanto, lembro-me de como as pessoas se recuperaram.

Na ausência de dados rigorosos de ensaios clínicos daquele local naquele momento, é difícil comparar os resultados de hoje com os resultados de então. Em 1975, ajudamos muitas pessoas como Roger, Rosemary ou Julia, jovens que nem sempre estavam entusiasmados com a clínica, mas trabalharam conosco para terminar a escola ou conseguir um primeiro emprego e, na maioria das vezes, puderam permanecer com suas famílias até que conseguissem conciliar suas vidas. Claro, tivemos fracassos, mas, em relação à era do hospital estadual ou à era moderna, fizemos muitas coisas certas com as ferramentas que tínhamos. No mínimo, foi um momento no cuidado em saúde mental que foi compassivo e abrangente. O ambiente inspirou jovens médicos como eu, que precisavam de uma missão, que acreditavam que a mente "não era mais um país distante".

Na verdade, trabalhamos dentro de uma rede de segurança social maior, com pessoas que estavam sobrecarregadas por doenças mentais ou outros desafios. A Grande Sociedade de Lyndon Johnson foi construída com base na visão de Kennedy, e introduziu expansões da Previdência Social, benefícios de moradia e o Medicaid. Uma vida na comunidade com cuidados de um centro de saúde mental local foi financiada pelo governo federal. Enquanto a maioria dos historiadores se concentra no sistema comunitário de saúde mental, talvez mais importante (e mais duradouro) para os indivíduos com TMG tenha sido o novo seguro de saúde pública, Medicaid, e a nova assistência ou bem-estar econômico público, via Benefício Suplementar de Seguridade (SSI, na sigla em inglês) ou Benefício da Seguridade Social por invalidez (SSDI).* Embora o sistema de cuidados tenha desaparecido, o compromisso econômico não diminuiu. O Medicaid é hoje o maior financiador único de cuidados de saúde para pessoas com TMG,[14] atingindo US$ 68 bilhões por ano. E a SSI e a SSDI hoje são programas gigantescos,[15] distribuindo cerca de US$200 bilhões para cerca de 20 milhões de pessoas. Pessoas com incapacidade relacionada à doença mental representam 43% da SSI e 27% dos destinatários da SSDI.[16] Esses programas de assistência social, que ainda eram recentes em 1975, transformaram a vida das pessoas com TMG. Do meu ponto de vista de Berkshire, com o governo federal se comprometendo com cuidados de saúde e apoio econômico, parecia que qualquer pessoa com TMG poderia esperar uma vida de sucesso fora do hospital estadual.

O que deveria ser um plano de saúde abrangente e comunitário entrou em colapso logo depois. À medida que o Vietnã e Watergate se intensificaram, o governo federal, agora no ramo de saúde mental pela primeira vez, prestava cada vez menos atenção a essa nova responsabilidade. Minha experiência no Centro Médico Berkshire pode ter sido o ponto mais alto dos cuidados com saúde mental. Na maior parte do país, a desinstitucionalização já era um desastre: pessoas cronicamente doentes, que se adaptaram à vida em uma instituição, estavam completamente despreparadas para a vida na comunidade, e os apoios integrados de que precisavam não chegavam. Clínicas comunitárias, geralmente com profissionais interessados em psicanálise para pessoas com doença mental leve ou moderada, não estavam dispostas ou eram despreparadas para cuidar das pessoas que estavam hospitalizadas há anos.

---

* O programa SSI paga mensalmente a adultos e a crianças com deficiência física ou visual que tenham renda e recursos abaixo de limites financeiros específicos. Os pagamentos também são feitos para pessoas com 65 anos ou mais sem deficiências que atendem às qualificações financeiras. O programa SSDI paga benefícios para o trabalhador ou alguns membros da família se estiver "segurado". Isso significa que o trabalhador ficou empregado tempo suficiente — e recentemente — e pagou impostos da Previdência Social sobre seus ganhos. [N. da T.]

A falta de moradia, que não era realmente uma questão social nos EUA até aquele momento, surgiu na década de 1970, quando muitos ex-pacientes de hospitais estaduais retornaram às comunidades[17] onde não tinham famílias nem instalações de tratamento residencial para ajudá-los a gerenciar sua doença crônica. Eles tinham subsídios governamentais, o que lhes permitia pagar por uma cama em hotéis de longo prazo, com ocupação de quarto individual. Muitos foram para instalações de cuidados de enfermagem de longo prazo financiadas pelo Medicaid e pela renda do SSI. Muitos mais acabaram vivendo uma existência marginal na rua, onde, despreparados para cuidar de si mesmos, desenvolveram condições médicas incapacitantes como enfisema ou diabetes. Veteranos do Vietnã, voltando para casa prejudicados por Transtorno de Estresse Pós-Traumático (TEPT) e dependência de drogas, juntaram-se à crescente população de ex-pacientes de hospitais estaduais que viviam e às vezes morriam nas ruas. Enquanto a doença mental estava se tornando cada vez mais visível para o público, o custo do programa comunitário de saúde mental subiu, consumindo US$2,7 bilhões (equivalente a mais de US$10 bilhões em 2020).[18]

Ansiosos para reduzir a carga sobre o orçamento, os presidentes Nixon e Ford tentaram destruir o sistema de saúde mental da comunidade. O Congresso, em seguida, fortemente democrata, manteve o financiamento. Mas, em meados dos anos 1970, a maior parte do país estava percebendo que o sistema federal de saúde mental, que parecia uma boa ideia uma década antes, não estava funcionando para as centenas de milhares de pessoas que haviam deixado os hospitais estaduais e agora estavam desempregadas, desamparadas e desabrigadas.

Em 1977, após se tornar presidente, Jimmy Carter estabeleceu uma Comissão de Saúde Mental, presidida pela primeira-dama Rosalynn Carter, para revisar o estado dos cuidados de saúde mental da comunidade e recomendar mudanças. Sua comissão nacional descobriu o que todas as famílias que lutam contra doenças mentais já sabiam: os centros comunitários de saúde mental não estavam trabalhando para as pessoas com os problemas mais graves. De acordo com os registros do

NIMH, o maior número de pacientes atendidos[19] por esses centros tinha "ajustamento social ou nenhum transtorno mental" (22%) ou "neurose e transtornos de personalidade" (21%), enquanto apenas 10% tinham um diagnóstico de "esquizofrenia". Em 1977, quase 400 mil leitos em hospitais estaduais haviam desaparecido, mas os pacientes com alta representavam apenas cerca de 5% dos atendidos nos centros comunitários de saúde mental. Pessoas com diagnósticos como o de Rosemary Kennedy não chegaram aos centros comunitários de saúde mental. Elas estavam entre os desabrigados, os moradores de casas de recuperação ou aqueles que viviam em pensões em bairros pobres.

Carter tentou endireitar o navio e, em um de seus atos finais como presidente, assinou a Lei de Sistemas de Saúde Mental de 1980.[20] A lei comprometeu-se com uma expansão significativa do sistema comunitário de saúde mental, com foco na prevenção, bem como no cuidado aos doentes crônicos. O foco em "saúde mental" e não em "doença mental", revelado no título, refletiu um viés mais voltado para questões sociais e culturais do que para soluções médicas. Aumentaria o financiamento para os centros comunitários, mas o aumentaria com serviços de apoio comunitário para garantir a coordenação entre cuidados gerais de saúde e apoio social. O ato incluía até a declaração de direitos de um paciente.

Pela última vez, o governo federal parecia pronto para garantir que os indivíduos com TMG seriam, na frase memorável de Kennedy, "menos alheios aos nossos afetos". Hospitais estaduais e os cuidados comunitários eram imperfeitos, mas a ajuda estava se encaminhando para resgatar o que funcionava sobre ambos. Isso nunca aconteceu. Instituições estatais e centros comunitários de saúde foram abandonados nas quatro décadas seguintes. Ao fim da eleição de 1980, ficamos com a falta de moradia, as prisões e a mortalidade precoce.

A Queda

Ronald Reagan tornou-se presidente com a mensagem de que "o governo não é a solução para o problema; o governo é o problema". Kennedy havia transferido a responsabilidade sobre o projeto de lei para cuidados de saúde mental dos estados para o governo federal. Carter tentou aumentar o projeto de lei. Reagan, imediatamente após assumir o cargo em 1981, reduziu os gastos federais, e os centros comunitários de saúde mental estavam entre os primeiros a serem cortados. Estados e municípios, que aceitaram de bom grado a mudança de seus balanços, não estavam em posição de reinvestir quando o governo federal parou.

Eu tinha acabado de chegar ao NIMH como um membro do setor clínico, responsável por uma das unidades psiquiátricas do Centro Clínico, o hospital de pesquisa dos Institutos Nacionais de Saúde em Bethesda, Maryland. Quando o novo governo Reagan destruiu o programa de saúde mental comunitária, eles enviaram a equipe de saúde mental da Casa Branca (sim, Carter realmente tinha especialistas em saúde mental na Ala Oeste) para nossas unidades no Centro Clínico. Cabeças rolaram nos primeiros dias da administração. A saúde mental era um alvo fácil para cortes. As pessoas com doença mental não tinham voz e falar por aqueles com doença mental ainda era um tabu para as famílias. As consequências para os pacientes eram inevitáveis: médicos deixaram os centros de saúde, as listas de espera cresceram e os serviços desapareceram.

Em 1982, os fundos da Lei de Saúde Mental Comunitária foram transferidos para um Subsídio de Bloco de Saúde Mental, encaminhado através de departamentos estaduais de saúde mental. Por lei, o financiamento do bloco não poderia ser usado para custos hospitalares, um legado da desinstitucionalização. Entre a redução do financiamento e a perda de serviços, as pessoas com doenças mentais graves, já carentes, cada vez mais ficaram sem atendimento. Para quem vive com TMG, não havia mais um programa de saúde mental pública humano para cuidados de longo prazo. Por essa altura, como o advogado Torrey descreve, "toda autoridade e responsabilidade pelo sistema de tratamento de doenças mentais tinha essencialmente desaparecido. A autoridade que antes era investida em legislaturas estaduais, departamentos de saúde mental e governadores tornou-se tão difusa que parecia evaporar completamente. O sistema de tratamento de doenças mentais tinha sido essencialmente decapitado."[21]

Hoje

Nas quatro décadas desde a Comissão Carter, houve uma infinidade de estudos, comissões e forças-tarefa, mas o governo federal não voltou a um papel de liderança na assistência à saúde mental. O governo federal continua a gastar dinheiro via Medicaid e apoio à deficiência, mas a responsabilidade pelo cuidado reside nos estados, municípios e cidades. Os impostos locais financiam o atendimento aos cidadãos que não possuem seguro público ou privado. Para as famílias com seguro privado, o atendimento tem sido limitado pela falta de prestadores e pela cobertura restrita para cuidados de saúde mental. Para as famílias do sistema público (ou seja, Medicaid), o atendimento tem sido muitas vezes mais fácil de acessar, mas orçamentos apertados significam que as clínicas não podem fornecer a gama ou a duração dos serviços que muitos pacientes desfrutaram na década de 1970, e que cada pessoa merece.

Em minha jornada pela Califórnia, falei com magnatas bilionários da tecnologia no Vale do Silício, famílias de classe média nos subúrbios e pessoas em situação de rua nas cidades. Todos usaram a mesma palavra para descrever os cuidados de saúde mental modernos: "Falido." Como o chefe do Departamento de Serviços de Saúde da Califórnia me explicou certa vez, em uma família de quatro pessoas, com dois pais e dois filhos, cada pessoa que necessitasse de cuidados de saúde mental precisaria obtê-los de um provedor diferente, o que, por sua vez, seria pago por um mecanismo diferente. A burocracia era fragmentada, incoerente, sem ninguém responsável. Em uma palavra, falido.

Vi uma inegável ilustração desse sistema falido quando voltei pela quinta ou sexta vez ao relatório de Craig Colton e Ronald Mandersheid sobre a mortalidade precoce entre as pessoas no sistema público de saúde mental. Notei algo escondido em um gráfico. Ao calcular a perda de cerca de 23 anos de vida para pessoas com TMG, eles analisaram convenientemente apenas os dados de sete dos oito estados participantes. A Virgínia foi deixada de fora do cálculo, porque ela relatou dados de mortalidade apenas em pacientes nos demais hospitais estaduais; não incluiu pacientes com doença mental grave na comunidade. Em 2000, a idade média de morte desses pacientes de hospitais estaduais na Virgínia era de 75 anos,[22] aproximadamente 20 anos mais velha do que as da comunidade nos outros estados. A figura do governo longe dos hospitais estaduais custou a essa população duas décadas de vida, em média. Ao desmantelar o anterior sistema falho, criamos uma nova crise.

Recentemente, reconectei-me com o centro comunitário de saúde mental em Pittsfield, Massachusetts, para ver no que havia se tornado o canal de cuidados do qual fiz parte há mais de quarenta anos. A cidade há muito tempo perdeu sua principal fonte industrial, a grande fábrica da General Electric, que estava lá desde 1903. Sua população diminuiu 20% desde 1975 para cerca de 44 mil pessoas hoje. O Centro Médico Berkshire prosperou, agora parte do Sistema Médico da Universidade de Massachusetts. Mas o Centro Comunitário de Saúde Mental não está mais ligado ao Centro Médico. Em vez disso, existem três centros em todo o município. O Hospital Estadual Northampton, que havia aceitado seu primeiro paciente em 1858 e registrou mais de sessenta mil internações na minha época, na década de 1970, fechou em 1993. Os antigos terrenos do hospital são agora o local do empreendimento habitacional Village Hill, de quarenta unidades, uma típica subdivisão norte-americana, onde os residentes desconhecem o legado do hospital estadual. Qualquer um que precise de internação por uma doença mental agora vai para uma das duas unidades separadas no hospital geral em Pittsfield. O pronto-socorro do centro médico ainda atende pacientes em crise, mas muitos permanecem lá por dois ou três dias à espera de um leito em uma instituição psiquiátrica. Para crianças ou adolescentes, geralmente não há leitos públicos disponíveis no estado. A clínica é composta por clínicos incrivelmente esforçados, que são muito mal pagos. Há serviços, mas não há "centro", e os serviços coexistem, mas não se conectam de maneira impactante. Ninguém é responsável como éramos em 1975.

Mas a maior diferença de 1975 está na comunidade. Como em todas as outras cidades pequenas e grandes dos EUA, Pittsfield lida com a falta de moradia crônica, uma epidemia de abuso de substâncias e mortalidade precoce para pessoas com doenças mentais; todos problemas que eu não vi em 1975. No capítulo anterior, discutimos o paradoxo de que mais pessoas estão morrendo ou são incapacitadas por doenças mentais em uma era com mais medicamentos, mais terapias e mais pessoas em tratamento. As necessidades dentro de nossas comunidades cresceram exponencialmente, enquanto os recursos para atender a essas necessidades cresceram gradualmente, se é que cresceram. Talvez ainda mais importante, a maioria desses recursos são para cuidados agudos e não focados na recuperação em longo prazo. Temos, na melhor das hipóteses, um sistema de cuidados de saúde orientado para a crise, e não um sistema de cuidados de saúde concebido para a recuperação.

A nossa incapacidade atual de prestar cuidados adequados às pessoas com doenças mentais não é nova. Durante a era da institucionalização, o tempo da lobotomia de Rosemary Kennedy, as pessoas com doenças mentais eram armazenadas sem esperança ou expectativa de recuperação. A era Kennedy, com sua visão de Camelot, entendia que a forma como nós, como sociedade, apoiamos aqueles com doenças mentais era um indicador de nossa humanidade. Em relação a 1963, quando Kennedy desafiou pela primeira vez o Congresso, hoje, como nação, somos ainda mais "ricos em recursos humanos e materiais" e muito mais capazes de "tornar a mente distante acessível". No entanto, parece que os indivíduos com doenças mentais são cada vez mais "alheios aos nossos afetos ou estão excluídos do cuidado de nossas comunidades". Devemos lembrar que houve um tempo no qual os Estados Unidos eram mais gentis com aqueles com doenças mentais, fornecendo cuidados que eram imperfeitos, mas abrangentes, consistentes e compassivos. Era uma época em que a morte e a incapacidade, a prisão e a falta de moradia não eram consequências inevitáveis de ter uma doença mental.

Rosemary Kennedy morreu em um hospital em Wisconsin, em 2006, aos 86 anos, rodeada por seu irmão sobrevivente, Ted, e por suas irmãs. Como seu sobrinho Patrick Kennedy disse sobre o funeral: "A essa altura, a família e a mídia estavam mais abertas sobre sua deficiência de desenvolvimento e a tragédia de sua lobotomia, mas as pessoas ainda não pareciam entender a última lição[23] que tia Rosemary teve que nos ensinar." Esta lição: a doença mental pode afetar qualquer pessoa e, até que construamos um sistema com apoio de longo prazo e uma verdadeira rede de segurança social que responda às demandas que essas doenças fazem aos indivíduos e às suas famílias, falharemos com aqueles que estão em maior necessidade.

3.

TRATAMENTOS QUE FUNCIONAM

> Eu prefiro dizer que a humanidade compartilhada por todos é mais importante do que a doença mental que não partilhamos. Com o tratamento adequado, alguém que está mentalmente doente pode levar uma vida rica e plena. O que torna a vida maravilhosa — bons amigos, um trabalho satisfatório, relacionamentos amorosos — é tão valioso para nós que lutamos contra a esquizofrenia quanto para qualquer outra pessoa.
>
> — Elyn R. Saks, *The Center Cannot Hold*
> [sem tradução para o português][1]

O estado atual dos cuidados de saúde mental é preocupante, sim. Mas há boas notícias, e não é apenas que podemos tirar lições dos sucessos incompletos do passado. Talvez seja ainda mais importante lembrar que também temos tratamentos que funcionam agora. Em contraste com tantos problemas de saúde complexos e crônicos, aqui temos soluções. Sim, temos mais a aprender, e tratamentos futuros provavelmente serão ainda melhores do que os que temos hoje. Mas o crucial para acabar com a crise de cuidados dos EUA é entender que agora temos tratamentos que podem melhorar os resultados, tratamentos que podem ajudar as pessoas a se recuperarem. Podemos resolver grande parte da crise de cuidados, pois resolvê-la não requer nada mais do que uma aplicação mais ampla do melhor atendimento que podemos oferecer. Roger e Rosemary nos mostraram as consequências permanentes de não receber cuidados eficazes. Podemos ver uma trajetória diferente com Sophia.

Durante toda a sua primeira consulta em um edifício médico afastado do centro, Sophia ficou em silêncio. O psiquiatra, Dr. Jacobs, perguntou sobre a escola e os amigos, mas ela não teve energia para mais do que respostas monossilábicas. Ela mal podia acreditar como tinha chegado àquele escritório. Durante três dias, ela mal tinha saído da cama e havia comido pouco. Ela não estava triste, zangada ou magoada. Sophia, como ela disse mais tarde, sentiu-se "completamente morta por dentro. Como se eu já tivesse morrido, mesmo que meu corpo continuasse vivo".

O Dr. Jacobs se encontrou pela primeira vez com o marido de Sophia, Jeff, e começou reconstituir a história. O casal estava casado há seis anos. Sophia, uma mulher afro-americana magra e atraente, com trinta e poucos anos, havia frequentado uma faculdade da Ivy League, onde conheceu Jeff, um homem branco judeu, filho de uma família rica de Nova York. Sophia tinha ido para a faculdade de direito com planos se especializar em lei dos direitos civis. Ela suspendeu esses planos quando o casal teve filhas gêmeas, agora com três anos de idade e recentemente matriculadas na creche. Sophia pode ter tido um episódio de depressão na faculdade há mais de dez anos, mas isso foi antes de Jeff conhecê-la.

Ele descreveu sua esposa como uma supermãe, animada, cuidadora 24h que correu uma maratona seis meses após as gêmeas nascerem. Ela geralmente parecia feliz como mãe, com certo arrependimento por desistir de uma carreira importante para cuidar das meninas. Mas ele notou pequenas mudanças no comportamento de Sophia nos últimos dois meses. Ela começou a perder a confiança. Tornou-se autocrítica, queixando-se de que não era uma boa mãe, que era uma esposa horrível, um fracasso. Ela pareceu comer menos, recusava sexo e estava menos falante. Ele tentou encorajá-la, depois desafiá-la e até mesmo usar as meninas como incentivo para recuperar sua esposa confiante e alegre. Nada parecia adiantar. "Ela parecia desaparecer um pouco mais a cada semana. Ao longo da última semana ou duas, sinto que ela desapareceu por completo."

Quando o Dr. Jacobs a conheceu na sala de espera, ele suspeitou que Sophia estava deprimida. Ela se jogou na cadeira e não fez contato visual. Quando chegaram ao consultório, o modo lento de andar e a expressão indiferente o convenceram. As respostas monossilábicas, a falta de afeto e o histórico apontaram para transtorno depressivo maior. Ele pediu um conjunto de testes de laboratório para se certificar de que ela não tinha anemia, um distúrbio endócrino ou um problema metabólico e, em seguida, imediatamente começou a pensar sobre o tratamento.

Há uma velha piada sobre o impacto dos tratamentos psiquiátricos. Um cardiologista e um psiquiatra são raptados. Os sequestradores explicam que vão matar uma das vítimas e libertar a que mais fez pela humanidade. O cardiologista explica que seu campo desenvolveu muitos novos medicamentos e procedimentos, evitando milhões de ataques cardíacos e salvando milhões de vidas. "E você?", os sequestradores perguntam ao psiquiatra. "Bem, o problema é que", ele começa, "o cérebro é realmente complicado. É o órgão mais complicado do corpo". O cardiologista interrompe: "Ah, não, não consigo ouvir isso novamente. Apenas atire em mim agora."

De fato, o cérebro é complicado. Não pode ser biopsiado, extraído ou estudado como outros órgãos. Encontrar alvos para novos tratamentos de um distúrbio cerebral é muito mais difícil do que identificar a lesão genética em um tumor ou medir a insulina em alguém com diabetes. Ainda entendemos muito pouco sobre como o cérebro funciona. Principalmente aplicamos metáforas do estado atual da tecnologia: na primeira metade do século XX, descrevemos modelos hidráulicos porque metaforicamente o cérebro era um motor; na segunda metade do século XX, o cérebro tornou-se uma sopa química com milhares de moléculas interagentes recém-descobertas; e hoje é, claro, uma máquina de processamento de informações baseada em circuito como um computador. Na verdade, sabemos bastante sobre como a informação sensorial entra no cérebro, e podemos monitorar o comportamento, que é a saída do cérebro; mas quando você começa a se aprofundar em como essa transformação acontece na velocidade do pensamento, bem, é complicado.

No entanto, apesar dessa falta de compreensão, temos tratamentos bons e comprovados para transtornos mentais. Para mim, essa é a verdadeira tragédia do nosso sistema de cuidados de saúde mental fracassado. Se tivéssemos pouco a oferecer, os problemas na prestação de cuidados seriam desfavoráveis, mas não uma tragédia. Isso não quer dizer que todas as pessoas se recuperarão com os nossos tratamentos atuais. Para serem eficazes, os tratamentos precisam ser administrados na dose apropriada; e para serem mais eficazes geralmente precisam ser administrados no início do avanço da doença.

Vamos começar observando quatro grandes categorias: medicamentos, terapias psicológicas, neuroterapias e serviços de reabilitação.

Medicamentos — Em Busca de uma Cura Absoluta

Para a maioria das pessoas, tratamento psiquiátrico significa medicação. Essa suposição está errada[2] por pelo menos duas razões: a maioria dos medicamentos para doenças mentais não é prescrita por psiquiatras, e muitos dos tratamentos mais eficazes não são medicamentos. Mas deve haver pouca dúvida sobre o valor — ou a onipresença — dos medicamentos ansiolíticos, antidepressivos, antipsicóticos, estabilizadores do humor (para doenças bipolares), e os medicamentos para TDAH.

TRATAMENTOS QUE FUNCIONAM

Hoje existem cerca de trinta antidepressivos diferentes, vinte medicamentos antipsicóticos diferentes, sete estabilizadores de humor diferentes usados no transtorno bipolar e seis tipos diferentes de medicamentos para o TDAH. Quase nenhum desses é mais eficaz do que os medicamentos que tínhamos há três décadas, embora os medicamentos mais novos tenham perfis de efeitos colaterais diferentes e, em alguns casos, melhores. Os números de prescrição mais recentes são surpreendentes. Entre 2015 e 2018, 13% dos norte-americanos[3] com mais de 18 anos receberam prescrição de um antidepressivo no mês anterior, um aumento de 65% em relação a duas décadas atrás. Um relatório recente do CDC[4] (com base em pesquisas com pais e não em dados de farmácia) estima que 5,2% das crianças dos EUA entre 2 e 17 anos estão tomando estimulantes, como a Ritalina, para o TDAH. No entanto, é difícil mostrar que os resultados, medidos pela morbidade e pela mortalidade, são melhores hoje do que em 1975. Em termos de cuidados de saúde mental, as últimas quatro décadas têm sido muito melhores para a indústria farmacêutica do que para o público.

Com quase 500 milhões de prescrições[5] para antidepressivos e antipsicóticos nos EUA, e nenhum sinal de melhores resultados, parece absurdo afirmar que os medicamentos são eficazes. Claro, há uma diferença entre obter prescrição e tomar um medicamento. A adesão à medicação psiquiátrica é relatada como uma das piores para todos os medicamentos, provavelmente abaixo de 50%. Mas, quando ministrados corretamente, as evidências de centenas de ensaios clínicos randomizados mostram que antipsicóticos, antidepressivos e medicamentos antiansiedade são mais eficazes do que o placebo para a redução a curto prazo dos sintomas.

Apenas como um exemplo, Andrea Cipriani e seus colegas da Universidade de Oxford revisaram recentemente o quão bem 21 medicamentos antidepressivos reduzem os sintomas após 8 semanas de tratamento. Depois de revisar os resultados de mais de 500 estudos[6] com mais de 100 mil pacientes, eles descobriram que todos os 21 antidepressivos eram melhores do que placebo, e os tamanhos de efeito˙ gerais eram tão altos quanto, e muitas vezes maiores do que, os medicamentos usados em outras áreas da medicina. De fato, uma pesquisa dos medicamentos mais vendidos[7] nos EUA para uma série de problemas médicos, desde azia até artrite, revela que a maioria deles não é mais eficaz do que o antipsicótico mais vendido (aririprazol) ou o antidepressivo (duloxetina).

Pode ser um pequeno consolo perceber que medicamentos antidepressivos e antipsicóticos não são piores do que algumas outras categorias de drogas populares. Certamente, é preocupante reconhecer que todos esses medicamentos são menos eficazes do que o marketing entusiasmado deles sugere. E é preciso dizer que medir a resposta aos sintomas em oito semanas, como é feito para a maioria desses medicamentos, pode não ser a melhor medida de resultado para uma doença de longo prazo como depressão ou esquizofrenia.

Devido aos sintomas, o Dr. Jacobs iniciou o tratamento de Sophia com um antidepressivo. Sua escolha foi a fluoxetina, um medicamento que agora está disponível como um genérico, mas era mais conhecido por seu nome comercial, Prozac. A fluoxetina pertence a uma classe de antidepressivos chamados inibidores seletivos da recaptação da serotonina[8] ou ISRS, drogas que bloqueiam a recaptação da serotonina nos neurônios, presumivelmente fazendo com que mais serotonina esteja disponível no cérebro. No caso de Sophia, a fluoxetina foi útil, mas não suficiente. Sua família notou que ela estava mais animada, passava menos tempo na cama e parecia mais comprometida. De acordo com o Dr. Jacobs, ela não percebeu essas mudanças, mas admitiu se sentir "menos morta". Ela relatou que o medicamento causou náuseas e a deixou um pouco "apreensiva". Depois de duas semanas, Jeff relatou: "Eu posso ver mais da antiga Sophia. Ela está falando um pouco mais. Mas ainda está distante." O Dr. Jacobs aumentou a dose. Com quatro

---

˙ Em estatística, o tamanho do efeito mede a força da relação entre grupos diferentes ou a magnitude da diferença entre variáveis, possibilitando calcular a significância prática de um estudo. [N. da T.]

semanas, ela estava comendo mais, fora da cama a maior parte do dia, e começando a cuidar das meninas novamente. A náusea e o estado assustadiço passaram. Como ele escreveu em suas anotações: "Melhor, mas ainda não bem."

Os tratamentos psicofarmacológicos não são uma cura absoluta. É verdade que algumas pessoas relatam respostas dramáticas e duradouras, mas geralmente os efeitos da medicação psiquiátrica não se parecem com os efeitos dos antibióticos para uma infecção estreptocócica ou da insulina para diabetes. Como funcionam essas drogas? A resposta usual é que elas alteram a química cerebral[9] — antidepressivos pelo aumento dos neurotransmissores serotonina ou norepinefrina, antipsicóticos pelo bloqueio da dopamina. Mas essa não pode ser a explicação completa, porque esses efeitos neurotransmissores são aparentes em poucas horas. As drogas requerem muitos dias, geralmente semanas, para reduzir a depressão ou a psicose. O que acontece nesses dias e semanas ainda é um mistério. Não há dúvida de que há mudanças "adaptativas" no cérebro, mas o que exatamente muda e onde isso acontece não é claro, mesmo depois de quarenta anos de pesquisa.

Embora os detalhes ainda não estejam claros, a maioria dos cientistas acredita que os medicamentos mudam lentamente as conexões cerebrais, alterando a plasticidade inata do cérebro nos dias e semanas em que uma pessoa, como Sophia, começa a se sentir "menos morta". Quais são essas ligações? Uma resposta vem do estudo das alterações moleculares e celulares nas células cerebrais de ratos e camundongos tratados com antidepressivos por várias semanas. Essas descobertas encheram revistas científicas nas últimas quatro décadas, mas eu sou cético. É sempre incerto generalizar a partir de roedores saudáveis para humanos deprimidos, especialmente porque o caminho implicado na depressão humana é o córtex pré-frontal,[10] a região localizada na parte anterior do cérebro, logo acima dos olhos. Essa área, que é considerada crítica para o julgamento, a percepção e a regulação emocional, mal existe no cérebro do roedor.

No entanto, para definir as alterações moleculares e celulares induzidas por várias semanas de antidepressivos, os cientistas se voltaram para estudos de cérebros de roedores. A partir desses estudos,[11] sabemos que os antidepressivos aumentam a taxa de natalidade de novos neurônios, alteram a expressão de centenas de genes nos neurônios e alteram muitos neurotransmissores, além dos efeitos iniciais sobre a serotonina ou a norepinefrina. Um resultado da cascata de efeitos após semanas de administração de antidepressivos é um aumento no neurotransmissor excitatório glutamato,[12] no córtex pré-frontal. Se esse sinal fosse crítico para os efeitos antidepressivos, talvez pudéssemos adiantar as quatro semanas de tratamento ativando o glutamato diretamente. Essa é a lógica para o uso de cetamina,[13] uma droga que ativa o glutamato nessa parte do cérebro. A cetamina é, na verdade, um antidepressivo de ação rápida, com efeitos em horas em vez de semanas. Essa descoberta pode parecer provar que o glutamato no córtex pré-frontal é a chave que desbloqueia a depressão. Infelizmente, outros compostos do glutamato[14] não são antidepressivos eficazes, e a cetamina tem uma gama de efeitos não relacionados ao glutamato, portanto seu mecanismo para reduzir a depressão não é claro. Contudo, encontrar um medicamento que possa aliviar a depressão em horas em vez de semanas é emocionante. Embora um antidepressivo de ação rápida ainda exija múltiplos tratamentos ao longo de várias semanas para ter efeitos duradouros, a descoberta da cetamina demonstra que uma melhor compreensão dos mecanismos de ação da droga pode levar a melhores antidepressivos.

É claro que, durante esses dias e semanas, a experiência também influencia os mesmos circuitos que a medicação está mudando. Talvez, durante as semanas de estimulação química, a vida comece a ser animada como antes, com efeito positivo. Meu colega Peter Kramer, autor de *Ouvindo o Prozac*, capturou isso em seu recente livro *Ordinarily Well* [Normalmente Bem, em tradução livre]. "Quando a medicação funciona, o mundo faz a sua parte. Os pacientes estão livres para se ocupar do que é preciso em suas vidas. É por isso que os médicos prescrevem."[15]

Nenhuma das opções anteriores deve ser interpretada como "missão cumprida". Houve vitórias significativas de curto prazo para a redução dos sintomas:[16] lítio para regulação do humor na doença bipolar, ISRSs para obsessões e compulsões, estimulantes para tratamento agudo do TDAH. Essas vitórias não são curas, mas se encaixam bem com o que os cuidados médicos modernos têm a oferecer aos pacientes com uma variedade de doenças crônicas, e superam os medicamentos que temos para doenças neurodegenerativas como a demência. Elas são parte, mas apenas parte, do que as pessoas precisam para "levar uma vida rica e plena".

Para antidepressivos, existem pacientes com respostas radicais,[17] mas a maioria, como Sophia, responde parcialmente. Uma série de efeitos colaterais, desde náuseas e ansiedade até disfunção sexual e mania, são preocupações comuns. Os medicamentos antipsicóticos reduzem as alucinações, mas têm pouco impacto em vários outros sintomas, muitas vezes mais incapacitantes, como pensamentos lentos ou embotamento afetivo. Mas para ambos os tipos de medicamentos a eficácia é real, ainda que limitada. Os cientistas descrevem uma lacuna entre a eficácia[18] medida em ensaios clínicos e a eficácia medida no mundo real dos cuidados clínicos. Devido à baixa eficácia no atendimento clínico, na maioria das vezes os medicamentos são combinados em um esforço para equilibrar a eficácia e os efeitos colaterais. Mesmo quando o primeiro medicamento não funciona, 50% das pessoas[19] melhoram com um segundo medicamento.

E, para pessoas que estão melhores, mas não estão bem, as outras formas de tratamento — intervenções psicológicas, neurotecnológicas ou de reabilitação — podem pavimentar o caminho para a recuperação.

Psicoterapia — Aprendizagem como Tratamento

Quando Sophia voltou para a consulta depois de quatro semanas tomando fluoxetina, ela estava claramente melhor. Jeff relatou que ela agora era capaz de cuidar das meninas; e Sophia, embora ainda retraída, estava visivelmente mais presente na entrevista. Mas ela tinha pouco apetite, descrevia pouca energia e falava sobre "dias escuros". Ela expressou arrependimento pela distância do movimento Black Lives Matter [Vidas Negras Importam]. Ao assistir a manifestações na CNN, sentiu-se inútil em meio a esse momento histórico.

O Dr. Jacobs estava preocupado, que é a reação correta aqui. As pessoas são frequentemente hospitalizadas por risco de suicídio quando são avaliadas pela primeira vez para depressão. Mas o maior risco na verdade vem mais tarde, quando, como Sophia, eles estão começando a melhorar. Nas profundezas da depressão, Sophia foi incapaz de formular ou de executar um plano. Como ela disse ao Dr. Jacobs, ela já se sentia morta por dentro. Mas agora ela estava bem o suficiente para recuperar alguma função, mais consciente do quão debilitada estava, ainda que não o suficiente para imaginar superar seu desespero. É quando uma decisão desesperada pode se tornar inevitável.

O Dr. Jacobs adicionou duloxetina, outro antidepressivo, à fluoxetina, argumentando que a duloxetina, que tem como alvo a norepinefrina, bem como a serotonina, pode ser mais ativadora para Sophia. Em geral, os medicamentos que têm como alvo a norepinefrina[20] são mais estimulantes, embora às vezes aumentem a ansiedade e a inquietação. No caso de Sophia, ele pensou que a estimulação poderia ajudá-la a diminuir a lentidão e o nível de atividade, o que os psiquiatras chamam de "retardo psicomotor". Ele também estava considerando o potencial de autolesão à medida que Sophia melhorava. Depois de discutir suas preocupações com Sophia e Jeff, ele recomendou que Sophia fosse a um psicólogo para psicoterapia. Ele explicou que, mesmo com a medicação adicional, seria benéfico para Sophia ter alguns dos tratamentos psicológicos desenvolvidos especificamente para o tratamento da depressão. E ele queria que ela fosse observada com mais frequência para garantir que alguém estivesse observando uma queda no humor ou um aumento no risco de suicídio.

Para muitas pessoas com mais de 50 anos, a psicoterapia ainda é sinônimo de psicanálise. A psicanálise, método desenvolvido por Sigmund Freud há mais de um século, utiliza sonhos e associações livres para explorar conflitos desde a infância, conflitos que podem ser em grande parte inconscientes, mas envenenam relações na idade adulta. No decorrer dessa exploração, geralmente em várias sessões de cinquenta minutos por semana ao longo de vários anos, o paciente recria esses conflitos com o analista e, na relação terapêutica segura e introspectiva, aprende melhores maneiras de lidar com eles. Como parte do meu estágio, eu estive em psicanálise na década de 1970 e ainda me lembro disso como uma jornada fascinante, autoindulgente e útil. Não importava o quanto eu entendesse racionalmente que o analista não era meu pai, não havia como evitar essa tendência de recriar velhos hábitos de querer agradar ou deixar de desafiar. Esse processo, que os analistas chamam de "transferência",[21] é a essência da psicanálise.

Embora útil para o crescimento pessoal, a psicanálise não é, por si só, um tratamento para doenças mentais. É categoricamente diferente das psicoterapias modernas que foram desenvolvidas nas últimas quatro décadas. A maioria dessas abordagens mais recentes envolve a aprendizagem, assim como a psicanálise trata de aprender novas maneiras de se relacionar, mas as psicoterapias modernas fornecem uma linha muito direta para dominar habilidades específicas, como transformar problemas em oportunidades e domar emoções com atenção plena (mindfulness).

Essas abordagens modernas se concentram em alvos comportamentais ou cognitivos específicos, nos quais a aprendizagem de habilidades é a base da mudança. Por exemplo, a terapia comportamental para transtorno obsessivo-compulsivo (TOC) foi desenvolvida especificamente para o comportamento de esquiva[22] (usando exposição e prevenção de resposta). Alguém com fobia a germes aprenderia a tolerar germes tocando banheiros públicos ou esfregando as mãos nas solas dos sapatos enquanto evitava lavar as mãos. Por meio da habituação,* a pessoa supera seu medo. Isso está muito distante da psicanálise, que teria tratado a mesma fobia por anos de exploração de conflitos em torno de poder e de controle, remanescentes do treinamento do uso do banheiro durante a infância.

A terapia familiar[23] foi desenvolvida para capacitar as famílias a ajudar seus adolescentes com anorexia nervosa. A terapia comportamental dialética (TCD)[24] foi desenvolvida para ajudar pacientes com transtorno de personalidade borderline a gerenciar a volatilidade de suas emoções. Em contraste com os medicamentos que têm como alvo os sintomas, muitas dessas terapias psicológicas têm como alvo padrões de pensamento ou comportamentos, que podem estar subjacentes à ansiedade ou à depressão que levam alguém ao tratamento. Eles são fundamentalmente sobre aprender uma nova maneira de pensar ou se comportar.

Para Sophia, a terapia cognitiva comportamental (TCC)[25] foi o tratamento de escolha. O Dr. Jacobs sabia que mais de três décadas de pesquisas rigorosas mostraram que a TCC reduz os sintomas primários da depressão, especialmente quando a depressão é de gravidade leve ou moderada. Ele não tinha certeza de que Sophia já havia passado do nível grave para o moderado, mas queria ter uma vantagem sobre essa parte de seus cuidados e conhecia um psicólogo, o Dr. Chou, que foi especificamente treinado em TCC para pessoas com transtornos mais graves.

Na primeira sessão com Sophia, o Dr. Chou perguntou a ela especificamente sobre áreas problemáticas e se concentrou em como Sophia percebia o mundo, o que o Dr. Chou chamou de "pensamento negativo." Por exemplo, Sophia mencionou que falhou em levar as meninas para a creche na hora certa duas vezes na semana anterior. O Dr. Chou perguntou-lhe sobre o verbo "falhar" e questionou se ela poderia imaginar atrasar a levar as meninas para a creche como uma chance de passar mais tempo com elas. Ele também desafiou o senso de Sophia de ser "inútil" porque ela estava ausente durante as demonstrações do Black

---

* Habituação é um termo literalmente originado de habituar-se, criar hábito. Em psicologia, refere-se a uma forma de aprendizagem. [N. da T.]

Lives Matter. O Dr. Chou descreveu a importância de olhar para esse padrão de pensamento negativo, carregado de autojulgamento e culpa. Ele deu a Sophia uma tarefa de casa para rastrear esses tipos de pensamentos em um diário. Sua tarefa a cada dia era desafiar essa tendência de se ver apenas como um fracasso, incapaz de atender às suas próprias expectativas irreais.

Essa abordagem, embora psicológica, também pode se encaixar na visão biológica de alavancar a plasticidade cerebral para mudar as conexões neurais. Afinal, assim como aprender a tocar violino ou aprender uma nova língua muda os circuitos cerebrais, aprender a desconstruir um viés negativo ou demolir expectativas destrutivas é, sem dúvida, reorganizar as conexões cerebrais. E adicionar terapia de comportamento cognitivo à medicação poderia ser ainda mais eficaz. Para pacientes que escolhem uma abordagem psicológica[26] e que podem encontrar um terapeuta experiente, os resultados a longo prazo para depressão, ansiedade e transtornos alimentares são tão bons ou melhores do que os efeitos da medicação. Como o pioneiro da saúde mental global Vikram Patel disse recentemente: "Se pudéssemos engarrafar a psicoterapia e entregá-la como uma pílula, seria a droga mais vendida no mundo."[27] Embora a pesquisa sugira que muitos pacientes preferem tratamentos psicológicos a tratamentos médicos,[28] a psicoterapia é mais trabalhosa do que tomar medicamentos. A aprendizagem requer motivação e prática, um compromisso que impede muitos pacientes de escolher essa abordagem, mesmo quando ela está disponível.

APESAR DE SUA EFICÁCIA, esses tratamentos são administrados por apenas uma pequena fração dos 600 mil prestadores de cuidados de saúde mental nos EUA.[29] Muitos terapeutas ainda dependem da psicoterapia psicodinâmica, uma abordagem que está mais próxima da psicanálise. A terapia focada no trauma é uma versão popular, explorando como os traumas infantis bloqueiam a capacidade de lidar com o estresse. Muitos terapeutas oferecem uma mistura de atenção plena, relaxamento e terapias orientadas para o conhecimento. Existem várias abordagens para casais, famílias e grupos, todas focadas na compreensão e na comunicação.

Combinadas com o problema certo, todas essas abordagens ajudam. Falar com um amigo ou um pastor empático também pode ajudar. A eficácia dessas ajudas depende menos da técnica específica e mais da relação entre os indivíduos envolvidos. Mas, para alguém com TMG, podemos fazer melhor. Temos tratamentos poderosos e cientificamente comprovados que são atualmente usados apenas esporadicamente. Não estamos aproveitando a ciência que temos.

Como a medicação, a psicoterapia certa dada ao paciente certo no momento certo e na dose certa pode salvar e mudar vidas. E, assim como com a medicação, não devemos supor que o uso indiscriminado ou inadequado da psicoterapia seja evidência de sua ineficácia. Em vez disso, devemos entender melhor como adequar os vários tratamentos eficazes às necessidades dos indivíduos.[30]

Para Sophia, as visitas semanais, o dever de casa e as expectativas de melhoria provaram muito. Ela interrompeu a TCC após quatro sessões, embora o Dr. Chou tivesse recomendado um tratamento de oito semanas. Voltando ao Dr. Jacobs, três meses depois de iniciar a medicação e um mês após a TCC, ela estava aos prantos e derrotada. Ela estava bem o suficiente para se lembrar de como era a vida antes da depressão, mas simplesmente não conseguia encontrar o caminho de volta. Tudo, desde cuidar das gêmeas até chegar a um compromisso, era como escalar uma montanha enorme. A medicação não parecia ser a resposta, e o tratamento psicológico exigia um certo esforço que ela não conseguia encontrar. "Há mais alguma coisa?", perguntou ela ao Dr. Jacobs: "Ou estou sem esperança?"

O Dr. Jacobs levantou a possibilidade de estimulação magnética transcraniana ou EMT.

Neuroterapêutica

A história sórdida do uso de dispositivos para doenças mentais remonta aos tratamentos dos manicômios, como lobotomia e hipotermia. Embora essas abordagens primitivas sejam encontradas principalmente nos livros de história, os dispositivos de estimulação para mudar os circuitos assumiram uma nova forma, pois as formulações sobre doenças mentais mudaram de um desequilíbrio químico hipotético para um modelo de conectividade desregulada no cérebro. Se o problema é um circuito hiperativo ou subativo, faz sentido alterar a atividade por meio de alguma forma de estimulação. Em estudos em animais, essa estimulação foi distribuída diretamente para uma região cerebral, ativando um circuito específico. Na prática clínica, a estimulação tem sido geralmente não invasiva, ativando vastas regiões do cérebro.

A terapia eletroconvulsiva ou eletroconvulsoterapia (ECT) foi a versão original da mudança da atividade cerebral por meio da estimulação elétrica. A abordagem, que induz uma convulsão em todo o córtex de um paciente anestesiado, pode ser semelhante a reiniciar um computador. É claro que a ECT, introduzida pela primeira vez em 1938, precedeu a era moderna dos medicamentos e tratamentos psicológicos, e certamente precedeu a era do computador. Mas eu nunca ouvi uma explicação melhor sobre como a ECT funciona do que essa metáfora de reinicialização. Estimular o córtex[31] com eletricidade pode parecer mágica e, ainda assim, é eficaz em pelo menos metade dos pacientes com depressão que não responderam a mais nada. A ECT precisa ser administrada várias vezes ao longo de várias semanas, e há potenciais efeitos adversos graves, incluindo dor de cabeça e perda de memória. Alguns pacientes têm recaídas nos meses seguintes ao tratamento. Mas a ECT estabeleceu o conceito de que a estimulação elétrica por meio de um mecanismo completamente incerto pode reverter a depressão.

Ao longo das últimas duas décadas, novas versões da ECT foram desenvolvidas para fornecer estimulação mais focada, reduzindo os eventos negativos sem reduzir a eficácia. Uma abordagem mais popular tem sido a estimulação magnética transcraniana regional[32] (EMT), que pode ser administrada sem anestesia e não provoca convulsão. Primeiramente aprovada pela FDA em 2008 para o tratamento da depressão refratária, a EMT tornou-se o primeiro tratamento baseado em estimulação amplamente disseminado para a depressão.

Cerca de 30% das pessoas com transtorno depressivo maior são classificadas como tendo depressão refratária* ao tratamento.[33] O nome é lamentável, pois pode implicar que os pacientes falharam no tratamento, quando, na verdade, os tratamentos falharam com o paciente. Mas o nome tem servido a um propósito ao reconhecer que algumas pessoas precisam de mais do que medicamentos e psicoterapia. São pacientes com depressão refratária ao tratamento, como Sophia, que são encaminhados para tratamento com EMT.

Isso funciona? O primeiro ensaio clínico em larga escala,[34] financiado pelo NIMH, relatou em 2010 que 14% das pessoas com depressão refratária ao tratamento estavam em remissão (o que significa que não tinham sintomas significativos) após um curso de tratamento com EMT, em comparação com 5% no grupo de tratamento simulado. Em uma segunda fase desse estudo, sem um grupo de controle, 30% dos pacientes entraram em remissão. Esse número de 30% tem sido uma referência útil para essa forma de tratamento, reconhecendo que foi reservado para aqueles que não responderam a medicamentos ou intervenções psicológicas.

Além de ECT e EMT, equipes de psiquiatras e neurocirurgiões foram pioneiros em um tratamento invasivo com estimulação cerebral profunda que ativa circuitos específicos.[35] Os neurocirurgiões implantam eletrodos para registrar e estimular estruturas profundas no cérebro. Os psiquiatras avaliam a resposta na sala de cirurgia, identificando os alvos ideais. Embora a estimulação cerebral profunda tenha sido usada em mais de 150 mil pacientes com doença de Parkinson e outros distúrbios neurológicos, sua aplicação para depressão e TOC ainda é experi-

---

* Embora o paciente tenha feito tudo como o esperado, no caso da depressão refratária, ele não consegue ficar totalmente livre da doença. Em outras palavras, melhora, mas não zera os sintomas nem mesmo com uma segunda medicação. [N. da T.]

mental. Os resultados preliminares são promissores,[36] mas, na psiquiatria, o método nessa fase é principalmente uma prova do conceito de que ativar ou inativar circuitos específicos no córtex pré-frontal pode reduzir os sintomas de uma doença mental, assim como reduz os sintomas motores da doença de Parkinson. Essa pesquisa demonstra que é possível focar a depressão como uma arritmia — mudar um circuito discreto pode levantar os sintomas de desesperança e desespero. De fato, as pessoas que tiveram esse estímulo descrevem alívio imediato, mesmo enquanto ainda estão na mesa de cirurgia.

Sophia desconfiava da EMT, mas o Dr. Jacobs garantiu que o tratamento poderia ser feito em seu consultório, levaria cerca de uma hora por dia e duraria de três a quatro semanas. Ela dirigiu-se para sua primeira sessão, depois sentou-se em uma cadeira de couro reclinável enquanto um técnico colocava uma bobina eletromagnética, do tamanho de um secador de cabelo, em vários lugares de sua cabeça. Mesmo com tampões de ouvido, ela podia ouvir um som de clique e sentia uma sensação de batida indolor no couro cabeludo. Ela disse a Jeff mais tarde naquela noite: "Isso realmente parece um absurdo. De verdade, como dar choque no meu couro cabeludo vai ajudar?" E, no entanto, no fim da primeira semana, ela teve que admitir que algo parecia diferente. A primeira coisa que ela notou foi que as cores pareciam mais brilhantes. Durante meses, ela acordava todos os dias com uma sensação de pavor. O medo ainda estava lá, mas também um sentimento de possibilidade. Na segunda semana de tratamento, ela descobriu que sentia falta das meninas quando elas estavam na creche. Ela mal podia esperar para vê-las no fim do dia. Na terceira semana, iniciou uma rotina de exercícios, caminhando e depois correndo todos os dias.

Como a EMT ajudou Sophia a, como ela disse, "encontrar o caminho de volta?". Nosso melhor entendimento é que ativar repetidamente a superfície do cérebro muda as vias abaixo. Chamamos isso de "neuromodulação". Da mesma forma que a estimulação cirúrgica direta do córtex pré-frontal profundo pode levar a um alívio imediato, os cientistas pensam que a ativação repetida da superfície pode treinar os circuitos que precisam ser reiniciados durante a depressão.[37] Sabemos, com precisão, quais circuitos são importantes ou como o estímulo da superfície do cérebro muda as vias abaixo? Não. Podemos identificar quando a EMT está funcionando ou não a partir da alteração dos padrões do eletroencefalograma (EEG)? Não. Existe uma assinatura EEG que recomenda ativar uma área mais do que outra? Ainda não. A neuroterapêutica, como a medicação e a psicoterapia, ainda é uma abordagem empírica. Sabemos ainda menos sobre neuromodulação do que tratamentos químicos ou psicológicos.

Mas, para Sophia e muitos pacientes como ela, neuroterapêuticos ajudaram a acabar com o desespero.

Tratamentos Reabilitadores — Cuidados Integrais

No cuidado da diabetes, aprendemos a combinar insulina e outros medicamentos com mudanças no estilo de vida, educação do paciente e da família e gerenciamento de cuidados crônicos. Como resultado, o controle da glicose em pessoas com diabetes não é significativamente diferente daqueles sem diabetes. Muitas das piores complicações da diabetes foram evitadas.[38] Os tratamentos para doença arterial periférica podem reduzir as amputações em 70%. Nos últimos 35 anos, a taxa de cegueira[39] caiu de 50% para 5%. Com melhorias nos tratamentos de reabilitação, as pessoas com diabetes podem continuar a funcionar à medida que envelhecem, apesar de terem uma doença crônica.

Na busca pela recuperação de uma doença mental, os tratamentos reabilitadores oferecem o que a psicoterapia e os medicamentos não podem: uma chance de construir, ou reconstruir, uma vida. Os medicamentos ajudam, mas não são uma cura. As psicoterapias, especialmente os tratamentos comportamentais e cognitivos direcionados, funcionam, mas nem todos estão bem o suficiente ou motivados o suficiente para empreender essa abordagem. Os tratamentos de estimulação, como a EMT, funcionam às vezes, principalmente para a depressão.

Mas, muitas vezes, essas três opções, embora reduzam os sintomas, não são suficientes para a recuperação em longo prazo. As intervenções de reabilitação para doenças mentais graves, assim como as estratégias de gestão de cuidados para diabetes, são fundamentais nesse trabalho mais importante.

Como a fisioterapia, os cuidados de suporte após um episódio psicótico ou uma depressão grave geralmente estão fora do consultório médico, e podem exigir meses de trabalho intensivo. Esse é o trabalho de construir uma vida. As intervenções críticas para a recuperação[40] incluem: equipes de tratamento comunitário assertivas que ajudam as pessoas a gerenciar suas vidas em casa; apoio à educação e emprego para ajudar na escola ou no trabalho; psicoeducação familiar e apoio para gerenciar as várias questões com as quais as famílias precisam de ajuda; e gestão de cuidados personalizada para dar a uma pessoa com TMG função sobre seus cuidados. Todos se mostraram eficazes.

Sophia não teve um episódio psicótico — ela nunca perdeu o contato com a realidade —, mas os cuidados de reabilitação ainda faziam parte de sua recuperação a longo prazo de seu episódio depressivo. O Dr. Jacobs trabalhou com um grupo que estudou os efeitos multigeracionais da depressão. Sua pesquisa mostrou que os filhos de mães deprimidas tinham maior risco de depressão, e que o tratamento da depressão da mãe conferia benefícios imediatos aos seus filhos. Então, ele envolveu a família na "psicoeducação", uma série de reuniões para explicar como podemos entender a depressão, e discutir o que eles poderiam esperar de Sophia e das crianças. Ele também recomendou uma intervenção de terapia de curto prazo para Sophia explorar como ela queria viver em seu estado não deprimido e ajudá-la a distinguir preocupações e decepções realistas de percepções erradas e desespero. Sophia falou sobre trabalho pela primeira vez. Os direitos civis a chamavam novamente. Normalmente, o apoio ao emprego é para estágios e treinamento para iniciantes, mas o Dr. Jacobs conhecia um especialista em emprego que poderia ajudar Sophia a identificar exatamente que tipo de função ela queria ao retornar à força de trabalho após quatro anos.

Com o especialista em emprego, ela falou sobre sua falta de confiança e sua ansiedade sobre o retorno ao trabalho, assim como um atleta que retorna depois de ser afastado devido a uma lesão grave.

Assim são os cuidados de reabilitação. Pesquisas mostram que esse tipo de cuidado de suporte contínuo é fundamental para evitar recaídas, com efeitos de longo prazo que igualam ou superam o impacto dos medicamentos. E, no entanto, esse conjunto de intervenções geralmente não está disponível para a maioria das pessoas com TMG. Ao contrário da fisioterapia, a gama de serviços de reabilitação após um episódio psicótico ou depressão geralmente não é coberta pelo plano de saúde. Infelizmente, nenhum reembolso significa nenhum acesso a uma força de trabalho habilitada. Um relatório de 2017[41] mostrou que os serviços de reabilitação estavam disponíveis para menos de 5% dos pacientes com TMG.

O Que Falta

Um ano após o seu primeiro encontro com o Dr. Jacobs, Sophia correu uma maratona. Ela começou a trabalhar em meio período em um pequeno escritório de advocacia local que estava comprometido com o equilíbrio entre trabalho e vida pessoal. Ela continuou com baixas doses de medicação, mas não sentiu efeitos colaterais e planejava continuar pelo menos enquanto ela e Jeff decidiram ter outro bebê. Em contraste com os milhões que não têm acesso a cuidados de alta qualidade, Sophia recebeu tratamento rápido e eficaz. Embora tenha demorado mais do que qualquer um queria, o resultado foi positivo. Ela não foi presa nem ficou desabrigada. E não precisou de internação. Sua família tinha um plano de saúde excelente e podia pagar por tratamentos caros, que estariam fora do alcance de muitos norte-americanos. E, depois de toda a gama de modalidades de tratamento, ela se recuperou completamente.

Infelizmente, Sophia é a exceção, não a regra. Por que a história de Sophia é excepcional? Os tratamentos atuais são eficazes, mas ainda ficam aquém em pelo menos quatro maneiras.

Primeiro, há sintomas que não são abordados pelos tratamentos atuais: delírios fixos, os chamados sintomas negativos da esquizofrenia[42] (falta de afeto, pobreza de conteúdo de fala, falta de motivação) e déficits na função executiva (julgamento, planejamento de longo prazo) estão fora da zona-alvo dos medicamentos atuais. Os aspectos cognitivos da depressão,[43] que frequentemente são experimentados como perda de memória, mas geralmente se evidenciam como um viés negativo ou um problema de julgamento, provaram ser difíceis de avaliar e de tratar, especialmente em alguém com depressão grave, como Sophia.

Em segundo lugar, a pesquisa de tratamento se concentra nos efeitos de curto prazo para doenças de longo prazo. A maioria dos transtornos mentais, especialmente o grupo considerado na sigla TMG, são transtornos crônicos, ou pelo menos recorrentes, que requerem tratamento de longo prazo. Em um dos estudos longitudinais* mais meticulosos sobre depressão[44] realizados na Holanda (com um sistema de saúde muito melhor do que nos EUA), 20% apresentaram sintomas persistentes, sugerindo que esses transtornos de humor, mesmo quando bem tratados, são mais crônicos do que episódicos. Sophia realmente se recuperou, mas sentiu que ainda não estava 100% três meses após terminar o protocolo de EMT. Naquele momento, ela voltou para mais uma semana de tratamento. Felizmente, ela pertencia ao grupo de 80% das pessoas com depressão que se recuperam completamente. Depois de um ano, ela descreveu sua doença como um episódio que estava no passado. Na verdade, ela se lembrava pouquíssimo dos meses em que tinha ficado incapacitada.

---

* Estudo longitudinal é a coleta consistente de feedback do mesmo grupo de indivíduos em um período específico. Estudos longitudinais permitem: monitorar a mudança de opinião e a experiência das pessoas; e identificar problemas a tempo de impedir resultados negativos. [N. da T.]

Em terceiro lugar, os tratamentos raramente são combinados ou otimizados com base nas necessidades e nos desejos do paciente. Na maioria das vezes, o processo é incremental e prolongado. Sophia teve sorte em encontrar o Dr. Jacobs. Poucos provedores são capazes de integrar medicamentos, psicoterapia, dispositivos e serviços de reabilitação para maximizar a probabilidade de recuperação. E o reembolso pode favorecer uma forma de tratamento, como a medicação, em detrimento de outros tratamentos que podem se mostrar mais eficazes. Não é de surpreender que os prestadores não ofereçam serviços de reabilitação se ninguém pagará por eles adequadamente.

E, finalmente, os médicos se concentraram no alívio dos sintomas em vez de investirem na recuperação. Isso faz sentido do ponto de vista médico, mas é realmente o que os pacientes querem? A maioria das pessoas com TMG quer uma vida, não apenas alucinações auditivas reduzidas. Como Elyn Saks, a brilhante jurista da Universidade do Sul da Califórnia, disse: "O que torna a vida maravilhosa[45] — bons amigos, um trabalho satisfatório, relacionamentos amorosos — é tão valioso para aqueles de nós que lutam contra a esquizofrenia quanto para qualquer outra pessoa." Sophia precisava de alívio dos sintomas — precisava se sentir viva novamente — mas sua recuperação exigia correr, voltar ao trabalho e recuperar sua autoconfiança.

Os tratamentos atuais funcionam. Eles podem ser melhores. Esses quatro fatores são motivo da pesquisa contínua para desenvolver a próxima geração de tratamentos. Mas esses fatores realmente não explicam a questão central que precisamos responder. Se os tratamentos atuais são tão bons, por que os resultados geralmente são tão ruins?

A resposta a essa pergunta nos leva ao coração da crise de cuidados. Os resultados são terríveis, não porque não saibamos o que fazer ou não tenhamos nada a oferecer, mas porque não conseguimos cumprir o que sabemos e não conseguimos usar o que funciona. De certa forma, essa é uma mensagem esperançosa. Podemos resolver esse cuidado, mas primeiro precisamos entender os impedimentos.

PARTE 2

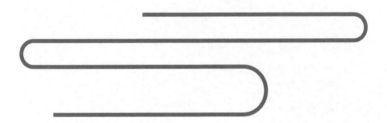

SUPERANDO AS BARREIRAS PARA MUDAR

4.

CORRIGINDO A CRISE DE CUIDADOS

> É mais fácil enviar seu filho para a Escola de Medicina de Harvard do que encontrar um leito psiquiátrico no sistema estadual.
>
> —Dr. Ken Duckworth, comissário interino de Saúde Mental e diretor médico do Departamento de Saúde Mental de Massachusetts, 2003

Millboro, Virgínia, fica em uma parte idílica do estado, duas horas a oeste de Richmond, escondida no cênico Vale Shenandoah. É lar da área de recreação Bubbling Spring do parque estadual Douthat State, e de um dos melhores locais de pesca de truta na Virgínia. É também o lar de Creigh Deeds, um político que foi eleito para a Câmara dos Representantes da Virgínia em 1991 e serve no Senado da Virgínia desde 2001. O senador Deeds concorreu, sem sucesso, ao cargo de governador em 2009.

Em 18 de novembro de 2013, Creigh Deeds estava em sua fazenda em Millboro, cuidando de seu único filho, Gus. Gus, com 24 anos naquela época, tinha sido uma daquelas crianças que pareciam destinadas ao sucesso: músico talentoso, orador de sua turma do ensino médio, estava na lista do reitor na Faculdade William & Mary, e sempre cercado por amigos. Quando conversei com o senador Deeds recentemente, ele se lembrou de como Gus "era um pouco estranho para um garoto do campo — ele era tão brilhante, tão criativo. Nunca tivemos ideia de que havia um problema até que ele tivesse 21 anos". Em 2009, ele pausou um semestre da faculdade a fim de fazer campanha para o pai, tocando banjo por toda a Virgínia. Mas depois de 2010, após a derrota do pai na eleição a governador e o divórcio dos pais, Gus começou a mudar. Ele deixou a faculdade, viajou pelo país aparentemente em resposta a "vozes" e voltou para casa desorganizado e delirante. Um psiquiatra deu-lhe um diagnóstico de transtorno bipolar e prescreveu medicação, bem como psicoterapia. Seu pai recorda o choque de encontrar seu filho no hospital e perceber pela primeira vez que Gus estava doente. "Ele me disse: 'Está tudo bem, pai. É aqui que tenho de estar. Pelo menos até que consigam acertar os meus medicamentos.'" Em junho de 2011, Gus se mudou com o pai para a fazenda em Millboro. Mas os delírios continuaram, assim como falar de suicídio.

"Acho que foi quando a negociação começou. Eu queria que ele voltasse para a escola e sabia que ele precisava tomar os remédios. Mas Gus sentiu que os medicamentos lhe tiraram a criatividade, sua vivacidade." O profundo amor e confiança entre pai e filho lentamente se transformou em uma luta, as esperanças de um pai contra a doença de seu filho. Na verdade, a mudança no relacionamento provavelmente refletia a luta, dentro de Gus, entre seu reconhecimento inicial de que suas vozes faziam parte de uma doença e uma negação crescente de que havia algo errado por dentro. Em duas ocasiões, o senador Deeds teve seu filho hospitalizado, uma vez com o consentimento de Gus e outra sem. "Gus enganou a todos. Seus médicos e terapeutas nunca souberam o que ele estava passando." Nos nove meses seguintes, com medicação e terapia, Gus lentamente pareceu melhorar, embora continuasse zangado e desconfiado.

Ele voltou à faculdade para o semestre que seria iniciado no outono de 2013. Mas logo parou de tomar os remédios. Sua página no Facebook revelou uma série de delírios paranoicos, e ele dava respostas monossilábicas a perguntas de professores e de outros alunos. Em novembro, ele estava de volta à fazenda em Millboro, morando sozinho enquanto o pai e a madrasta viajavam para a Irlanda. Em 15 de novembro, o senador Deeds voltou e encontrou seu filho profundamente psicótico. Lendo o diário de seu filho, ele descobriu não apenas que Gus sentia que havia se tornado divino, mas também que tinha encontrado a espingarda da família. O senador Deeds desmontou a espingarda e escondeu as peças em diferentes partes da propriedade. Ele não sabia que Gus tinha conseguido um rifle de calibre .22 e munição. No entanto, preocupado com o risco de suicídio, o senador Deeds recebeu uma ordem de custódia de emergência para internar o filho.

Gus foi atendido no Hospital Comunitário de Bath, onde, após quatro horas, foi avaliado por um assistente social do órgão local de intervenção de crise de saúde mental. Como na maioria dos municípios, não havia serviço psiquiátrico no hospital comunitário. A avaliação determinou que Gus precisava ser internado, mas, após ligar para vários hospitais em todo o estado, a assistente social relatou que não foi encontrado leito. Pela lei da Virgínia, a ordem de custódia expirou após seis horas, então o senador Deeds foi instruído a levar Gus para casa. Sem alternativa, ele voltou para a fazenda com seu filho psicótico e potencialmente suicida.

Na manhã de terça-feira, 19 de novembro, Creigh Deeds acordou cedo para tomar banho, alimentar os animais e estar pronto para encontrar Gus e tentar formular um novo plano. Ele estava alimentando os cavalos quando o Gus apareceu. Como o senador contou mais tarde, "Eu disse: 'Filho, como você dormiu?' Ele disse: 'Bem.' Virei as costas e, sabe [...] ele só foi para cima de mim." Gus atacou o pai com uma faca, esfaqueando-o treze vezes, depois correu para dentro de casa onde se suicidou com o rifle .22.

O senador Deeds sobreviveu a essa tragédia para contar a história e defender a reforma dos cuidados de saúde mental. Ele forçou a legislação na Virgínia a estender o período de custódia para avaliar pacientes psiquiátricos, e estabeleceu um registro eletrônico para leitos psiquiátricos. Uma investigação posterior revelou que os leitos poderiam estar disponíveis no dia em que Gus e seu pai estavam sentados na sala de emergência, mas o assistente social não conseguiu localizá-los a tempo. Para o senador Deeds, a questão permanece: "Se meu filho estivesse em perigo devido a qualquer outra condição médica, coma diabético ou colapso cardíaco, ele teria sido enviado para casa sem tratamento do pronto-socorro?"

O senador Deeds fez a pergunta certa. Com um coma diabético ou um colapso cardíaco, Gus teria recebido os primeiros socorros. Temos tratamentos equivalentes para a doença mental de Gus, mas seu resultado foi trágico. Neste capítulo, exploro por que não havia "espaço" para Gus, mas precisamos de algum contexto.

Para entender o processo da doença de Gus Deed, precisamos identificar a progressão de estágios específicos. O estágio 1 foi o período de risco, antes do início de qualquer sintoma. O estágio 2 era o início gradativo do primeiro episódio, às vezes chamado de pródromo, quando ele podia estar ouvindo vozes ou preocupado com ideias estranhas, mas ainda estava bem o suficiente para acompanhar a campanha de seu pai ou funcionar na escola. O estágio 3 foi o primeiro episódio agudo quando Gus deixou a escola para seguir as vozes, ou quando conhecemos Roger durante a tempestade de neve na Geórgia. Tanto Gus quanto Roger progrediram para o estágio 4, incapacitados e sob o controle implacável da psicose que se tornara crônica e penetrante.

A cobertura de imprensa da tragédia de Gus Deeds foi em grande parte sobre a falha em encontrar um leito para alguém com uma necessidade urgente, trazido para a sala de emergência por um pai fazendo todas as coisas certas. Foi menos evidente nesses relatos a falha que levou à necessidade de um leito desde o começo. Idealmente, alguém teria ajudado Gus Deeds mais cedo no seguimento de sua doença, antecipando a crise. Nossa falha em nos envolver mais cedo significa que um Gus Deeds entra nos cuidados da pior maneira com a pior trajetória possível — involuntariamente, em uma sala de emergência médico-cirúrgica, muitas vezes com resultados terríveis. Além disso, uma vez que eles entram na rede de cuidados, pode não haver um lugar para eles.

Isso é o que significa não ter um sistema de saúde, mas um sistema de doença construído para responder a uma crise. A crise sistêmica do cuidado em saúde mental é, em parte, resultado da tentativa de cuidar de cada indivíduo em crise. Imagine controlar doenças cardíacas um ataque de cada vez. Esse é o nosso sistema, e o primeiro ponto para realmente entender o problema na íntegra é o enigma dos leitos, pois nosso sistema de cuidados médicos reativo e impulsionado pela crise muitas vezes exige a intervenção mais cara e menos desejável: internação.

Internação

Na ausência de tratamento durante os estágios 1 e 2, a cada ano, milhões de pessoas que lutam com psicose ou depressão grave atingem um ponto em que os cuidados hospitalares de curto prazo e em tempo integral salvam vidas. Aqui é onde o caso de Gus Deeds nos mostra outra realidade trágica. O acesso aos cuidados de internação é fundamental, e a falta desses recursos não é apenas um choque, mas potencialmente uma falha fatal do sistema de cuidados. Em contraste com o acesso ao hospital para outros problemas médicos agudos, para adultos que precisam de cuidados de saúde mental internados pode haver poucos leitos disponíveis,[1] e para crianças pode não haver opções dentro do estado.

Por que há tão poucos leitos? A desinstitucionalização criou uma herança legal que ainda hoje bloqueia recursos para internação psiquiátrica. Como sabemos, a Lei de Saúde Mental Comunitária de 1963 se tratava da redução da hospitalização de pacientes, à medida que o governo federal desenvolvia um sistema comunitário de saúde mental. E com a exclusão das Instituições de Doença Mental do Medicaid[2] (IMD), inscrito na Lei do Medicaid de 1965, o financiamento do Medicaid para atendimento de um adulto em qualquer instalação de saúde mental com mais de dezesseis leitos de saúde mental foi, e ainda é, proibido. Essa política entrou em vigor juntamente com uma série de decisões judiciais[3] que restringiam a internação involuntária. Assim, as políticas federais garantiram que a redução de 90% dos leitos nas instituições estaduais não pudesse ser substituída por serviços de saúde mental com leitos financiados pelo governo federal. Simplificando, corrigimos tanto o estado problemático das instituições na década de 1960 que criamos um enorme déficit em leitos psiquiátricos financiados publicamente. Criamos esse déficit no cuidado.

Existem os tão comentados leitos individuais em hospitais gerais, mas essas opções têm sido limitadas, principalmente por restrições econômicas. Os leitos psiquiátricos são leitos de baixo retorno em um hospital geral,[4] trazendo menos de um quarto da renda por metro quadrado que teria um centro ortopédico ou de uma unidade cardiológica. E os requisitos de licenciamento forçam qualquer hospital que queira atender pacientes psiquiátricos a construir quartos livres de bordas afiadas ou saliências que possam ser um risco de enforcamento. Os hospitais têm que modificar torneiras, banheiros, maçanetas, telhas e extintores de incêndio de teto a um custo nacional de mais de US$2 bilhões por ano. Além do potencial passivo de abrigar pacientes psicóticos e suicidas ao lado de pacientes clínicos ou cirúrgicos, há pouco incentivo econômico para cuidados de saúde mental em um hospital geral.

Você pode ver as consequências da redução da capacidade hospitalar nas salas de emergência, uma vez que são a porta de entrada para o atendimento hospitalar, mas agora são frequentemente forçadas a abordar pacientes psiquiátricos. Cada vez mais, pacientes como Gus Deeds estão sendo mantidos por dias na sala de emergência. O American College of Emergency Physicians relata que 90% dos departamentos de emergência atendem pacientes psiquiátricos,[5] com tempos de espera em média três vezes o que os pacientes não psiquiátricos experimentam. A internação de pacientes psiquiátricos, medida em dias em vez de horas,[6] foi citada como causa e consequência da aglomeração no pronto-socorro.

Não Há Espaços?

Quantos leitos estão disponíveis para pessoas como Gus Deeds? Existem, em qualquer noite, cerca de 170 mil pacientes em leitos de tratamento 24 horas.[7] Isso representa uma redução de 77,4% no número de leitos desde 1970, quando a população do país era um terço menor do que hoje. A maior queda foi em leitos públicos,[8] ou seja, camas hospitalares para pessoas sem seguro privado ou sem dinheiro. Atualmente, existem 12,6 leitos públicos por 100 mil pessoas, menos que os 337 leitos por 100 mil pessoas em meados da década de 1950, uma redução de bem mais de 95%. Uma pesquisa de 2016[9] descobriu que, em quatro estados (Arizona, Iowa, Minnesota e Vermont), restaram menos de cinco leitos hospitalares estaduais por 100 mil pessoas. Qual é o número correto? Na maioria dos países desenvolvidos, a média é de 71 leitos,[10] como representado pelos países da Organização para a Cooperação e Desenvolvimento Econômico (OCDE). A maioria dos especialistas em políticas de saúde estima que os EUA precisam de entre 40 e 60 leitos por 100 mil pessoas,[11] que é pelo menos 4 vezes mais do que a contagem atual de leitos públicos dos EUA.

INSTALAÇÃO	# LEITOS	% TOTAL DE LEITOS	# 100 MIL
Hospitais Psiquiátricos Estaduais e Municipais	39.907	23%	12,6
Hospitais Psiquiátricos Privados	28.461	17%	9
Hospital Geral com Unidade Psiquiátrica	31.453	18%	9,9
Centros Médicos de Veteranos	7.010	4%	2,2
Clínicas Psiquiátricas	42.930	25%	13,5
Outros profissionais de internação/ Prestadores de cuidados em clínicas	20.439	12%	6,4

(continua)

CURA

(continuação)

INSTALAÇÃO	# LEITOS	% TOTAL DE LEITOS	# 100 MIL
Total	170.200	100%	53,6

Figura 4.1. Número de pacientes internados em atendimento hospitalar e clínicas nos EUA em 2014.[12] Dados de "Trend in Psychiatric Inpatient Capacity, United States and Each State, 1970–2014", National Association of State Mental Health Program Directors.

Enquanto a redução de 95% dos leitos hospitalares do estado chama nossa atenção, esse número obscurece uma realidade mais complicada. A redução de leitos hospitalares estaduais foi compensada por um crescimento de 63% nas instalações hospitalares privadas para pessoas com doenças mentais. Há também muitas pessoas que recebem cuidados de internação em hospitais comunitários,[13] embora lá o tempo médio de permanência seja de seis dias, muito menos do que as duas a quatro semanas geralmente necessárias para uma internação de gerenciamento de psicose. Na verdade, quando você considera o número total de leitos psiquiátricos (170.200), a taxa excede 50 leitos por 100 mil pessoas, o que está dentro da faixa recomendada por especialistas. Mas quem tem acesso a esses leitos e por quanto tempo?

Assistência Hospitalar no Século XXI

O Hospital Fremont é um típico hospital psiquiátrico privado de cuidados de emergência. O hospital é de propriedade da Universal Health Services Corporation,[14] uma empresa com sede em King of Prussia, Pensilvânia, que possui e administra cerca de 400 unidades de saúde comportamentais em 37 estados, atendendo, de acordo com seu site, 3,5 milhões de pacientes de saúde comportamental a cada ano. Ao contrário dos manicômios do fim do século XIX, que foram construídos em áreas remotas, o Hospital Fremont fica no centro da cidade de Fremont, Califórnia, em uma rua ampla e arborizada, perto de um grande centro médico e de luxuosos centros comerciais lotados. É um edifício discreto, de tijolos leves, com um pequeno centro ambulatorial brilhante na frente e uma piscina escondida atrás. Cada unidade é fechada e identificada, de certa forma incongruente, por uma característica cênica da Califórnia: Shasta, Sequoia, Monterey, Redwood (para a unidade geriátrica). Lá dentro, os funcionários usam jalecos. Os pacientes usam roupas do dia a dia, sem cintos ou joias, sem objetos cortantes, sem cadarços, e o mais angustiante para muitos deles, sem smartphones.

Os quartos são simples, limpos e seguros, com camas embutidas como plataformas sólidas e estantes abertas para bens pessoais. Cada unidade exibe fotografias bonitas que combinam com o tema cênico, imagens calmantes do monte Shasta ao nascer do sol ou da costa de Monterey ao pôr do sol, renderizadas em metal e aparafusadas firmemente à parede. Cada unidade tem uma sala de isolamento, mas, de acordo com a equipe, isolamento ou restrições mecânicas raramente são necessários. Ao contrário de um hospital médico-cirúrgico, os pacientes não estão em suas camas. Há reuniões de grupo, atividades de condicionamento físico e refeições fora dos seus quartos. Comparado com o apito incessante, o bipe e a agitação de uma unidade médica, as unidades psiquiátricas são silenciosas, até pacíficas. E, se você esperava que as enfermarias estivessem transbordando com a necessidade urgente de leitos psiquiátricos, você ficaria surpreso que instalações privadas como o Hospital Fremont funcionam cerca de 15% abaixo da capacidade.

Quando visitei, o médico-chefe do hospital, Dr. Vikas Duvvuri, explicou a logística para atendimento psiquiátrico hospitalar em Fremont. "Quase todos aqui chegam com 5150", diz ele. Um 5150 é o código para a ordem de internação da Califórnia, exigindo 72 horas de internação involuntária para pessoas que são julgadas como uma ameaça para si mesmas ou para os outros. O Dr. Duvvuri explica: "Sim, são todas admissões involuntárias. Mas não é que elas não quisessem ser internadas. Algumas delas estão realmente procurando ajuda e querem ser admitidas." Eu estava cético, mas Duvvuri explicou que seu hospital precisava de uma garantia de pagamento antes de admitir alguém.

Para receber o pagamento, uma companhia de seguros deve autorizar a admissão, com base na "necessidade médica". A ordem de internação deve estabelecer a necessidade médica, embora Duvvuri me diga que às vezes até mesmo uma designação 5150 é insuficiente para convencer uma seguradora de que o paciente requer internação.

O que mais me impressionou em visitar essa unidade de internação não foi como as pessoas foram internadas, mas como elas saíram. A alta ficou a critério da companhia de seguros; não foi uma decisão médica. E, para a maioria dos pacientes, a alta significava uma "descontinuação de atendimento". Não havia conexão com os serviços em andamento. De fato, embora o principal objetivo da internação fosse ajudar os pacientes a se estabilizarem utilizando seus medicamentos, até mesmo a continuidade da medicação se mostrou difícil. "Nossa farmácia para pacientes internados não pode legalmente prescrever medicamentos para uso ambulatorial. Então, dispensamos as pessoas com receitas para preencher na farmácia local. Mas os benefícios da farmácia externa podem não cobrir os medicamentos que estamos usando." Não fiquei surpreso quando o Dr. Duvvuri me disse: "Cerca de um terço de nossas admissões são visitas de retorno, que receberam alta nos últimos seis meses; mais da metade já foi hospitalizada anteriormente."

A internação em tal cenário é uma parada ferroviária em uma viagem sem conexão evidente com as paradas anteriores ou posteriores. E isso é para pessoas que têm seguro saúde, ou seja, seguro de uma empresa que pode ser convencida a cobrir cuidados hospitalares. Para muitos outros, incluindo aqueles que têm o Medicaid, mas vivem em um município sem fundos para cuidados hospitalares (lembre-se, o Medicaid não pode ser usado para internação psiquiátrica), ou para aqueles que não têm cobertura, lugares como o Hospital Fremont estão completamente fora de alcance. Infelizmente, isso descreve a maioria das pessoas com TMG nos EUA. Para elas, sua única esperança é o sistema público de saúde mental, com um número extremamente limitado de leitos e cuidados fragmentados. Mas, mesmo dentro do sistema privado, é claro que "cuidados gerenciados" realmente significa "custos gerenciados". As decisões de admissão e alta são mais financeiras do que médicas, com pacientes e famílias como produtos gerenciados em um mercado multibilionário.

Há um leito se você ou um ente querido precisar? Sim, se você tiver seguro privado, uma ordem de internação e necessidade médica estabelecida. Se você está no Medicaid, o acesso depende de onde você mora e de quando você adoece. Em muitas partes do país, não há leitos para crianças. E em praticamente todas as partes do país, com seguro ou sem seguro, o atendimento ao paciente é focado na intervenção em crise e carece da vinculação essencial a um plano de cuidados de longo prazo. O resultado: pacientes em quadros de crise como Gus Deeds são enviados para casa, setores de emergência tornam-se celas, e muitos pacientes hospitalizados recebem alta prematuramente, sem um plano adequado para cuidados contínuos. Em poucas semanas, eles voltam à crise e necessitam de outra internação, o que só é possível se a necessidade médica puder ser demonstrada.

Os resultados sombrios do nosso sistema são o preço de não resolver o problema anteriormente, nos estágios 1 ou 2. Mesmo nos estágios 3 ou 4, um quarto na internação não precisa ser um hospital. Podemos fazer melhor por todos. Há uma série de instalações de transição às vezes descritas como centros de "repouso" ou de "cuidados ambulatoriais" que geralmente são administradas por agências sem fins lucrativos, comprometidas com a realocação hospitalar. Essas instalações de transição geralmente prestam atendimento residencial em um estabelecimento com menos de dezesseis leitos, com funcionários ou assistentes sociais treinados em administração de medicamentos e que fornecem apoio e estrutura para as pessoas que saem do hospital. As estadias são de curto prazo, tipicamente quatro semanas ou menos; às vezes como uma ponte do atendimento hospitalar, para viver de forma mais independente, ou às vezes como um desvio para antecipar a internação. Essas instalações de baixa intensidade podem ser preferíveis ao modelo de hospital psiquiátrico e, por serem locais ligados às famílias, podem apoiar o tipo de continuidade do cuidado que está faltando nos grandes hospitais estaduais e na maioria dos hospitais privados atuais.

Lembre-se da Progress Foundation, com sede em São Francisco. Eles têm administrado quatro centros de tratamento residencial de crise por mais de trinta anos. Quando fui visitá-los, não consegui encontrá-los. Cada centro está em um bairro, sem um sinal ou qualquer evidência externa de que as pessoas que vivem ali acabaram de ser encaminhadas da internação psiquiátrica. Cada uma dessas casas tem uma proporção necessária de 2,5 funcionários por paciente, e oferecem uma estadia média de duas semanas para os indivíduos que chegam voluntariamente de um pronto-socorro local ou de um hospital. Para serem aceitos em um centro de tratamento residencial de crise, os pacientes devem "fazer um contrato de segurança", o que significa que eles concordam em não prejudicar a si mesmos ou aos outros. A vida dentro de cada centro é surpreendentemente tranquila e rotineira, certamente mais estruturada do que um dormitório universitário e mais social do que um prédio. Todos acordam às 7h — os pacientes cozinham e limpam, e os funcionários administram medicamentos e organizam grupos. Há suporte individual para ajudar os pacientes a planejar o próximo passo, seja um programa residencial de noventa dias, o retorno para a família ou, às vezes, a independência.

Conheci Margaret em um desses centros. Ela passou por uma fase difícil depois da faculdade. Ela trabalhava como barista, mas vivia sozinha e cada vez mais isolada na cidade. Os aluguéis em São Francisco eram tão altos que ela só podia pagar um apartamento tipo estúdio perto de um bairro de alta criminalidade. A solidão levou a ruminações e inseguranças sobre si mesma. Margaret comia compulsivamente nos fins de semana e, envergonhada com seu peso e sua falta de controle, evitava velhos amigos até mesmo nas redes sociais. Ela começou a ficar obcecada com a Ponte Golden Gate, um local icônico para o suicídio. Uma noite, quando ela finalmente partiu para a ponte, determinada a, em suas palavras, "fazer algo definitivo", ela passou por um hospital a três quadras de seu apartamento. Quase sem perceber, Margaret estava na sala de emergência, conversando com uma enfermeira sobre seu desejo de morrer. Após uma avaliação de um psiquiatra residente, ela foi liberada para o centro residencial de crise, onde eu a conheci uma semana depois. "Este lugar salvou minha vida. Eu realmente acredito nisso. Não é que os meus problemas tenham desaparecido. Ainda estou ferrada. Mas as pessoas aqui lembraram-me de que estamos todos ferrados. Não vale a pena morrer por isso. Na verdade, vale a pena viver por isso."

Precisamos pensar na capacidade de leitos e nas questões mais amplas sobre o acesso aos cuidados em contexto maior do que as pessoas com doença mental precisam. Sim, algumas pessoas precisam de um "refúgio" para apoio de longo prazo, como o sistema hospitalar estadual. Para outros, como Gus Deeds, uma unidade de terapia intensiva de curto prazo, semelhante ao Hospital Fremont, pode salvar vidas. Muitos, como Margaret, se beneficiarão de tratamento residencial de crise. A solução não é apenas mais leitos hospitalares — é fornecer uma variedade de opções de cuidados e adequar esses recursos às necessidades das pessoas em diferentes pontos de sua jornada.

Transinstitucionalização

Apesar de todas as notícias desanimadoras de como os hospitais públicos fecharam, e os hospitais privados não atenderam às necessidades de pessoas sem seguro, há centenas de milhares de leitos em novas instalações que abrigam pessoas que lutam com doenças mentais. Nós testemunhamos um boom de construção dessas instalações em todo o país. Mas não são hospitais ou unidades de saúde. Durante as últimas três décadas, presídios e penitenciárias tornaram-se os hospitais psiquiátricos de fato.[15]

Se você não visitou uma prisão recentemente, ficará surpreso com o quanto o presídio local, em grande parte abrigando pessoas que ainda não foram a julgamento, se tornou uma instalação de retenção para pessoas que precisam de cuidados de saúde mental. Minha visita à

Prisão do Condado de São Francisco foi uma imagem chocante de um sistema de saúde mental fora de controle. Depois de passar pelos detectores de metais e pelas verificações de antecedentes necessários, encontrei vários membros da equipe de Serviços de Saúde Comportamental da Prisão, incluindo os dois psiquiatras em tempo integral — ambos professores da Universidade da Califórnia, São Francisco. Caminhamos lentamente ao lado de uma enfermeira com um carrinho de medicação hospitalar, atravessando um enorme bloco de celas, às vezes com um ocupante, às vezes com até quatro ocupantes por cela. Barras de metal por todo o lado. Não há privacidade em lugar nenhum.

O Dr. Jake Izenberg, um dos dois psiquiatras que trabalhavam na prisão, formou-se no programa de treinamento em psiquiatria da UCSF um ano antes. Ele me disse que havia escolhido a psiquiatria, em parte, porque o campo envolvia não apenas psicologia e neurociência, mas política, direito, sociologia e filosofia. Saindo do treinamento, explicou, ele queria trabalhar em algum lugar do setor público, tratando pacientes que enfrentam doenças mentais graves, transtornos por uso de substâncias e problemas sociais complexos, como a falta de moradia. "Muitas dessas pessoas estão na cadeia. Honestamente, prefiro ficar sem emprego. Idealmente, esses pacientes não estariam aqui — as prisões não são para curar. Dito isso, ocasionalmente temos a oportunidade de alcançar pessoas que caíram no esquecimento."

Quando entramos em outra parte da prisão com duas fileiras de celas em um semicírculo em torno de uma estação central para os oficiais observarem continuamente, o Dr. Izenberg começou a explicar por que essa prisão precisava de uma equipe de serviços de saúde comportamental. "Há cerca de 300 pessoas presas aqui; cerca de 75% sairão em uma semana, mas o número não muda muito." Ele apontou para o carrinho de medicamentos. "Hoje temos duzentos recebendo antipsicóticos, outros duzentos recebendo antidepressivos." Eu estava confuso com o carrinho de remédios, a enfermeira e a semelhança com uma enfermaria do hospital, exceto pelas grades nos quartos. "Todos são examinados por uma enfermeira de admissão quando são registrados.

Qualquer um com antecedentes psiquiátricos ou sintomas óbvios será encaminhado para a nossa equipe. Minha melhor estimativa: provavelmente um em cada cinco aqui tem TMG de algum tipo. Mas alguns são psicóticos por usar metanfetamina. Eles chegam parecendo ter esquizofrenia, mas melhoram em alguns dias."

Perguntei ao Dr. Izenberg o que ele gostaria que as pessoas entendessem sobre a situação que ele vê em seu trabalho. Ele respondeu: "O problema vai muito além da falta de tratamento de saúde mental. Isso é absolutamente uma grande parte dele, mas é apenas a ponta do iceberg. Não temos rede de segurança social neste país. Em vez disso, usamos a polícia e o sistema de justiça criminal — especialmente em comunidades de não brancos." As estatísticas decerto apoiam a sua observação. Nos EUA, ser homem, afro-americano ou desabrigado aumenta o risco de ser preso.[16]

Trey Oliver, diretor da Cadeia Metropolitana em Mobile, Alabama, recentemente fez um relato comovente do desafio no sistema prisional para *PBS NewsHour*. Oliver observou: "Quando o Alabama fechou nosso único hospital regional,[17] vimos uma duplicação imediata de nossa população de saúde mental. Veremos o mesmo doente mental preso pela mesma acusação no mesmo local pelo mesmo policial três, quatro ou cinco vezes. Esse não é um problema que podemos evitar com uma prisão. Eles estão preocupados com os doentes mentais sendo armazenados nesses hospitais. Bem, tenho novidades para todos. Os doentes mentais agora estão sendo armazenados em prisões municipais em todo o país."

A maioria das pessoas encarceradas, ao contrário daqueles que são condenados, não estão cumprindo uma sentença. Estão à espera de uma sentença. Na Califórnia, por exemplo, 75% dos presos em presídios municipais — mais de 44 pessoas — não foram sentenciadas ou condenadas por um crime.[18] Alguns que podem pagar fiança esperam sua audiência do lado de fora, mas a maioria das pessoas que são pobres, com ou sem doença mental, esperará uma média de três meses, por crimes não violentos, a sete meses, por crimes violentos, antes de ser julgada. Tecnicamente, eles são inocentes até que se prove o contrário, mas estão praticamente cumprindo pena em um ambiente que é punitivo, não terapêutico. Aqueles que são ativamente psicóticos ou desordeiros podem ser enviados para a solitária, onde estarão socialmente isolados 23 horas por dia. Aqueles que são menos sintomáticos suportarão o desamparo e a incerteza da vida atrás das grades. A taxa de suicídio para os detidos antes do julgamento é dez vezes superior à população em geral.[19]

Mas não é só sobre prisões e penitenciárias se tornarem verdadeiros hospitais psiquiátricos. Hospitais psiquiátricos estaduais estão cada vez mais se tornando verdadeiras prisões e penitenciárias. Um fato raramente observado ao descrever a redução de 95% nos leitos hospitalares estaduais é que a maioria dos leitos restantes são para pacientes forenses,[20] acusados ou condenados por crimes. Muitos dos condenados por crimes permanecerão hospitalizados por anos ou décadas. Eles vivem em unidades fechadas, frequentam grupos e terapia, mas como seus crimes são violentos ou sexuais é improvável que voltem à sociedade.

Com tantos pacientes forenses ocupando leitos em hospitais públicos, um número crescente de pessoas com doenças mentais está sendo encarcerado em presídios e penitenciárias, como as chamadas "prisão por piedade". Pode não haver alternativa para alguém que precisa de tratamento em um sistema sem leitos. E talvez a maior ironia é que os pais, em algumas jurisdições, foram informados de que seus filhos mentalmente doentes precisarão cometer um crime para receber cuidados de saúde mental.[21] Essa história talvez seja melhor contada por Pete Earley, um ex-repórter do *Washington Post,* indicado para um Prêmio Pulitzer por seu livro *Crazy* [sem tradução para o português], no qual ele descreve mentir sobre seu filho ser violento para que ele seja tratado por psicose aguda.

Há também pessoas em prisões aguardando transferência para hospitais estaduais. Por exemplo, muitas pessoas com doença mental grave são consideradas incapazes de ser julgadas, o que significa que não podem prosseguir com seu processo criminal até que sua sanidade seja restaurada ou, após um certo período de tempo, seja comprovada a improbabilidade de restaurá-la. Uma vez que as pessoas — particularmente aquelas com acusações de crime — são consideradas incapazes, elas podem esperar meses[22] na prisão antes de serem capazes de obter um leito de hospital estadual.

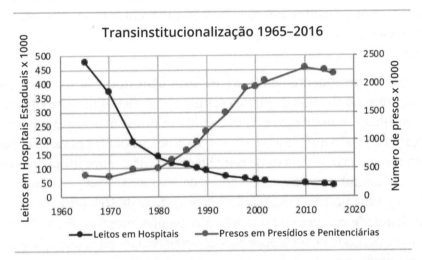

Figura 4.2. Tendências no número de leitos hospitalares estaduais[23] *versus* número de indivíduos nos presídios[24] e penitenciárias, de 1965 a 2016 nos EUA. Dados para leitos hospitalares estaduais da National Association of State Mental Health Program Directors. Os dados para encarceramento do Bureau of Justice Statistics (BJS) incluem presídios e penitenciárias estaduais e federais. Observe que os números de encarceramento de 1965 a 1975 são estimativas baseadas em taxas históricas para o encarceramento em presídios, já que os dados do BJS antes de 1980 eram apenas para penitenciárias.

Uma pesquisa estadual de 2014[25] relatou que havia 356.268 presos com doença mental grave em presídios e penitenciárias, e aproximadamente 35 mil pacientes com doença mental grave em hospitais psiquiátricos estaduais. Assim, havia dez vezes mais pessoas com doenças mentais no sistema de justiça criminal dos Estados Unidos do que nos hospitais estaduais de saúde mental. E havia duas vezes mais pessoas em prisões do que em qualquer instalação de saúde mental (lembre-se de que há 170 mil pacientes sob cuidados de saúde mental 24h por dia). Em 44 dos 50 estados, uma penitenciária ou presídio mantém mais pessoas com doença mental grave do que o hospital estatal remanescente, e isso sem contar as pessoas presas por abuso de substâncias. A Prisão do Condado de Los Angeles e a Prisão do Condado de Cook de Chicago são agora as maiores instituições de saúde mental do país. Muitos presídios municipais desenvolveram unidades inteiras de saúde mental. Em 2015, a Prisão do Condado de Cook contratou um psicólogo como diretor.[26]

Não surpreendentemente, as pessoas com doenças mentais não prosperam no sistema de justiça criminal.[27] É menos provável que paguem fiança, e mais provável que ganhem novas acusações e permaneçam na prisão quatro a oito vezes mais do que outras pessoas presas pelo mesmo crime. A taxa de reincidência[28] entre ex-presidiários com doença mental grave é quase o dobro da média nacional, estimada em 53% em um ano, em comparação com uma taxa de 30% entre os presos em liberdade condicional que não são doentes mentais. Para afirmar o óbvio, penitenciárias e presídios são construídos para punição e não para tratamento.

Perguntei ao chefe de polícia Daniel Hahn, em Sacramento, porque a polícia leva uma pessoa com esquizofrenia para a cadeia, mas uma pessoa com diabetes para o pronto-socorro. Ele deu a mais prática das explicações: o tempo. Fazer triagem de alguém na sala de emergência pode levar quatro horas ou mais. A prisão é mais próxima, mais rápida e mais fácil. Essas "prisões por piedade" usam uma contravenção para obter cuidados na prisão, porque não há alternativas razoáveis. Na verdade, as pessoas com doença mental têm quatro vezes mais probabilidade de serem advertidas por acusações de baixo nível do que aquelas sem doença mental. Segundo o chefe, se a pessoa psicótica é desordeira ou tem antecedentes criminais, ela vai para a cadeia. E, claro, muitas pessoas com TMG têm antecedentes criminais, às vezes um delito de drogas, às vezes uma prisão por conduta prejudicial devido à psicose. Então, mesmo seu comportamento criminoso original, relacionado ao vício ou à psicose, fazia parte de um transtorno comportamental não tratado.

Mas não é apenas que a polícia agora seja psiquiatra de rua, eles também são "papa-léguas". Um relatório de 2019[29] com esse nome documentou o tempo que a polícia gasta respondendo e transportando pessoas com doenças mentais: 21% do tempo total da polícia. Em 2017, isso totalizou quase 9 milhões de quilômetros, o equivalente a 217 viagens ao redor do equador. A etiqueta de preço para essa jornada e espera: $918 milhões. Certamente, por quase US$1 bilhão, podemos encontrar uma maneira melhor de tratar pessoas com um distúrbio cerebral agudo.

Como chegamos ao ponto em que os hospitais se tornaram prisões e as prisões se tornaram hospitais? Por um lado, nas últimas três décadas, escolhemos, enquanto país, combater esses desafios com ferramentas de encarceramento em vez de reabilitação. Os EUA investiram mais em prisões do que em hospitais. À medida que os hospitais estaduais estavam fechando, a construção de prisões estava aumentando.[30] Em seu livro de 2014 *Just Mercy* [sem tradução para o português], Bryan Stevenson, professor de direito da Escola de Direito da Universidade de Nova York e diretor executivo da Equal Justice Initiative, relata que, "entre 1990 e 2005, uma nova prisão foi aberta nos Estados Unidos a cada dez dias".

Com a desinstitucionalização, ou o que poderia ser mais precisamente chamado de "transinstitucionalização", as políticas que limitavam o acesso hospitalar para pessoas com doenças mentais criaram uma rampa para o sistema de justiça criminal. Não se trata apenas da perda de leitos em hospitais estaduais. Sem qualquer ligação com um cuidado de longo prazo, a saída da internação e da prisão muitas vezes envolve um retorno ao encarceramento após um breve período de falta de moradia. Obviamente, isso não ajuda ninguém. As instalações médicas não são adequadas para criminosos e não há xerife ou diretor que queira administrar uma instalação de saúde mental. Acima de tudo, as pessoas com doenças mentais não são bem atendidas — uma lição que deveríamos ter aprendido no século XIX. Philippe Pinel, William Tuke e Dorothea Dix, que lançaram cuidados de saúde mental modernos há 160 anos, transferindo pessoas com doenças mentais de prisões para hospitais, ficariam surpresos.

Dito isso, no nosso sistema atual, a prisão pode ser o porto mais seguro para alguns durante uma tempestade perigosa. Um psiquiatra forense em San Quentin, a penitenciária estadual mais antiga da Califórnia com o maior corredor da morte dos EUA, me contou uma história excruciante. "Conheci um paciente psiquiátrico em San Quentin que estava chorando de ansiedade por sua liberação porque sabia que não poderia obter o mesmo nível de apoio na comunidade e sentiria falta do ambiente controlado e social no bloco H." Essa pode ser a expressão final da nossa crise de cuidados de saúde mental.

Encontrando uma Maneira Melhor

É fácil ficar desanimado olhando para o atual sistema norte-americano, mas devemos lembrar que existem alternativas. Muito foi escrito sobre desvio e abordagens legais para transferir infratores não violentos, com doenças mentais ou abuso de substâncias, do sistema de justiça criminal para o sistema de saúde comportamental. O juiz Steven Leifman, no Condado de Miami-Dade, Flórida, foi pioneiro nessa abordagem para reduzir o encarceramento nos tribunais de saúde mental,[31] onde o processo se concentra na prontidão para o tratamento e na conexão com os cuidados. No Condado de Miami-Dade, esse programa aloca 4 mil pessoas da prisão a cada ano.[32] Recentemente, o condado fechou um de seus presídios,[33] economizando US$12 milhões a cada ano. Quando os serviços de saúde comportamental estão disponíveis, a realocação pode colocar as pessoas no caminho da recuperação em vez da punição. Mas ainda requer que o sistema de justiça criminal seja o juiz de cuidados. E nem sempre evita o tempo de prisão que aguarda a sentença. Quase metade das mulheres[34] que estão presas nos EUA são mães solo. Isso significa que cerca de 250 mil crianças têm os pais solos encarcerados. Assim, mesmo uma semana ou um fim de semana à espera de sentença pode ser catastrófico para uma família sem uma rede social de apoio.

Felizmente, existem alternativas.[35] Para investigar uma dessas abordagens, visitei o serviço Crisis Now[36] no Condado de Maricopa, Arizona, que inclui Phoenix e arredores. A Crisis Now construiu um modelo inovador de resposta à crise que não envolve a polícia, juízes ou prisões. É um modelo de cuidados contínuos, com um centro de "monitoramento" para primeiros socorros. A Crisis Now usa o 988 (em oposição ao 911 da emergência) para alertar uma equipe de crise de saúde mental composta por uma enfermeira, assistente social e um colega. Se a pessoa em crise precisa ser hospitalizada, ela vai a uma unidade de emergência psiquiátrica especializada, onde o tempo de atendimento é inferior a dez minutos.

David Covington, um dos pioneiros por trás da Crisis Now, explicou que a van tem tanto apoio de telessaúde para emergências médicas como uma linha direta com a polícia, para alguém que seja violento. Mas apenas cerca de 4% das chamadas requerem o envolvimento da polícia. Eles recebem muita atenção, mas são a exceção, não a regra. Essa abordagem, lembra-me de Covington, pode nos ajudar a evitar algumas das nossas piores tragédias. "Lembre-se, cerca de 25% dos tiroteios fatais pela polícia são de pessoas com doenças mentais. Muitos deles são chamados de suicídio por meio da polícia." Ao desmilitarizar a resposta à crise, talvez algumas dessas tragédias possam ser evitadas.

A conexão entre polícia, doença mental e violência está repleta de questões: racismo, reação exagerada e até negligência. Alguns números são importantes para lembrar enquanto navegamos nesse terreno complexo. Pessoas com TMG são dezesseis vezes mais propensas do que aquelas sem doença mental a se envolver em um tiroteio policial. De acordo com uma revisão do *Washington Post*, 115 policiais foram mortos por pessoas com TMG desde a década de 1970.[37] O maior risco para a polícia é o cenário de suicídio por policial. Após tal tragédia, o oficial envolvido muitas vezes pode desenvolver TEPT, depressão e alcoolismo. Em 2019, a Blue H.E.L.P. relatou 228 suicídios por policiais.[38] No mesmo ano, o FBI relatou que 89 policiais perderam a vida no cumprimento do dever.[39] Precisa haver uma maneira melhor de ajudar pessoas com psicose não tratada ou comportamento suicida, uma que reduza o risco tanto para o indivíduo com uma doença quanto para o policial com uma arma. O que eu vi no condado de Maricopa sugeriu que a Crisis Now, de fato, encontrou uma maneira melhor. O departamento de polícia realocou 37 oficiais de serem socorristas de saúde mental e responsáveis pelo transporte para se concentrarem na segurança pública. Em apenas três anos, os hospitais locais tiveram uma profunda redução[40] no internamento psiquiátrico em salas de emergência, com uma economia de US$37 milhões. E, de acordo com o pessoal da Crisis Now, em Phoenix a prevalência de TMG em seu presídio é a mesma que fora da prisão.

A prisão de pessoas com TMG é um problema solucionável. Não precisamos usar os nossos presídios e as nossas penitenciárias como instalações de saúde mental. A transinstitucionalização não ajuda ninguém. E, no entanto, não fomos capazes de instaurar a vontade de mudar. Hoje, mais de 350 mil pessoas com TMG, que deveriam ser tratadas por sua doença, estão sendo punidas por seus sintomas.[41] Assim que olharem para o estado patético dos manicômios com suas lobotomias, nossos netos podem se perguntar, com razão, como pudemos tolerar a prisão em massa de pessoas com doença mental. Afinal, já se passaram mais de 150 anos desde que Abraham Lincoln, em sua carta de 1841 a Mary Speed, aconselhou que a melancolia "é uma desgraça, não uma falha". De fato.

Falta de Moradia

Mas a desinstitucionalização deu origem a outro desastre também: a falta de moradia. Nos EUA, não é preciso ir longe para aprender sobre os sem-teto. Na Califórnia, lar de cerca de 50% dos desabrigados do país, você dificilmente pode evitá-lo. Eu moro em Alameda County, do outro lado da baía de São Francisco. A principal cidade do condado de Alameda, Oakland, tem uma população de cerca de 430 mil habitantes e possui uma série de empresas de tecnologia da moda, como Pandora e Mosaic, além de ser o lar corporativo de grandes empresas de saúde, como a Kaiser Permanente. No entanto, hoje, cerca de 8 mil pessoas sem-teto vivem em tendas[42] ou sob pontes em Oakland — aumentando quase 50% a cada 2 anos.

Com o alto custo de moradia em São Francisco e Los Angeles e o clima temperado na maior parcela do ano, parte daqueles que vão para essas cidades acabam vivendo à margem da sociedade. Mas a falta de moradia é muito mais complicada do que os nossos estereótipos de vagabundos e desajustados. Alguns dos desabrigados são famílias que vivem em seu carro, outros entram e saem de abrigos, outros passam anos vivendo sob uma ponte ou em um acampamento. Cada uma dessas versões da falta de moradia é, por si só, estressante, perigosa e insalubre. Adicione doença mental a essa mistura, seja como causa ou consequência, e você terá uma tragédia moderna. A falta de moradia em Oakland tem muitos rostos,[43] mas o mais desafiador é a mistura de doenças mentais crônicas e vida nas ruas a longo prazo.

Duane está desabrigado desde que a mãe morreu há cinco anos. Sua "casa" é à beira de um terreno baldio na Martin Luther King Avenue, no centro de Oakland. Duane vive em talvez quinze metros quadrados de calçada cercado por caixas de papelão com algumas roupas, seis sacos de lixo amarrados com arame e um carrinho de compras com recicláveis transbordando. Um canto do acampamento dele é a cozinha, com um fogão Coleman e uma panela, com o que parece ser a lata de sopa de ontem. Visito Duane com uma equipe da Saúde do Condado de Alameda para Desabrigados, incluindo um psiquiatra, uma enfermeira e uma assistente social, que conhecem Duane há anos. O único objetivo deles é fazer com que ele vá à clínica nas proximidades para tomar medicação. À medida que nos aproximamos dele, os carros que passam a apenas seis metros de distância ou não nos veem ou simplesmente não olham. E por que olhariam? Duane é um dos cinquenta homens de meia-idade sentados em ambos os lados desse único quarteirão. E esses quarteirões continuam por oitocentos metros.

Como 70% dos sem-teto em Oakland, Duane é afro-americano. Isso é notável, porque apenas cerca de 25% da cidade e 11% do condado é afro-americano. A falta de moradia para muitos nessa cidade é herdeira de *redlining* e da segregação. *Redlining* era o processo pelo qual os bancos, do início a meados do século XX, recusavam empréstimos a afro-americanos, mantendo-os como locatários em vez de proprietários. Essas práticas racistas tornaram os afro-americanos especialmente vulneráveis às crescentes rendas da gentrificação.

À medida que Oakland atraiu empresas de tecnologia e inquilinos de classe alta do Vale do Silício, os aluguéis dispararam junto com os valores das casas. Muitas famílias afro-americanas que viveram em Oakland por gerações, alugando casas diligentemente em bairros da classe trabalhadora, foram vítimas desse boom econômico. Eles se tornaram sem-teto, enquanto os proprietários brancos lucraram.

Para a população que lida com TMG, há muitos tipos de falta de moradia. Frequentemente residem em centros urbanos e casas de repouso, instalações de moradia em grupo de longa duração, que recolhem os pagamentos da SSDI para aluguel e fornecem refeições e um quarto para pessoas com deficiência. Muitas casas grandes e antigas[44] tornaram-se refúgios vitais para dezenas de milhares de pessoas com TMG que têm, nessas instalações licenciadas, um lugar seguro para viver. Mas, à medida que os valores imobiliários e os impostos sobre a propriedade aumentam, a economia não funciona mais tão bem para os proprietários de pensões e casas de repouso. Em São Francisco, um terço dessas instalações fechou desde 2012. Em Los Angeles, duzentos leitos estão desaparecendo a cada ano.[45] Aqui em Oakland, à medida que eles desaparecem, perdemos as últimas possibilidades de ter uma rede de segurança que separe as pessoas com TMG dos sem-teto.

Duane, agora com cinquenta e poucos anos, foi internado várias vezes devido à esquizofrenia. Ele trabalhou por alguns anos em um posto de gasolina local. Enquanto ele estava sob medicação e vivendo com sua mãe, ele conseguiu manter as vozes em sua cabeça em segundo plano. Mas, desde que sua mãe morreu há alguns anos, ele está sem um cuidador. Ele não faz contato visual, mas ouve atentamente sobre seus planos para o dia. Ele cheira a urina e fumaça. Sua barba grisalha é interrompida por uma longa cicatriz em uma bochecha. Ele tem um tremor enquanto toma uma xícara de café. Ele murmura sobre as vozes. Ele diz que quer encontrar um lugar mais seguro para morar, mas não quer se mudar para os galpões que estão sendo construídos pela cidade, já que ele não seria capaz de levar suas "coisas". Quando saímos, ele olha furtivamente com seus olhos vermelhos. Ele abre um sorriso desdentado e diz: "Deus abençoe, Deus abençoe."

Duane não está sozinho. Seu cunhado e um tio estão morando em barracas do outro lado da rua. Na verdade, a maioria das pessoas nesse trecho da Avenida Martin Luther King cresceram em Oakland e se conhecem há anos. Eles têm uma comunidade, cuidando dos pertences um do outro para que um de cada vez eles possam usar o banheiro ou obter uma refeição no abrigo St. Vincent de Paul's, na esquina. Seu cunhado rastreia os pagamentos do SSI de Duane, então há dinheiro para cigarros e sopa. Ultimamente, eles têm trabalhado juntos para erguer barreiras de metal bruto na frente de seus acampamentos — proteção contra pontas de cigarro ou, às vezes, fósforos lançados de carros que passam. Alguns, como Duane, estão nessa vizinhança por anos. E muitos não estiveram a mais de alguns quarteirões desse lugar durante todo esse tempo.

A prefeita de Oakland, Libby Schaaf, trabalhando com milhares de organizações sem fins lucrativos, tentou fornecer melhores condições, levando pessoas de acampamentos de tendas e viadutos para áreas mais seguras. Como uma parada de emergência, a cidade forneceu às comunidades cercadas de galpões eletricidade, banheiros químicos e caminhões com chuveiros móveis que vêm três vezes por semana. Há um hotel convertido em uma clínica anexada. E a cidade expandiu opções residenciais de longo prazo. Mas Duane e muitos outros não estão se mudando. O que os mantém na rua quando há outras opções? Algumas pessoas não querem se separar de seus bens ou de seus animais de estimação. Alguns não acham que estarão seguros dentro de uma moradia.

E alguns, como Duane, não querem deixar o que já se tornou familiar, por mais duro que isso possa ser.

Números precisos são difíceis de obter, mas o Departamento de Habitação e Desenvolvimento Urbano estima que 553 mil pessoas estão desabrigadas[46] nos Estados Unidos em qualquer noite. Cerca de 25% estão lutando contra doenças mentais graves.[47] Isso significa que cerca de 138 mil pessoas com TMG, como Duane, estão desabrigadas, aproximadamente metade do número encontrado em presídios e penitenciárias, mas perto do número de cuidados residenciais 24h por dia. Essa é a crise de saúde mental no seu pior: 138 mil pessoas com doenças graves que vivem como refugiados em sua própria cidade, lutando contra vozes internas e vulneráveis a um mundo hostil externo. Os números daqueles que estão desabrigados ou na prisão, é claro, não incluem as grandes populações incontáveis de pessoas com doenças mentais sequestradas em porões familiares ou vivendo nos buracos urbanos de hotéis baratos. Elas não só estão excluídas dos cuidados de saúde mental, mas dos cuidados médicos, até que apareçam em um pronto-socorro com algum ferimento, uma overdose de drogas, ou uma crise metabólica aguda.

Nas décadas após a desinstitucionalização, passamos a aceitar tudo isso como normal. Mas aceitaríamos isso para qualquer outra condição médica? Essa era a pergunta original do senador Deeds. Se milhões de norte-americanos com diabetes ou doença cardíaca se tornassem deficientes antes dos 25 anos, não haveria lugar para eles? Permitiríamos que eles se tornassem desabrigados ou prisioneiros por falta de capacidade de prestar cuidados? A dura realidade é evidente nos números: em qualquer noite, um jovem doente com psicose que precisa urgentemente estar em uma unidade de saúde tem cerca de 50% de chance de estar na cadeia, 25% de chance de ficar sem-teto e 25% de chance de estar em um hospital ou em uma clínica com atendimento 24 horas.

Cada um desses jovens tem uma condição tratável. A maioria poderia e se recuperaria com a combinação certa de tratamentos que temos hoje. A falta de capacidade é uma parte enorme desse problema. Outra parte? Há pouco acesso às coisas que funcionam.

5.
ATRAVESSANDO O ABISMO DA QUALIDADE

> Os padrões de prática[1] na América para pacientes com doenças mentais ou transtornos por uso de substâncias... muitas vezes eram ineficazes, não centrados no paciente, prematuros, ineficientes, injustos e, às vezes, perigosos. Eles requerem uma reformulação fundamental.
>
> — Instituto de Medicina, *Melhorando a Qualidade dos Cuidados de Saúde para Condições Mentais e de Uso de Substâncias*

Amy foi diagnosticada com anorexia nervosa no ensino fundamental. Filha única, ela era uma daquelas "crianças perfeitas", destacando-se dentro e fora da escola. Amy havia chegado às finais estaduais de violino, em sua faixa etária, e aos 12 anos dominava o mandarim. Seus pais estavam orgulhosos de suas realizações e encorajaram sua ambição, mas suas expectativas eram que Amy "fosse feliz" — eles estavam um pouco intrigados com sua motivação e seu sucesso.

O primeiro sinal da anorexia dela foi a corrida. Amy decidiu treinar para uma corrida de 5k, e logo corria 16 quilômetros todos os dias, às vezes levantando-se antes do amanhecer, ou correndo na chuva. Sua intensidade e seu entusiasmo em relação à corrida e ao treinamento se tornaram semelhantes aos de seus trabalhos escolares e outras atividades, mas o impacto em seu corpo foi mais perceptível. Já com 12 anos de idade, fraca e mal desenvolvida, a intensa atividade de Amy parecia atrasar seu desenvolvimento. Ela exigia alimentos específicos e comia com moderação, verificando as calorias da mesma forma que verificava os trabalhos escolares.

Entre seus exercícios intensos e restrições alimentares, Amy percebeu que seu comportamento estava fora de controle, mas isso só a levou a se esforçar ainda mais. Ela sentiu vergonha e medo, mas não podia compartilhar nada disso com os pais; e seus pais e professores, embora cada vez mais preocupados com Amy, mantiveram o silêncio também. Amy continuou a fazer todo o possível para esconder o quão "imperfeito" seu mundo se tornou. A gota d'água foi o dia em que ela desmaiou na escola. Só então ela soube que seus professores e seus pais estavam preocupados há semanas com sua saúde. Ela pesava trinta quilos, sua pele havia se tornado fina e elástica, e seus olhos haviam perdido o brilho. Amy foi levada para o pronto-socorro, onde os procedimentos intravenosos foram iniciados. A enfermeira do pronto-socorro que tinha uma sobrinha com anorexia mencionou alimentação por sonda, mas Amy e seus pais não estavam prontos para uma intervenção que parecia tão extrema. Eles saíram com um encaminhamento para o pediatra.

O pediatra de Amy inicialmente se concentrou em seu estado médico. Os eletrólitos séricos de Amy estavam anormais e seu peso estava abaixo do primeiro percentil do gráfico de crescimento. O pediatra suspeitava de anorexia, mas ele não estava disposto a fornecer tratamento além do apoio às suas necessidades médicas. Ele sugeriu três opções. Havia um psiquiatra infantil em Atlanta, a cerca de três horas de distância; havia uma clínica de transtornos alimentares na mesma cidade; ou havia uma clínica psiquiátrica especializada em transtornos alimentares a cerca de seis horas de distância.

O psiquiatra infantil cobrou trezentos dólares por uma consulta de uma hora e não aceitava seguro. A clínica de transtornos alimentares não aceitava novos pacientes. Portanto, a melhor opção parecia ser a clínica psiquiátrica. Na verdade, essa clínica psiquiátrica parecia ideal, de acordo com o site, e oferecia uma variedade de tratamentos individuais e em grupo, incluindo terapia equestre. Embora não houvesse estatísticas de resultados no site, eles alegavam sucesso. O ano letivo estava terminando, então Amy iria para a clínica em junho, em vez de participar do acampamento de música. Por mais assustados que seus pais estivessem em perder sua filha, agora eles tinham um plano e, com sorte, uma solução. Eles a deixaram na clínica como se a estivessem deixando no acampamento. Enquanto ela se despedia, a enfermeira de admissão tranquilizou os pais de Amy: "Nossas meninas se recuperam."

Os pais de Amy ficaram reconfortados por terem encontrado um lugar que parecia entender o problema, mas ficaram surpresos com o custo. A clínica exigiu uma estadia de trinta dias a um custo de trinta mil dólares. Os pais de Amy trabalhavam como professores e tinham um bom seguro, mas a companhia de seguros não aprovaria o custo, já que o tratamento não era "coberto". Decididos, eles usaram a poupança da faculdade de Amy. Afinal, esse custo seria menos de um ano em Princeton, a escola dos sonhos de Amy.

Depois de seus trinta dias na clínica, Amy estava melhor, mas longe de estar bem. Ela foi capaz de falar sobre seus sentimentos de inadequação, sua baixa autoestima e seus medos de perder o controle. Nas sessões de grupo, ela conheceu outras meninas com problemas semelhantes — foi reconfortante saber que ela não estava sozinha, embora ela continuasse a sentir que não estava à altura delas. Ela não havia recuperado o peso nem abandonado a contagem de calorias ou o cronograma de exercícios. A clínica recomendou mais um mês de tratamento, dessa vez adicionando baixas doses de um medicamento antidepressivo. As economias para o segundo ano de Princeton tinham desaparecido no fim do verão.

Em setembro, quando Amy não pôde voltar para a escola, todos começaram a se sentir desesperados. Amy estava de volta em casa, mas estava sem alegria e perdida, incapaz de se concentrar. Os pais de Amy, que passaram parte do verão em uma moradia alugada de curto prazo perto da clínica, estavam agora de volta ao trabalho, suas economias foram drenadas e eles não conseguiam ver o caminho a seguir. O seguro cobriria parte do custo da medicação de Amy e pagaria por cuidados médicos, se ela precisasse de alimentação por sonda, mas não havia cobertura para tratamento de longo prazo. E, na verdade, eles não estavam convencidos de que o tratamento até agora foi tão útil. Eles passaram a pensar na anorexia de Amy como uma forma de comportamento adicto, mas não viram nenhum sinal de recuperação.

No CAPÍTULO ANTERIOR, FOCAMOS a falta de capacidade para o cuidado. De fato, grande parte da conversa sobre o ajuste de cuidados de saúde mental na América tem sido sobre acesso: mais provedores, mais tratamento. E, no entanto, mais acesso pode não ser suficiente. Há mais profissionais de saúde e mais tratamento do que nunca, mas os resultados não são melhores. Por quê? Uma resposta: melhores resultados requerem melhorias na qualidade dos cuidados, bem como no acesso aos cuidados. Para a crise de cuidados de saúde mental, a qualidade é um problema tanto quanto a quantidade.

Encontrando Ajuda

Como os pais de Amy, a maioria das pessoas que procuram cuidados de saúde mental pela primeira vez fica perplexa sobre como encontrar um clínico. Sei o que os pais de Amy sentiram. Quando minha filha, Lara, terminou seu primeiro semestre em Oberlin, ela voltou para casa em Atlanta magra e exausta. Eu estava animado para tê-la de volta em casa e desconhecia totalmente sua luta desesperada contra a anorexia. Na verdade, como descobri mais tarde, ela tinha sido movida por obsessões sobre seu peso e sua aparência por mais de um ano, àquela altura. Como Amy, seu perfeccionismo e sua vergonha por não ser perfeita a impediram de compartilhar essa luta. E agora, em uma crise depois de um ano de angústia, ela estava pedindo ajuda. Como professor de psiquiatria na universidade, você pensaria que eu teria notado sua doença mental grave e, ainda assim, não notei isso. Pelo menos, agora que Lara estava pedindo ajuda, eu deveria saber onde encontrar os melhores cuidados. Mas a universidade não tinha recursos específicos para transtornos alimentares, e eu não conseguia encontrar uma clínica para seu tratamento, assim como os pais de Amy. Felizmente, Lara, sempre a solucionadora de problemas, encontrou um programa ambulatorial intensivo com um terapeuta excelente e começou um longo e bem-sucedido caminho para a recuperação. Mas, mesmo como profissional nesse espaço, tive dificuldade de navegar pelo labirinto dos cuidados.

A primeira questão é que existem muitos tipos diferentes de profissionais: assistentes sociais, conselheiros matrimoniais e familiares, psicólogos clínicos, psicólogos profissionais, psiquiatras — e todos eles se autodenominam terapeutas. A escolha realmente importa, porque o que você recebe depende em grande parte de com quem você se consulta. Uma criança com ansiedade ou um adulto com depressão provavelmente terão um diagnóstico diferente, um tratamento diferente e um resultado diferente, dependendo de qual porta eles usam para entrar na rede de cuidados. Isso não é da mesma forma com câncer, asma ou doenças cardíacas, mas, nos cuidados de saúde mental, há pouco consenso, entre os vários prestadores de cuidados, sobre como abordar até mesmo as formas mais comuns de doença mental.

TÍTULO CLÍNICO	FORMAÇÃO	ESTÁGIO SUPERVISIONADO	QUANT. NOS EUA	QUANT. POR 100 MIL
Psiquiatras Infantis	Pós--graduação em Medicina	6 anos de residência	6.398	2,1
Psiquiatras	Doutorado em Medicina	4 anos de residência	33.727	11
Psicólogos	PhD/ Doutorado em Psicologia	2 anos (1 pós--graduação)	95.545	30,7
Assistentes Sociais Licenciados	Mestrado em Serviço Social/ PhD	2 anos	193.038	62
Enfermeiros Psiquiátricos	Graduação/ Mestrado/ PhD	Não especificado	13.701	4,5
Terapeutas de Casamento e Família	Mestrado/ PhD	2 anos	48.080	15,4
Conselheiros Licenciados	Mestrado/ PhD	2 anos	144.567	46,4
Conselheiros de Abuso de Substâncias	Graduação em humanidades	Não especificado	62.316	20
Total			597.372	193

Figura 5.1. *The Mental Health and Substance Abuse Workforce* (SAMHSA). Dados da SAMHSA. Behavioral Health, EUA, 2012.[2]

Embora eu ouça, com frequência, que não temos profissionais de saúde mental o suficiente, os números não revelam uma escassez. Temos 600 mil provedores de saúde mental nos EUA, cerca de um terço deles assistentes sociais, um terço de terapeutas de casais e famílias ou conselheiros profissionais licenciados, e cerca de um sexto de psicólogos. O número de terapeutas de saúde mental é consideravelmente maior do que, por exemplo, os 209 mil fisioterapeutas[3] ou os 200 mil higienistas dentais nos EUA. Os psiquiatras são apenas cerca de 5% da força de trabalho total, e os psiquiatras infantis são aproximadamente 1%. Esses números podem parecer insignificantes, mas há mais psiquiatras do que qualquer outro especialista em medicina (fora da medicina interna e da pediatria). E o número relativo de psiquiatras nos EUA é muito mais alto do que na maior parte do mundo. Embora 45%[4] da população mundial viva em países com menos de um psiquiatra por 100 mil pessoas, nos EUA, o número excede 13 psiquiatras por 100 mil.

Então, por que é tão difícil marcar uma consulta com um médico? Em números absolutos, a força de trabalho de saúde mental dos EUA atinge quase dois profissionais por mil. Na verdade, com 11,4 milhões de adultos com TMG, teoricamente temos aproximadamente um terapeuta para cada vinte pessoas necessitadas. Então qual é o problema? A distribuição desigual da força de trabalho é parte do problema.[5] A disparidade geográfica nos serviços de saúde mental nos EUA é quase tão grave quanto a disparidade global.

O número de psiquiatras varia de 5,2 por 100 mil pessoas em Idaho a 24,7 por 100 mil em Massachusetts.[6] Embora existam quase três vezes mais psicólogos do que psiquiatras nos EUA, eles são ainda mais desigualmente distribuídos: 7,9 por 100 mil pessoas no Mississípi contra 76 por 100 mil em Massachusetts. Mesmo os assistentes sociais clínicos, que compõem o maior setor da força de trabalho em saúde mental, mostram esse tipo de distribuição geográfica, de 22 por 100 mil em Montana a 186,6 por 100 mil no Maine.

A distribuição entre os estados só começa a indicar as disparidades dentro dos estados.[7] Há profundas diferenças de acesso entre regiões rurais e urbanas; e, dentro das regiões urbanas, entre bairros de baixa e alta renda. Em pesquisas recentes, 56% dos municípios dos EUA estão sem psiquiatra, 64% dos municípios têm escassez de profissionais de saúde mental e 70% dos condados não têm psiquiatra infantil. E, para mim, o mais perturbador sobre a força de trabalho é o número limitado de enfermeiros. Mais de dois milhões de enfermeiros formam a espinha dorsal do cuidado comunitário na maior parte da medicina, mas enfermeiros psiquiátricos,[8] totalizando treze mil nacionalmente, são uma descoberta rara.

Contudo, mesmo onde os especialistas em saúde mental são mais abundantes, relativamente poucos atendem aos necessitados. Em uma pesquisa sobre seus casos mensais,[9] 40% dos psicólogos disseram não atender pacientes com doença mental grave, possivelmente refletindo que apenas metade dos programas de treinamento em psicologia prepara seus alunos para trabalhar com pacientes com TMG. Embora se possa esperar que os psiquiatras, que prescrevem medicamentos, sejam os principais cuidadores de pessoas com TMG, quase um quarto atende menos de dez desses pacientes por mês.[10] Surpreendentemente, 57% dos psiquiatras não aceitam Medicaid[11] e 45% não aceitam planos de saúde. E muitos provedores não médicos, como psicólogos e assistentes sociais, cobram diretamente aos clientes por seus serviços, porque eles não podem obter reembolso adequado de seguro público ou privado. Como resultado, os cuidados de saúde mental especializados tornaram-se cada vez mais um empreendimento de honorários por serviços, que não atende pessoas com TMG, que geralmente estão desempregadas e são pobres.

Para qualquer um de nós que procure cuidados de qualidade, existem três grandes barreiras além das questões de acesso. Primeiro, a força de trabalho de terapia disponível muitas vezes não foi treinada nos tratamentos que funcionam. Em segundo lugar, o cuidado é altamente fragmentado. Diferentes formas de cuidados de saúde mental são dadas por diferentes provedores, com rara coordenação entre cuidados de saúde mental e abuso de substâncias, e saúde comportamental segregada do resto dos cuidados de saúde. Finalmente, há pouca responsabilidade, porque os profissionais de saúde mental dificilmente medem os resultados. Não é possível melhorar a qualidade sem medição. Todos estes três problemas — formação, integração e responsabilização — têm soluções. Tal como acontece com o acesso, sabemos o que fazer.

Cuidados Baseados em Excelência

Como a família de Amy descobriu e eu descobri com a minha filha, o verdadeiro desafio não é encontrar um terapeuta, é encontrar um que saiba como fornecer os tratamentos que funcionam. Há cerca de uma década, Myrna Weissman[12] estava tentando entender por que tão poucos terapeutas usam tratamentos cientificamente comprovados. A Dra. Weissman é assistente social, epidemiologista, reconhecida nacionalmente, e está baseada na Universidade de Columbia. Ao longo de sua longa carreira, ela desenvolveu psicoterapia interpessoal para depressão, estudou como a depressão é transmitida através de gerações e foi pioneira em muitos dos métodos usados para monitorar o progresso na depressão e na ansiedade. A psicoterapia interpessoal (TIP), que Weissman desenvolveu na década de 1980 com Gerald Klerman, foi uma ruptura inovadora da psicanálise. A TIP foi um tratamento estruturado de doze ou dezesseis semanas para depressão, no qual os pacientes se concentram no que estava acontecendo quando os sintomas começaram, em vez de explorar os conflitos na infância. Uma pessoa deprimida pode, por exemplo, descobrir que sua incapacidade de expressar raiva de um cônjuge era uma causa-raiz para sentimentos de autoaversão e desesperança. Notavelmente, essa terapia foi tão bem-sucedida quanto os antidepressivos. Mas, tendo desenvolvido um tratamento psicológico eficaz, Weissman ficou frustrada por ninguém o estar usando. Na verdade, quando ela começou a olhar para os tratamentos psicológicos na prática, ela descobriu que aqueles apoiados por fortes evidências científicas raramente estavam em uso.

Weissman suspeitava que o problema remontava à falta de qualificação. Ela revisou os currículos educacionais de assistentes sociais, psicólogos e psiquiatras em 221 programas de treinamento clínico em todo o país. Ela entendeu que cada um desses programas se concentrava em diferentes aspectos do cuidado. A psicofarmacologia e o manejo de medicamentos seriam esperados em programas de treinamento em psiquiatria que exigem formação médica. E testes cognitivos seriam treinamento esperado para psicólogos que fazem avaliações de dificuldades de aprendizagem e demência. Enquanto Weissman tentava entender o treinamento em psicoterapia, que se poderia esperar encontrar em todos os programas clínicos dedicados a ajudar pessoas com doenças mentais, ela fez uma pergunta simples. Quantos programas exigem estágio supervisionado em uma forma de psicoterapia cientificamente comprovada (ou, como ela chamou, baseada em evidências), tais como terapia comportamental, terapia cognitiva comportamental, terapia comportamental dialética, terapia familiar manualizada, psicoterapia interpessoal, terapia multissistêmica ou treinamento dos pais? Essas eram formas de psicoterapia que envolviam o domínio de habilidades específicas, que se mostraram eficazes em estudos cientificamente projetados. Embora cada forma de terapia exigisse um tipo diferente de domínio, todas essas intervenções foram comprovadas, em ensaios clínicos randomizados, como eficazes para resolver um problema psicológico específico. Certamente, os programas estavam oferecendo essas ferramentas comprovadas.

Com exceção dos programas de estágio psiquiátrico, em que mais de 90% receberam esse tipo de qualificação, ela descobriu que mais de 60% das escolas profissionais de psicologia e mestrado em programas de serviço social não incluíam *nenhum* estágio supervisionado[13] para *qualquer* terapia cientificamente comprovada. Lembre-se, os psiquiatras compreendem cerca de 5% da força de trabalho em saúde mental; assistentes sociais e psicólogos compõem aproximadamente 50% da força de trabalho. O restante da mão de obra de terapia recebe menos treinamento do que esses três grupos. Para problemas como anorexia nervosa ou transtorno obsessivo-compulsivo, para os quais terapias psicológicas específicas provaram ser eficazes, é possível que haja apenas algumas centenas de terapeutas qualificados em todo o país.

ATRAVESSANDO O ABISMO DA QUALIDADE

Se esses profissionais de saúde mental não são treinados para fornecer tratamentos cientificamente comprovados, o que eles são qualificados para fazer? Poucos programas exigem estágio supervisionado em qualquer forma de terapia, mas a maioria expõe os alunos à psicoterapia psicodinâmica, que explora conflitos precoces. Por exemplo, Amy e seu terapeuta teriam explorado sua raiva latente de seus pais e sua ansiedade em relação à sexualidade emergente, talvez devido a problemas edípicos não resolvidos. Os alunos também aprendem sobre psicoterapia de apoio, que é uma escuta empática que pode ser útil, mas carece de uma forte base científica como tratamento para o TMG. A maioria das pessoas que ensinam psicoterapia entrega o que aprendeu no estágio e, para muitos, isso foi determinado não por evidências científicas, mas pelo que funcionou para alguns clínicos carismáticos. Em contraste com os cuidados baseados em evidências, chamo isso de "cuidados baseados em eminência".

Para colocar essa desconexão em perspectiva, vamos olhar para o câncer de mama. E se eu lhe dissesse que 90% dos profissionais que tratam dessa doença não tinham formação médica e que mais de 60% desses médicos, não treinados, não tinham sido ensinados sobre as poucas intervenções que sabemos que realmente funcionam? Isso parece uma piada cruel. E dificilmente se poderia esperar que essa força de trabalho fosse capaz de ajudar as 250 mil mulheres que serão diagnosticadas com câncer de mama este ano. Bem-vindo ao mundo dos cuidados de saúde mental, onde o que você obtém depende de quem lhe atende. A maioria dos provedores que você consulta fará o que é confortável para eles, seja isso o que você precisa ou não. Complementando esse problema está a ausência de um órgão regulador para a psicoterapia. O controle de qualidade é deixado às diretorias de licenciamento responsáveis pelo credenciamento.

Como isso aconteceu? Em meados do século XX, a psiquiatria se voltou para a psicanálise, seguindo a busca freudiana por desenterrar conflitos psicológicos profundos. A voracidade pela cura por meio da fala só aumentou. A psiquiatria se afastou da abordagem médica, tendo esta permanecido na outra neurociência, a neurologia. Psiquiatria e neurologia eram, parafraseando Churchill, duas disciplinas separadas por um órgão comum. Era apenas uma questão de tempo até que outras disciplinas surgissem para rivalizar com o domínio médico da psicanálise. Afinal, não havia nada na prática da psicanálise que exigisse perícia médica. E, à medida que várias formas de psicoterapia derivavam da psicanálise em meados do século XX, os números de vários profissionais não médicos — psicólogos clínicos, assistentes sociais e conselheiros — se expandiram para atender à demanda por terapia. Enquanto a força de trabalho cresceu exponencialmente, a formação didática de assistentes sociais e outros terapeutas encolheu para cursos de verão seguidos de estágios para obter experiência de clínicos praticantes, que podem ter tido pouca formação. Enquanto isso, os psiquiatras migraram de volta para suas raízes médicas, concentrando-se cada vez mais na farmacologia e deixando os tratamentos psicológicos para o mundo dos "terapeutas". Nessa divisão, perdemos o controle de qualidade imposto para as subespecialidades cirúrgicas e médicas. Os reinos formados para proteger o status quo e os cuidados baseados em eminência prevaleceram.

Melhor Formação para Melhor Qualidade

De todos os desafios para melhorar a qualidade, sabemos que a falta de formação é um problema que pode ser resolvido. No Reino Unido, o programa Melhorando Acesso para Terapias Psicológicas — *Improving Access to Psychological Therapies* (IAPT) — qualificou mais de sete mil terapeutas para fornecer tratamentos psicológicos de alta qualidade[14] para ansiedade e depressão a quase seiscentos mil pacientes a cada ano, mais da metade dos quais mostram remissão completa.

À primeira vista, David Clark, o fundador do IAPT, não parece um revolucionário. Com suas feições angulares e fartos cabelos brancos e lisos, sua camisa polo preta abotoada até o pescoço e sua dicção cuidadosa, ele parece muito o professor de Oxford que de fato é. Ele começou sua vida acadêmica como químico, convencido de que as drogas poderiam ser tratamentos ideais, mas ficou desiludido. Por outro lado, ele descobriu, por meio de sua pesquisa em Oxford, que novas psicoterapias tiveram efeitos profundos em estudos clínicos rigorosos. O problema, como ele me disse, era este: "Esses tratamentos poderosos se limitavam a trabalhos acadêmicos elegantes. Ninguém estava usando esses tratamentos para pacientes no mundo real."

No Reino Unido, como nos EUA, a maioria das pessoas com depressão ou ansiedade procurou ajuda de seus provedores de cuidados primários, que não têm tempo nem qualificação para fornecer psicoterapia. Como resultado, os medicamentos foram muitas vezes o único tratamento disponível. Para corrigir essa situação, Clark se juntou a Lord Richard Layard, um economista da Câmara dos Lordes, para criar um programa de acesso à terapia cognitivo-comportamental[15] e a outras psicoterapias baseadas em evidências recomendadas. Como o professor Clark descreve agora, havia três elementos críticos para o IAPT.

Primeiro, a partir de 2008, o IAPT formou dois níveis de terapeutas. Alguns eram recém-formados em universidades, que foram treinados para fornecer tratamento de baixa intensidade; outros eram profissionais de saúde mental treinados para cuidar de problemas mais graves. Em 2017, o IAPT havia treinado um novo exército de terapeutas, qualificado para altos níveis de desempenho e monitorado com supervisão. Pode-se ter presumido que havia muitos terapeutas de TCC no Reino Unido antes de 2008, mas Clark e Layard insistiram que todos treinassem para um alto nível de proficiência. E ao longo do tempo, o IAPT suplementou a TCC com outros tratamentos baseados em evidências, como ativação comportamental para depressão, bem como tratamentos psicológicos personalizados para TEPT e ansiedade social.

Segundo, Clark estava obcecado em recolher dados sobre todas as interações. O IAPT construiu seu próprio sistema de dados para coletar informações sobre indicações, frequência e resultados. Mais de 98% das visitas têm uma entrada de dados, coletada antes da visita presencial, com visualizações que permitem que pacientes, terapeutas, supervisores e até mesmo a comissão de supervisão acompanhem os resultados. Esses resultados não foram apenas medições do envolvimento no tratamento e mudanças nos sintomas. A equipe do IAPT analisou os resultados funcionais, como o retorno ao trabalho e o ajuste social. O programa exigia relatórios públicos mensais dos resultados de seus mais de duzentos locais em todo o Reino Unido, fornecendo um nível de feedback que tradicionalmente tem sido evitado nos cuidados de saúde mental.

E, em terceiro lugar, o IAPT se esforçou para aumentar os atendimentos. Em 2017, mais de 580 mil pacientes foram atendidos em clínicas do IAPT. Isso representa mais de 1% da população do Reino Unido atendida em um único ano. O IAPT pode ser a única inovação em saúde mental levada a essa escala, e os resultados estão começando a fazer a diferença para a população. Com um custo de aproximadamente US$1 mil por paciente, os resultados gerais são impressionantes:[17] no pós-tratamento, 51% estão recuperados, 66% mostram melhora confiável e 6% se deterioram. Em nível populacional, o emprego melhorou e os suicídios diminuíram. Em 2019, houve 5.691 suicídios registrados no Reino Unido,[18] uma taxa de 11 mortes por 100 mil habitantes. Isso representa uma diminuição de cerca de 15% em relação à taxa de 2000,[19] e contrasta com os EUA, com seus 14,2 suicídios por 100 mil e um aumento de 33% durante o mesmo período. Para ser claro, essa redução no suicídio no Reino Unido não pode ser atribuída inteiramente ao IAPT, uma vez que a taxa começou a cair antes de 2008, quando o IAPT foi implementado.

Os padrões e a escala de dados podem ser mais fáceis de alcançar no Reino Unido, onde existe um sistema nacional de saúde. Mas o que me atrai sobre o IAPT é o foco na formação de uma nova força de trabalho. Um pouco como a Teach for America* nos EUA, o IAPT recrutou toda

---

* A Teach For America é uma organização sem fins lucrativos cuja missão declarada é "alistar, desenvolver e mobilizar o maior número possível dos líderes futuros mais promissores da nação para crescer e fortalecer o movimento por igualdade e excelência educacional". [N. da T.]

uma geração para atender a uma necessidade pública urgente. Embora o programa se chame "Melhorando o Acesso", acho que a inovação está aumentando a qualidade e demonstrando que a psicoterapia de alta qualidade pode ser oferecida de forma abrangente. Não há razão para que a mesma abordagem não pudesse ser usada para qualificar uma nova geração nos EUA que forneça tratamento psicológico baseado em evidências para um primeiro episódio de psicose, transtornos de humor e ansiedade ou anorexia nervosa. De fato, a Administração de Veteranos,[20] que serve como um sistema nacional de saúde nos EUA, iniciou esse programa com excelentes resultados. O IAPT comprova a viabilidade de um modelo que agora pode ser adaptado para uma série de desafios de saúde pública, garantindo que a psicoterapia possa ser administrada com a mesma fidelidade que a medicação.

Fragmentação e Atraso

A qualificação é um problema tratável. A coordenação do cuidado tem se mostrado mais resistente. Mais do que a maioria das áreas da medicina, os cuidados de saúde mental são altamente fragmentados. Os indivíduos muitas vezes precisam de cuidados de saúde mental e para abuso de substâncias, mas estes são sistemas de cuidados diferentes, com diferentes provedores e registros segregados. Ambas as formas de cuidado são separadas do restante dos cuidados de saúde. E, mesmo dentro da saúde mental, medicamentos, tratamentos psicológicos, neurotecnologias e cuidados de reabilitação, todos os quais têm um papel importante para garantir a recuperação, raramente são integrados para criar um plano de cuidados abrangente ou consistente. Esse sempre foi um dos grandes mistérios dos cuidados de saúde mental para mim. Houve debates intermináveis sobre medicação *versus* terapia ou medicação *versus* neurotecnologias (ou seja, estimulação magnética transcraniana), como se houvesse uma melhor intervenção. Talvez esse seja um debate acadêmico interessante, mas, para alguém como Amy, a questão não é qual tratamento é melhor, e sim quais tratamentos combinados podem ajudar na sua recuperação.

Temos poucas evidências científicas para responder a essa pergunta. Geralmente, quando um medicamento não é suficiente, os provedores adicionam outro medicamento. E, quando a terapia não está funcionando, psicólogos e assistentes sociais podem aumentar a frequência de consultas. Isso faz sentido do ponto de vista do provedor, mas é realmente o melhor curso para o paciente? Por que o tratamento combinado de medicação e psicoterapia não é a norma? Hoje nos referimos a isso como "cuidados escalonados", o que significa que, mesmo que se comece com uma única intervenção, o próximo passo é combinar e otimizar os tratamentos. Alguns estudos realmente analisaram o tratamento combinado,[21] e as evidências apoiam a ideia de que a medicação e o tratamento psicológico juntos são melhores do que qualquer um sozinho. Mas a maioria das pesquisas segue a abordagem da FDA, que é aprovar um medicamento de cada vez e não testar os medicamentos como são frequentemente usados na prática. Reconhecendo que a maioria das pessoas com depressão e ansiedade responderá melhor aos cuidados escalonados, por que isso não é uma opção para a maioria das pessoas?

A resposta está nos canais fragmentados de atendimento. Nos EUA, os diferentes provedores de saúde mental não colaboram, como observamos, e os pacientes com transtornos de humor e ansiedade são mais propensos a procurar ajuda de seu provedor de cuidados primários, não de um especialista em saúde mental. Para muitas pessoas, ver um especialista em saúde mental de qualquer tipo é impensável e, como já vimos, pode não haver acesso a um especialista que aceitará seguro ou o Medicaid. Quase 80% dos medicamentos antidepressivos e ansiolíticos são prescritos por médicos de cuidados primários,[22] geralmente médicos de prática familiar; e, para cerca de metade das crianças com um diagnóstico na área de saúde mental, seu tratamento é exclusivamente uma prescrição para um estimulante de seu pediatra. Clínicos gerais e pediatras não têm nem o treinamento nem os recursos para fornecer mais do que medicamentos para pacientes com transtornos mentais.

A mudança do atendimento especializado para o atendimento básico é, em parte, reflexo da escassez de recursos. Em uma pesquisa com médicos de cuidados primários, dois terços disseram que não poderiam obter um encaminhamento de saúde mental para seus pacientes com essas necessidades.[23] Mais uma vez, os cuidados de saúde mental estão se movendo na direção oposta ao resto da medicina. Em contraste com a maioria dos distúrbios médicos, para os quais o tratamento passou cada vez mais dos cuidados primários para os cuidados especializados, as consultas ambulatoriais para depressão e transtorno bipolar passaram cada vez mais dos psiquiatras para os médicos de cuidados primários.[24]

As famílias que procuram cuidados de saúde mental além do consultório de cuidados primários descobrem rapidamente o problema da fragmentação. Na verdade, a família de Amy descobriu que eles não só tinham que navegar pelo sistema de cuidados, como tinham que integrar o sistema de cuidados. Eles ficaram surpresos com o fato de que os registros médicos e os planos de tratamento não eram compartilhados automaticamente entre os profissionais de saúde mental e os prestadores de cuidados primários. Felizmente, eles não tiveram que lidar com o tratamento do transtorno do uso de substâncias também. Eles teriam descoberto mais um universo paralelo de cuidados, sem qualquer compartilhamento de informações. Eles estavam preparados para se tornarem os navegadores por Amy, mas não perceberam que também se tornariam os coordenadores de cuidados.

Além da falta de integração do cuidado especializado com outros cuidados de saúde, muitas vezes há um atraso extraordinário entre o início dos sintomas e o começo do atendimento. A Pesquisa Nacional de Comorbidades[25] revela que, para a depressão, o atraso variou de seis a oito anos. Para os transtornos de ansiedade, o atraso variou de 9 a 23 anos. Para ficar claro, esses longos períodos de atraso refletem muitos fatores: não apenas a falta de acesso, mas a lenta progressão do transtorno e a procrastinação na busca por atendimento. Mas, mesmo quando alguém chega ao ponto de procurar ajuda de um profissional, as listas de espera para uma primeira consulta variam de semanas a meses. Não é surpresa, então, que a atenção primária, acessível em dias em vez de meses, se torne a fonte mais provável de tratamento para uma doença mental. Um atraso no início do tratamento para essas doenças significa que o resultado provavelmente será pior.

Cuidados Colaborativos — Consertando a Fragmentação

Coordenar cuidados não é ciência aeroespacial. Há quase trinta anos, médicos da Universidade de Washington, em Seattle, começaram a implementar uma abordagem simples para ajudar pessoas com depressão, diabetes ou hipertensão. Eles começaram exigindo uma consulta com um psiquiatra para qualquer paciente com depressão, com um laudo especializado entregue ao prestador de cuidados primários. Os resultados não foram bons. Os pacientes não deram continuidade, os que foram consultados não investigaram a fundo, e as recomendações do psiquiatra para o prestador de cuidados primários em geral foram ignoradas. A equipe da Universidade de Washington percebeu que pacientes com condições mentais comuns precisavam de algo mais. Gregory Simon, psiquiatra do Instituto Kaiser Permanente Washington Health Research, fazia parte dessa equipe original. "Percebemos muito rapidamente que, se fôssemos melhorar os resultados,[26] precisaríamos reestruturar a atenção primária. Alguém tinha que ser responsável por esses pacientes com depressão." Aqui estava uma doença que roubava do paciente as mesmas habilidades que lhes solicitavam usar para coordenar seus próprios cuidados.

No novo sistema, chamado de cuidado colaborativo,[27] pacientes com depressão ou ansiedade durante a atenção primária seriam designados a um coordenador de cuidados, enfermeiro ou assistente social, que trabalharia com um psiquiatra consultor para integrar medicação, psicoterapia e serviços de reabilitação. A equipe de atenção primária, a coordenadora de cuidados e o psiquiatra se reunem semanalmente para rever o progresso. Como o Dr. Simon descreve: "Claro, é ótimo ter alguém com experiência em saúde mental na prática de cuidados primários. Mas cuidados colaborativos [...] responsabilizam uma pessoa, dedicada a ser obstinadamente persistente, de se concentrar nas pessoas que podem não estar pedindo ajuda ou podem estar se perdendo nas dificuldades. O trabalho dessa pessoa é explicitamente integrar o cuidado e melhorar os resultados."

O cuidado colaborativo foi posteriormente estudado em todo o país, em dezenas de ensaios cuidadosamente controlados para pessoas com depressão ou ansiedade.[28] Consistentemente, essa abordagem resultou em melhores resultados do que apenas a atenção primária ou a atenção especializada. De fato, os efeitos gerais do cuidado colaborativo nesses ensaios foram semelhantes à melhora com medicação *versus* placebo, levando um especialista a perguntar: "Será que usar uma droga tão eficaz quanto o cuidado colaborativo deixará de funcionar um dia?"[29]

O atraso entre o desenvolvimento de uma solução e colocá-la em prática, às vezes chamada de lacuna de implementação,[30] é um problema famoso na ciência da saúde. Pesquisadores de implementação gostam de ressaltar que a primeira observação de cítricos (com vitamina C) como tratamento para escorbuto ocorreu em 1601, mas a provisão rotineira desse tratamento de marinheiros na marinha britânica não começou até 1795. Pode-se esperar que a lacuna de implementação para descobertas modernas seja inferior a 194 anos, mas ainda há quase um atraso de vinte anos na adoção de modelos de tratamento às vezes muito bem-sucedidos. Claro, há exceções. As vacinas contra poliomielite e Covid foram adotadas imediatamente, e os tratamentos para o HIV avançaram rapidamente para a prática. O cuidado colaborativo foi adotado por meio de projetos de demonstração em diversos sistemas de saúde, mas, via de regra, a prática de cuidados altamente fragmentados permaneceu, apesar das evidências científicas convincentes.

Pensei que chegaríamos a um ponto de virada em janeiro de 2017, quando o Centro de Serviços Medicare e Medicaid (CMS) aprovou o pagamento por cuidados colaborativos. Meus colegas do NIMH e eu defendemos o cuidado colaborativo há anos. As evidências eram claras, a necessidade era grande, e a aprovação, pensamos, finalmente resolveria o problema da fragmentação. O anúncio foi acompanhado por um artigo no *New England Journal of Medicine* afirmando:[31] "As evidências [...] indicam que ela [assistência colaborativa] pode reduzir os gastos totais com saúde ao longo do tempo, e pode reduzir as disparidades raciais e étnicas na qualidade do cuidado e dos desfechos clínicos. Portanto, a implementação generalizada poderia melhorar substancialmente os resultados para milhões de beneficiários do Medicare, bem como produzir economias para o programa Medicare."

No entanto, o cuidado colaborativo exigia a reorganização do fluxo de trabalho nas práticas de atenção primária e exigia uma força de trabalho que não existia. Com os incentivos certos, esses problemas são solucionáveis. Mas essa peça ainda está faltando para muitas práticas norte-americanas. Como o Dr. Simon me disse: "É mais fácil obter adoção de algo que funciona quando você tem um sistema de saúde que funciona.[32] O cuidado colaborativo requer a adição de outro jogador à equipe. A assistência médica nos EUA continua sendo um negócio de serviços pagos. Especialmente na atenção primária, as linhas são tênues. Para a maioria das práticas de atenção primária, mesmo aquelas que adotaram a telessaúde, adicionar alguém ainda é uma grande questão."

A boa notícia, novamente, é que sabemos o que funciona. Assim como o IAPT para treinamento, o cuidado colaborativo pode reduzir a fragmentação do atendimento e melhorar a qualidade, levando a melhores resultados. Muitos grandes sistemas de saúde estão adotando-o, com ferramentas digitais de integração e terapia remota. Mas o cuidado colaborativo ainda não é difundido e não foi incorporado à pediatria ou aplicado a problemas de saúde mental mais complexos.

Falta de Responsabilidade

A qualificação é inadequada; o cuidado é fragmentado e atrasado. Podemos melhorar o treinamento, a coordenação do cuidado e o acesso; mas a verdadeira chave para melhorar a qualidade é a responsabilização, obtida medindo os resultados e aprendendo com eles. Na ausência de medição, a confiança logo supera a competência.

Imagine controlar a hipertensão sem monitorar a pressão arterial ou tratar a diabetes sem medir o açúcar no sangue. Biomarcadores, como o açúcar no sangue, são essenciais para otimizar o tratamento. Mas a medição objetiva de sintomas ou resultados nunca fez parte do cenário da saúde mental. Claro, não tivemos biomarcadores para depressão ou psicose, assim como não temos biomarcadores para dor. Mas não precisamos deles para quantificar os níveis de sintomas ou, ainda mais importante, para medir o progresso nas metas de recuperação, como retornar ao trabalho ou viver de forma independente. Apenas 18% dos psiquiatras e 11% dos psicólogos nos Estados Unidos administram rotineiramente escalas de classificação de sintomas aos pacientes, para monitorar a melhora.[33] Na ausência de medição, os médicos não foram responsáveis por resultados específicos. Em outras áreas da medicina, as companhias de seguros aplicam as normas antes de reembolsarem os serviços. Elas reforçam a responsabilidade. Mas grande parte dos cuidados de saúde mental é paga diretamente do bolso pelos consumidores, por isso há menos supervisão de qualidade.

Tratamentos psicológicos, como terapia familiar para transtornos alimentares ou terapia cognitivo-comportamental para depressão, são uma parte essencial dos cuidados de saúde mental. No entanto, em contraste com outras formas de cuidados médicos, tratamentos psicológicos ou psicossociais (reabilitadores) não são regulamentados nos EUA. A FDA regula medicamentos, dispositivos médicos e segurança alimentar, mas nunca supervisionou quaisquer tratamentos psicológicos ou psicossociais. Existem vários grupos profissionais, como o Cochrane, que revisam a bibliografia científica para definir as "práticas baseadas em evidências" no cuidado em saúde mental. A OMS identificou[34] várias formas de terapia que se mostraram eficazes em pelo menos dois ensaios clínicos fora do laboratório do desenvolvedor. E há conselhos de licenciamento que revisam as credenciais de um indivíduo. No entanto, nenhuma agência, grupo ou pessoa dos

EUA é incumbido ou responsável pela qualidade do atendimento psicológico ou psicossocial prestado. Isso é um problema, porque, apesar da robusta bibliografia científica sobre a eficácia desses tipos de tratamentos para uma ampla gama de transtornos de saúde mental, como alguém pode saber se um clínico que diz estar entregando uma forma específica de tratamento está entregando o mesmo tratamento que foi estudado em ensaios clínicos? Na falta de transparência, na ausência de medidas de qualidade e na ausência de qualquer quadro regulamentar, como é que possível saber?

Apesar de não medirmos a qualidade na atenção à saúde mental, isso não é por falta de coisas para medir. De fato, uma revisão das medidas de qualidade da saúde mental em 2015 encontrou 510 medidas diferentes em muitos sistemas diferentes.[35] Temos uma abundância de medidas, mas elas não são usadas na prática. O padrão ouro[36] para rastreamento da qualidade na assistência à saúde é o Conjunto de Dados e Informações sobre Eficácia em Cuidados de Saúde — *Health Effectiveness Data and Information Set* (HEDIS) — medidas estabelecidas pelo Comitê Nacional de Garantia da Qualidade. Existem 92 dessas medidas para cuidados de saúde,[37] 22 relevantes para a saúde comportamental. Elas abrangem a triagem para depressão, monitoramento, gerenciamento de medicamentos, coordenação de cuidados e triagem para complicações médicas, como diabetes e doenças cardiovasculares. Todos esses são elementos importantes dos cuidados médicos; mas, além dos cuidados psicossociais para crianças e adolescentes que recebem antipsicóticos, há pouca menção à variedade de tratamentos não médicos que têm demonstrado ajudar as pessoas com doenças mentais graves a se recuperar — intervenções que ajudam as pessoas a ficar fora do hospital, voltar ao trabalho e encontrar moradia. Até que a remissão ou a resposta à depressão fosse adicionada, recentemente, não havia medidas de resultados. E não há padrões para o tratamento de transtorno obsessivo-compulsivo, distúrbios alimentares, transtorno de personalidade borderline, autismo ou TEPT.

O Comitê Nacional de Garantia da Qualidade *identificou* os padrões ouro para um excelente atendimento para depressão e esquizofrenia.[38] Como estamos com eles? Não muito bem. Além de uma nota de aprovação (81,7 de 100) para triagem de diabetes em pessoas tratadas com antipsicóticos,[39] nenhuma das 22 medidas atinge a marca de dois terços (67%). Mais desanimador, essas pontuações não melhoraram na última década.

Por exemplo, para uma das medidas de saúde mental com o maior histórico de coleta de dados — acompanhamento dentro de sete dias após a alta hospitalar[40] — até 2019, a taxa geral de conformidade estava abaixo de 50%. Em comparação, durante o mesmo período, o cumprimento de uma das medidas de qualidade cardiovascular — persistência do tratamento com betabloqueador por seis meses após a hospitalização por ataque cardíaco[41] — começou em cerca de 70% e aumentou para cerca de 85% e até 90% na população Medicaid. Esses dois exemplos são representativos. Analisando as medidas de qualidade para saúde comportamental (saúde mental e abuso de substâncias), as pontuações médias estão próximas a 50%, em comparação com 75% ou melhor para cuidados cardiovasculares e diabetes. É de maior preocupação que, embora o desempenho dos cuidados cardiovasculares e diabetes venha aumentando desde 2005, há pouca ou nenhuma evidência de melhoria para os cuidados de saúde mental.

Considere o que esses números significam. Há uma chance de 50% de que uma pessoa com uma doença mental que tenha acabado de receber alta de um hospital — geralmente após uma estadia que foi muito curta para organizar seus medicamentos ou seus problemas psicossociais — não seja visitada para qualquer acompanhamento dentro de sete dias. Sabemos que é um período de alto risco para recaída, overdose e suicídio. É precisamente por isso que o acompanhamento dentro de sete dias foi apontado como uma das primeiras medidas de qualidade. Os primeiros dias fora do hospital podem ser, literalmente, um vale da morte para alguém saindo da psicose aguda ou de uma tentativa de suicídio. No entanto, ainda não conseguimos fornecer esse aspecto vital do cuidado na metade do tempo.

Mas fica ainda pior. A pontuação para acompanhamento de 30 dias após uma ida ao pronto-socorro por uma doença mental está abaixo de 60%.[42] Resultados semelhantes foram relatados recentemente em um estudo cuidadoso de uma equipe que analisa o acompanhamento de idas ao pronto-socorro por tentativas de suicídio.[43] Isso é importante: uma em cada cinco pessoas[44] que morreram por suicídio esteve no pronto-socorro por tentativa de suicídio no ano anterior. Considerando a urgência com que precisamos reduzir a mortalidade por suicídio, melhorar a qualidade do acompanhamento após uma tentativa me parece a maior prioridade. A melhoria da qualidade começa com a aferição.

Cuidados Baseados em Medidas — Garantindo a Responsabilidade

É claro que é possível que os resultados do HEDIS sejam menores para os cuidados de saúde mental porque os dados não estão sendo coletados e relatados, mesmo que os cuidados estejam sendo prestados. No resto dos setores da medicina, a qualidade é monitorizada por meio de registos de saúde eletrônicos ou de sistemas de intercâmbio de informações que recolhem dados em um formato padronizado. Prestadores e pacientes podem detestar essa intrusão na relação médico-paciente, mas os registros eletrônicos agora são a língua universal do desempenho. Esse é um problema na saúde mental, em que os profissionais têm demorado a adotar registros eletrônicos de saúde. Em 2016, 97% dos hospitais dos EUA e 74% dos médicos adotaram registros eletrônicos de saúde,[45] mas apenas 30% dos provedores de saúde mental estavam coletando dados em um formato padronizado. Por que a adoção lenta na saúde mental? Até agora, a resposta é familiar: muitos provedores executam práticas de taxa por serviço, sem aceitar seguro ou Medicaid, o que exigiria relatórios padronizados.

Ao longo da última década, houve uma crescente conscientização da necessidade de cuidados baseados em medição.⁴⁶ Vários sistemas de saúde adotaram esses cuidados, pedindo aos pacientes que preenchessem as classificações-padrão dos resultados antes de cada visita, muitas vezes usando um tablet na sala de espera, ou às vezes enviando um formulário pela internet. Eles usam essas medidas para acompanhar o progresso, identificar quando alguém não está melhorando e sinalizar esses pacientes para intervenções adicionais. Alguns argumentam que a medição em si pode ser terapêutica,⁴⁷ fornecendo feedback ao paciente, bem como ao provedor.

Deve ser óbvio agora que qualquer discussão sobre a mudança dos cuidados de saúde nos EUA, seja para implementar medidas ou adicionar coordenadores de cuidados, terá que lidar com quem pagará. Cuidado de saúde nos EUA é um negócio. Qualquer tentativa de reforma começa por encontrar o investimento e demonstrar um retorno desse investimento. Quando você acompanha o dinheiro⁴⁸ nos mercados de seguros públicos e privados, você pode ver uma mudança fundamental emergindo. Cada vez mais, o reembolso nos EUA está mudando de "baseado em volume", quando os provedores são pagos por consulta ou procedimento, para "baseado em valor", quando os provedores serão pagos pelos resultados. Quando o reembolso está vinculado aos resultados, os cuidados baseados em medição se tornarão a norma. Tenho esperança de que um sistema de pagamento baseado em valor, que já está sendo implementado na Carolina do Norte e em alguns outros estados,⁴⁹ contribuirá muito para corrigir o problema de prestação de contas, desde que o provedor esteja buscando reembolso por meio de seguro. Mas, para os provedores que não aceitam seguros, os cuidados baseados em medição ainda são improváveis e o problema de prestação de contas permanece sem solução.

Medindo o Que Importa

Há mais de cinquenta anos, o sociólogo William Bruce Cameron observou: "Nem tudo o que pode ser contado conta e nem tudo o que conta pode ser contado."[50] Qualquer prestador de cuidados de saúde mental que sinta que está fazendo a diferença lhe dirá que o sucesso não é sobre cuidados baseados em evidências e medidas de qualidade. Não há prática baseada em evidências para ajudar um paciente narcisista a desenvolver empatia ou ajudar um casal a superar a morte de uma criança. Medidas de qualidade nunca podem computar aliança terapêutica ou crescimento pessoal. Quase todos os terapeutas veem seu trabalho com os pacientes como um esforço humano, mais arte do que ciência. Sua afirmação: forçar essa relação especial entre um terapeuta e um cliente em categoria de medidas e resultados definidos não apenas destruirá o que é mais gratificante para o terapeuta, mas também prejudicará o que é mais útil para o cliente.

Eu valorizo essa perspectiva. Na verdade, é apenas esse aspecto excepcional do cuidado em saúde mental, tão diferente das especialidades quantitativas da medicina, que atrai a maioria de nós para a missão de ajudar as pessoas com suas lutas psíquicas. Simplesmente ouvir, explorar, suportar com outra pessoa pode ser terapêutico. Não há algoritmo, nem manual para orientar o processo terapêutico, processo que pode ser inefável e não quantitativo, mas pode ser transformador.

Se essa abordagem humanista funcionasse, não haveria razão para mudá-la. Mas as evidências infelizmente exigem um esforço mais responsável. Em uma era com tratamentos-padrão de eficácia comprovada, devemos permitir que os terapeutas busquem sua paixão, tratando tudo como um prego porque eles têm um martelo? Podemos, em sã consciência, olhar para as crescentes taxas de morte e incapacidade e defender "mais arte do que ciência"?

Eu não acho que mais medições ou mais medidas sejam, por si só, a resposta para a crise de saúde mental. Podemos aprender com a jornada infeliz feita pelos cuidados médicos e cirúrgicos nas últimas duas décadas. Antes do fim da década de 1990, os médicos eram em grande parte independentes, administrando práticas baseadas no reembolso de tempo e procedimentos. Antes do prontuário eletrônico e das demandas de cuidados gerenciados, os médicos gozavam de considerável autonomia.

Nas últimas duas décadas, a autonomia foi substituída por demandas de prestação de contas, e o pagamento foi baseado no desempenho.[51] Com o foco na documentação em vez de nos cuidados, os médicos passam mais tempo com seus computadores do que com seus pacientes. Indiscutivelmente, na medicina de hoje, precisamos de menos medição e mais conexão com pacientes e famílias. Os reformadores dos cuidados de saúde mental podem aprender com essa história recente. É necessário haver medição suficiente para aprender e melhorar os resultados, mas não tanta que o cuidado se torne mais sobre preencher formulários do que sobre atender às necessidades do paciente. Certamente podemos melhorar os cuidados, garantir melhores resultados e ainda preservar o que há de melhor nesse campo excepcional.

Atravessando o Abismo

O que nos leva de volta a Amy. Em 2006, ela sentia-se desesperada quanto ao seu futuro e os seus pais tornaram-se céticos em relação ao tratamento na clínica. Eles decidiram pesquisar outras opções. O pai de Amy, um professor de química, encontrou bibliografia científica sobre anorexia que incluía múltiplos ensaios clínicos aleatórios de terapia familiar para transtornos alimentares.[52] Em contraste com o programa de tratamento residencial, essa abordagem envolveu intensamente os pais. Em vez de cavalos e arteterapia, a terapia familiar forneceu diretrizes claras para o estabelecimento de padrões regulares de alimentação e exercício. Incluiu cuidados baseados em medição com acompanhamento regular de resultados além do peso e da atividade. O que realmente o impressionou foram os resultados desses ensaios clínicos cuidadosamente desenhados, que relataram recuperação em pelo menos 50% dos adolescentes. Esses estudos foram concluídos na Universidade de Stanford, Columbia e King's College, em Londres. Como eles poderiam encontrar um terapeuta qualificado nesse método?

Felizmente, um novo terapeuta preparado pelo grupo de Stanford tinha acabado de ingressar no programa ambulatorial de Atlanta, o programa originalmente recomendado por seu pediatra. Quando descobriram que o centro de Atlanta estava aceitando novos pacientes, a mãe de Amy decidiu tirar uma licença de seu trabalho para se mudar com Amy para a cidade, onde ela poderia obter cuidados ambulatoriais intensivos. O seguro pagaria uma parte, mas eles argumentaram que, se fizessem uma segunda hipoteca em sua casa, poderiam aumentar o custo de vida na cidade e pagar pelo tratamento de Amy, enquanto Amy começou a nona série em um novo lugar.

Amy gostava da terapeuta familiar, Susan, que já lutou contra a anorexia. A terapeuta lhe deu esperança, algo que ela e seus pais perderam completamente, e também enfatizou a coragem necessária para superar sua doença. No ano seguinte, à medida que seu peso se estabilizava, Amy tornou-se mais independente. Para o primeiro ano do ensino médio, Amy voltou à sua cidade natal, onde continuou a terapia com Susan via Skype.

Amy nunca foi a Princeton. Frequentou uma faculdade estadual mais perto de casa. Seu perfeccionismo e sua motivação persistiram e tornaram-se uma vantagem para ela mais tarde, ajudando-a a tornar-se executiva no setor financeiro em seus vinte anos. Ela continuou a correr, mas com mais alegria do que desespero. A comida sempre foi uma parte importante de sua vida, e agora ela tem um blog como crítica de restaurante de meio período para um site de gastronomia.

Doze anos depois, Amy e os pais se sentem afortunados. Cerca de 10% das meninas com anorexia morrem da doença, seja por colapso metabólico ou suicídio. A família de Amy perdeu suas economias e assumiu uma carga de dívidas que exigiram uma década para compensar, mas sua filha sobreviveu. Depois de alguns anos, eles pararam de se culpar pela doença de Amy e passaram a ver sua filha como heroica, superando um enorme desafio para se tornar um adulto de sucesso.

Eles são menos generosos sobre o tratamento de Amy. Eles se sentiram explorados pela clínica, uma rede lucrativa que se expandiu para novos estados, mas ainda não relatou os resultados de seu pacote de cuidados abrangente e caro. Como pais em crise, eles tinham um pediatra que poderia ajudar com as necessidades médicas agudas, mas ninguém para orientá-los ou ajudá-los a encontrar o melhor tratamento psicológico. Eles se perguntam por que a evidência clara de terapia familiar não é suficiente para exigir ampla disseminação desse tratamento para anorexia. Eles conheceram outros pais que nunca encontraram um tratamento que funcionasse. E eles perguntam: se Amy tivesse desenvolvido leucemia, eles teriam tido as mesmas lutas?

Por mais que a quantidade limitada de recursos para o cuidado afete o acesso das pessoas, a má qualidade do atendimento coloca a esperança de recuperação ainda mais fora do alcance. Amy teve a sorte de encontrar um tratamento eficaz. Mas, para aqueles com menos recursos, o resultado é muitas vezes trágico. Como se estar doente já não fosse difícil o suficiente, qualquer pessoa que sofra de um transtorno mental enfrenta uma força de trabalho inadequadamente treinada, fragmentação e atraso dos serviços, cuidados médicos precários e falta de medição, o que impede a prestação de contas. Isso é o que as estatísticas sobre morte e deficiência mostram: dia após dia, ano após ano, em todas as partes da nação, as pessoas com doenças mentais não estão sendo tratadas, e como o Instituto de Medicina relatou na citação que abre este capítulo, aqueles que recebem tratamento descobrem que esse tratamento é "muitas vezes ineficaz, não centrado no paciente, prematuro, ineficiente, injusto e às vezes perigoso".

6.
MEDICINA DE PRECISÃO

> O objetivo da ciência não é abrir portas para a sabedoria infinita, mas estabelecer um limite para o erro infinito.
>
> — Bertolt Brecht, *A Vida de Galileu*[1]

Quando Dylan comemorou seu nono aniversário, ele já tinha ido a oito especialistas em saúde mental e recebeu sete diagnósticos diferentes. Cada especialista parecia chegar a uma conclusão distinta. Houve transtorno de déficit de atenção com hiperatividade (TDAH), transtorno bipolar, síndrome de Asperger, transtorno do espectro autista, transtorno disruptivo da desregulação do humor, transtorno de ansiedade e transtorno de oposição desafiante. Seus pais apontam que Dylan não só ganhou sete classificações diferentes, como recebeu nove tratamentos diferentes. Dizer que estavam frustrados seria subestimar seu estado de espírito. "Ninguém parece entender com o que estamos lidando aqui. Eu sei que eles têm boas intenções, mas esses especialistas basicamente não têm uma noção."

Michael e Susan adotaram Dylan quando ele tinha apenas uma semana de vida. Ele era seu primeiro e único filho, o resultado de anos de expectativa. Exceto pelos problemas de sono e alguns problemas de alimentação precoce, Dylan parecia a resposta às suas orações. Ele andou quando tinha 1 ano de idade e pareceu falar frases, de repente, quando tinha 2 anos. Com base na linguagem e nas habilidades motoras, acharam-no precoce. Mas depois veio a primeira infância. Dylan lutou arduamente para fazer as coisas "do seu jeito" — recusando as regras à mesa, a hora de dormir e o compartilhamento de brinquedos quando os amigos o visitavam.

De certa forma, os terríveis dois anos de idade nunca acabaram. Quando ele ficou mais velho, Dylan tornou-se colecionador. Ele começou colecionando pedaços de papel. As notas adesivas eram as favoritas dele. A cor era importante; a forma era essencial. Dylan empilhava-as em seu quarto, guardando centenas numa caixa de brinquedos, separada dos carros e dos caminhões. Ninguém podia tocá-los. E qualquer mudança desencadeava uma birra. Birra foi, de fato, o bordão que continuou dos 2 para os 3 anos de idade e dos 4 em diante. Michael lembrou: "Ouvimos muito 'meu, meu, meu todo o tempo, tempo, tempo'." Susan foi clara: "Estávamos totalmente exaustos. Ninguém nos disse quanto trabalho isso daria. Às vezes brincávamos que ele era parte criança, parte tirano."

Eles começaram a se preocupar que algo estava profundamente errado quando a professora do jardim de infância de Dylan descreveu uma birra na escola que incluía bater com a cabeça na parede, e um caso em que Dylan, frustrado, mordeu seu próprio braço. A professora sentiu que Dylan estava "extremamente tenso". Ela também descreveu sua incapacidade de ficar parado, algo que, na experiência de Michael e Susan, parecia ser Dylan "cheio de energia". A escola recomendou um conselheiro de saúde mental, sua primeira parada em uma odisseia que levou à imensa lista de diferentes diagnósticos e ao início de uma longa lista de tratamentos, desde medicamentos estimulantes e antipsicóticos até ludoterapia e aconselhamento familiar. Quando ele tinha 9 anos, os pais de Dylan tinham ido a assistentes sociais, um psicólogo do desenvolvimento, um psiquiatra infantil, um neurologista pediátrico e um psicofarmacologista. Michael descreveu essa jornada como

MEDICINA DE PRECISÃO

"cursar pós-graduação em saúde mental infantil", mas Susan foi menos generosa. "Essa tem sido como a parábola dos cegos e do elefante. Exceto que o elefante é meu filho e ele ainda está fazendo birras."

POR QUE TRATAMENTOS MELHORES não proporcionam melhores resultados para crianças como Dylan? Já analisamos questões de acesso e qualidade. Outro grande desafio é adequar o tratamento às necessidades de um indivíduo específico. O diagnóstico psiquiátrico é um guia imperfeito para o tratamento. Muitos sintomas se sobrepõem, e os rótulos para diagnóstico evoluíram muitas vezes ao longo dos anos. Dito isso, quando uma criança de 9 anos como Dylan recebe 7 diagnósticos diferentes e 9 tratamentos diferentes, certamente há necessidade de melhorias. Para ser justo, o tratamento correspondente e preciso para uma pessoa é um problema em toda a medicina. Pode haver muitas variantes diferentes de muitas síndromes médicas, da epilepsia ao câncer. Cientistas clínicos desenvolveram a "medicina de precisão" como uma solução. A medicina de precisão reconhece que um dos caminhos para melhores resultados passa por um melhor diagnóstico.

No câncer, por exemplo, os médicos não diagnosticam mais tumores por sua localização. Os termos câncer de mama, câncer cerebral e câncer de pulmão fazem parte de um léxico sobre malignidade. Hoje entendemos que esses termos foram contraproducentes. Existem muitos tipos diferentes de câncer de mama, definidos não por localização, mas por sua causa molecular. Na verdade, hoje o câncer é considerado uma doença molecular causada por mutações específicas nos genes que regulam a divisão celular. O que costumava ser chamado de câncer de mama hoje pode ser diagnosticado como receptor de fator de crescimento epidérmico humano tipo 2 positivo (HER2+), receptor de estrogênio negativo (RE-), receptor de progesterona adenocarcinoma negativo (RP-). Esses marcadores moleculares importam. Tratamentos que visam HER2 só são eficazes em um em cada cinco tumores com essa mutação molecular. A medicina de precisão fornece essas categorias de diagnóstico específicas que se aproximam da compreensão de fatores individuais para resposta ao risco e tratamento. Se os cientistas tivessem continuado a desenvolver tratamentos para o câncer de mama em vez de identificar os subtipos com alvos moleculares específicos, provavelmente teríamos visto pouco progresso nos resultados do câncer. Agora, especialistas em câncer fazem a biópsia da lesão, submetem o tecido à análise genética e identificam as mutações que predizem a resposta ao tratamento.

Para doenças mentais, nunca encontramos tal lesão, e os cientistas têm sido justamente relutantes em realizar biópsias cerebrais sem saber onde procurar. Como resultado, na saúde mental, o desenvolvimento de tratamentos, tanto médicos quanto psicológicos, permanece prejudicado por diagnósticos desatualizados e imprecisos. Estamos presos onde o resto da medicina estava em 1990, antes do uso da genômica para diagnóstico.

Não só o diagnóstico deveria orientar a seleção de um tratamento, como o diagnóstico preciso é essencial para o desenvolvimento de novos tratamentos. Ensaios clínicos de novos tratamentos em pessoas com transtornos biologicamente diferentes dão resultados modestos ou negativos. Não é de surpreender que tenhamos visto pouco progresso além de medicamentos descobertos por acaso e tratamentos psicológicos criados décadas atrás. Para avançarmos com os tratamentos de saúde mental, precisamos corrigir o sistema de diagnóstico, o que significa identificar os alvos certos para melhores resultados.

Para a maioria das soluções para nossa crise de saúde mental, sabemos o que funciona, e a tarefa é diminuir a distância entre o que sabemos e o que fazemos na prática. Mas na área de diagnóstico, uma área em que o campo confia em seu conhecimento, realmente estamos às cegas. Aqui precisamos saber mais para fazer melhor. Neste capítulo, vamos dar uma olhada em algumas das pesquisas que prometem melhorar o diagnóstico.

DSM

O diagnóstico de doença mental baseia-se exclusivamente nos sintomas relatados pelo paciente e nos sinais observados pelo médico. Não há testes laboratoriais ou biomarcadores, exceto aqueles usados para excluir uma causa médica, como doença adrenal para depressão, doença de tireoide para ansiedade ou síndrome autoimune cerebral para psicose. Embora os psiquiatras biologistas tenham passado cinco décadas procurando um teste laboratorial para sinalizar uma doença psiquiátrica, ao contrário de descartar uma causa médica, ainda não há um teste de diagnóstico clinicamente útil.[2] Para a depressão, por exemplo, há relatos sobre uma série de fatores endócrinos ou imunológicos anormais: cortisol, citocinas e hormônio tireoidiano foram todos postulados como fatores causais. Embora esses fatores possam ser anormais em algumas pessoas com depressão, nenhum é útil como um teste de diagnóstico ou um biomarcador. E, enquanto cada um desses fatores pode causar sintomas depressivos em alguém com uma doença endócrina ou imune, acredita-se que nenhum destes pode causar depressão na ausência de outra doença.

Para ser claro, se for encontrada a causa biológica para depressão, ansiedade ou psicose, a doença não é mais considerada um diagnóstico psiquiátrico. Existem, no entanto, cerca de 265 categorias de diagnóstico no atual *Manual Diagnóstico e Estatístico de Transtornos Mentais*, DSM-5, publicado pela Associação Americana de Psiquiatria (APA). Em uma área na qual a classificação é baseada em consenso clínico, é fundamental ter um manual como o DSM, que fornece uma linguagem comum. Quando entrei na área, antes do DSM-III, estávamos numa torre de Babel. O que os psiquiatras do Reino Unido chamavam de doença maníaca depressiva, os psiquiatras dos EUA chamavam de esquizofrenia, e ninguém concordava com uma definição do que era depressão. O DSM-III, em 1980, forneceu um dicionário comum para uma única língua, que se tornou a base para a pesquisa e a prática. Não fez suposições sobre a causa ou a resposta ao tratamento; era simplesmente um sistema de classificação de sinais e de sintomas.

É útil lembrar que o diagnóstico sempre foi um tema controverso em saúde mental. Alguns dos pais fundadores da psiquiatria norte-americana, como Adolf Meyer, do Hospital Johns Hopkins, se opuseram ao próprio conceito de diagnóstico padrão. Como ele argumentou em 1918, "Eu prefiro falar de um indivíduo *apresentando* certos fatos com os quais podemos fazer algo em relação à demonstração definitiva.³ [...] Se uma pessoa tem uma dúzia de tais fatos ou apenas um, é uma questão de demonstração e não de legislação." Até a Segunda Guerra Mundial, a psiquiatria era quase inteiramente praticada no sistema hospitalar estadual, no qual os pacientes eram divididos em pacientes com doenças cerebrais orgânicas, como déficits intelectuais congênitos e demência, e transtornos mentais funcionais, como esquizofrenia e depressão, com "demonstração" significando que eram irracionais e incoerentes. O diagnóstico teve pouco impacto no tratamento e foi de pouco interesse para médicos ou pacientes.

A Segunda Guerra Mundial provou ser um ponto de inflexão na história da psiquiatria norte-americana. Durante a guerra, houve cerca de um milhão de internações por problemas neuropsiquiátricos. Mas os problemas não eram como os observados entre os civis nos hospitais estaduais. O estresse do combate e as circunstâncias da guerra produziram uma série de "reações" emocionais e psicossomáticas que foram consideradas adaptações a ambientes extremos, comportamentos anormais em homens normais. Os psiquiatras do Exército Roy R. Grinker e John P. Spiegel,⁴ no clássico *Men Under Stress* [sem tradução para o português], descreveram soldados que estavam "aterrorizados, mudos e trêmulos; os pacientes se assemelham muito àqueles que sofrem de uma psicose aguda". Mas, em contraste com os pacientes psicóticos do hospital estadual, esses soldados com síndromes psiquiátricas agudas responderam a intervenções psicológicas, especialmente terapia de fala empática e tiopental sódico ou "soro da verdade", o que induziu uma espécie de estado hipnótico no qual os soldados reviveriam o trauma do combate. Após essas intervenções,⁵ 60% retornaram ao serviço dentro de 2 a 5 dias.

MEDICINA DE PRECISÃO

Não havia um manual que descrevesse esses distúrbios reativos, e nenhum guia para tratamentos eficazes. Para preencher essa lacuna, o exército reuniu um comitê presidido por William Menninger, então general de brigada e psiquiatra-chefe (que mais tarde foi o cofundador da Clínica Menninger em Topeka, Kansas), para descrever a gama de distúrbios neuropsiquiátricos que afligiam as tropas. O documento resultante foi denominado War Department Technical Bulletin Medical 203 [Boletim Técnico Médico do Departamento de Guerra 203, em tradução livre][6] — ou simplesmente Medical 203 — classificando um grupo de "psiconeuroses", síndromes psiquiátricas relacionadas a fatores ambientais ou sociais, fortemente influenciadas pela personalidade e explicadas por conceitos psicanalíticos.

Após a guerra, as necessidades psicológicas dos veteranos tornaram-se uma prioridade nacional. Preocupado com relatos de transtornos psiquiátricos em soldados que retornaram, o presidente Truman assinou a Lei Nacional de Saúde Mental[7] em 1946, estabelecendo o NIMH "para ajudar no desenvolvimento de métodos mais eficazes de prevenção, diagnóstico e tratamento". Na ausência de um manual de diagnóstico, o Medical 203, com suas reações psiconeuróticas e ênfase em causas sociais e ambientais, foi adotado para uso civil. Em 1952, a Associação Americana de Psiquiatria usou o Medical 203 como base para a primeira edição do DSM,[8] uma taxonomia simples que descrevia dois grandes agrupamentos: distúrbios do tecido cerebral (infecções, distúrbios hereditários, lesões traumáticas) e distúrbios de origem psicogênica (psicóticos, psiconeuróticos e distúrbios de personalidade).

O DSM-I estabeleceu um processo que foi seguido em cada um dos manuais de diagnóstico APA subsequentes. Os distúrbios foram identificados por sintomas, não por resposta ao tratamento ou à causa. As classificações foram adicionadas ou subtraídas pelos votos dos comitês, esses compostos predominantemente por psiquiatras brancos, do sexo masculino e norte-americanos. Os resultados da pesquisa, bem como a mudança das normas sociais, levaram a novas edições, com o DSM-II publicado em 1968, DSM-III em 1980, DSM-IV em 1994 e a mais recente edição, o DSM-5, lançado em 2012, revisado em 2022. Cada edição tinha mais categorias diagnósticas, na tentativa de fornecer um dicionário de trabalho em expansão para os profissionais.

Mas, à medida que o campo se desenvolveu, o DSM tornou-se mais do que um dicionário. Os clínicos usavam-no como uma bíblia, os estudantes usavam-no como uma enciclopédia e os investigadores usavam-no como um Santo Graal. Para a APA, que desenvolveu e publicou cada edição do DSM, o manual tornou-se uma importante fonte de lucro. O apelo de Adolf Meyer por "demonstração" ou descrição em vez de "legislação" ou classificação havia sido esquecido há muito tempo. O DSM forneceu categorias, mas a experiência humana se manifestou como um continuum da saúde ao transtorno, como Meyer sugeriu há um século.

O DSM criou uma linguagem comum, mas grande parte dessa linguagem não havia sido validada pela ciência.[9] Mesmo que os médicos pudessem concordar com a classificação, ela ainda poderia estar errada. A classificação pode ser como câncer de mama, identificando um grupo de distúrbios não relacionados que não devem ser agrupados. Ou pode ignorar os fundamentos biológicos das síndromes, não reconhecendo que pessoas com sintomas diferentes têm o mesmo distúrbio que requer o mesmo tratamento. No mundo real, os pacientes não se encaixavam perfeitamente nessas categorias do DSM, a maioria crianças e muitos adultos, qualificados para várias classificações de diagnóstico, e os dados emergentes da genética e da neuroimagem revelaram pouca base biológica para as categorias. Mais preocupante, as classificações do DSM podem simplesmente estar criando distúrbios onde não existe nenhum. A homossexualidade foi um diagnóstico até 1973. A síndrome de Asperger, uma das muitas classificações de Dylan, foi uma forma de autismo em 1994, mas desapareceu em 2012, quando o próprio autismo se tornou um transtorno do espectro autista (TEA). E o transtorno bipolar em crianças, que estava em "alta" uma década atrás, foi substituído em algumas áreas pelo "transtorno disruptivo da desregulação do humor", mais complexo linguisticamente.

Há pouca dúvida de que muitas das categorias são heterogêneas, mesmo no nível dos sintomas. Por exemplo, os critérios para o transtorno depressivo maior, a classificação atribuída à Sophia no Capítulo 3, requer cinco de nove características. Isso significa que duas pessoas com esse diagnóstico poderiam compartilhar apenas uma das nove. E existem 227 combinações de sintomas que podem levar à mesma classificação. Para piorar a situação, o desenvolvimento de um teste diagnóstico objetivo foi dificultado pelas categorias do DSM. Se um exame de sangue ou um biomarcador de imagem estivesse presente em apenas metade das pessoas que preenchiam os critérios para transtorno depressivo maior, os pesquisadores descartariam o teste como incapaz de mapear o diagnóstico em vez de descartar o diagnóstico como não mapeando a realidade. Claramente, os pacientes não estavam sendo atendidos.

Mas há um impacto mais pernicioso da abordagem diagnóstica do DSM no tratamento. Se você construir um sistema de diagnóstico com base nos sintomas, você vai se concentrar em tratamentos que são sobre o alívio dos sintomas. Se nossas abordagens para doenças cardíacas fossem para diagnosticar "dor no peito", você pode ver que nosso plano de tratamento pode terminar com analgésicos. Nossos medicamentos para ansiedade, depressão e psicose podem ser como analgésicos para dor torácica: úteis a curto prazo, mas não abordam o problema principal.

Como podemos começar a identificar algo mais profundo do que os sintomas? Neste capítulo, daremos uma olhada em duas abordagens — genômica e neurociência — que oferecem um caminho a seguir. Nenhum deles definiu o problema central, mas cada um está nos dando uma nova perspectiva que poderia criar uma maneira diferente de diagnosticar doenças mentais.

Genômica como um Caminho para a Precisão

Na maior parte da medicina, a medicina de precisão começa com a genômica. Variações individuais no DNA podem distinguir risco ou subtipos de uma variedade de condições médicas, não apenas no câncer, mas em doenças cardíacas e metabólicas. Duas décadas atrás, o investimento inteligente teria apostado que a genômica desconstruiria o diagnóstico de doença mental. Naquela época, analisamos a hereditariedade — a probabilidade de os pais transmitirem uma característica ou a probabilidade de gêmeos idênticos compartilharem uma característica — como o melhor indicador de uma causa genômica. A hereditariedade do transtorno bipolar ou da esquizofrenia superou a hereditariedade do câncer, da diabetes e da hipertensão. Em gêmeos idênticos que compartilham todo o seu DNA, a concordância da esquizofrenia é 50%,[10] 50 vezes maior do que a população em geral e 10 vezes maior do que gêmeos não idênticos. Como a genômica poderia deixar de identificar riscos ou subtipos individuais? As sequências de DNA certamente podem nos ajudar a decifrar a natureza.

A genômica dos transtornos mentais acabou sendo muito mais complicada.[11] O problema não era que não pudéssemos encontrar variações genômicas associadas a ter uma doença mental. O problema é que encontramos muitas. Para a esquizofrenia, mais de duzentas variações[12] no DNA foram identificadas.

Essas são as chamadas variações comuns, o que significa que são mudanças de base única que podem ser detectadas em pelo menos 5% da população em geral, talvez os erros de digitação que são inevitáveis em um texto de 3 bilhões de letras. A maioria dessas variações comuns está em áreas do genoma que não teríamos motivos para associar à doença mental, e cada uma delas provavelmente contribui de alguma forma para o risco de esquizofrenia. Mas nenhuma dessas variações é diagnóstico e a maioria está fora da parte do genoma que codifica as proteínas. Em contraste com as mutações descobertas para câncer ou doenças raras, nenhuma das variações genéticas associadas à doença mental pode ser considerada causal. No máximo, podem ser fatores de risco. Os cientistas agora contam o número de variações de uma varredura genômica a fim de criar uma "pontuação de risco poligênico"* para indicar o risco agregado de um indivíduo. Mas não está claro como esse conhecimento seria muito mais útil do que uma boa história familiar — já sabíamos que pessoas com histórico familiar de esquizofrenia ou transtorno bipolar estavam em risco muito maior para essas doenças.

Um resultado surpreendente é que muitos dos fatores de risco genômicos para esquizofrenia aparecem em pessoas com transtorno bipolar. Pode ser que a natureza não tenha lido nenhum dos livros didáticos psiquiátricos padrão ou a genômica da doença mental seja ampla, conferindo risco para distúrbios cerebrais de desenvolvimento em vez de especificar um conjunto de sintomas. Mas, no estado atual da ciência, é difícil apontar para qualquer coisa proveniente da genômica psiquiátrica que esteja pronta para uso clínico em diagnóstico ou tratamento, aplicações que têm se mostrado espetaculares para outras áreas da medicina. Embora o risco genético seja importante, determinantes sociais como a pobreza e o estresse da vida são muitas vezes mais importantes para o resultado e inquestionavelmente mais acionáveis.

Para ser justo, a história não acabou. Uma exceção a esse julgamento preocupante sobre a genômica dos transtornos mentais é a genômica do autismo.[13] Se a genômica da esquizofrenia foi atormentada por centenas de variações de pequeno efeito no genoma, a genômica do autismo revelou registro de dezenas de verdadeiras lesões genômicas. Em alguns casos, um longo trecho de DNA está ausente ou duplicado. Em outros casos, as bases únicas em áreas críticas são afetadas. Nem todas as pessoas com um diagnóstico de espectro autista têm uma lesão genômica que contribui para a sua condição, mas Matthew State, um dos especialistas do mundo em genética do autismo, estima, com base em

---

* Dentro da área da genética, pontuação de risco poligênico é uma estimativa que se utiliza de dados de diversas variantes genéticas em combinação para a predição de um fenótipo de um indivíduo. [N. da T.]

crianças atendidas em clínicas de pesquisa, que quase 30% terá alguma mudança genômica e muitas dessas são mutações causais. Uma descoberta inesperada: muitas dessas mudanças são *de novo*,* ou seja, não herdadas do genoma original de nenhum dos pais, mas surgindo em seus gametas (esperma ou óvulo), principalmente de mutações aleatórias na divisão de células germinativas.

Uma varredura do genoma ajudaria Dylan? O neurologista pediátrico que pensou que Dylan tinha uma forma de autismo recomendou uma varredura do genoma. Isso parecia uma boa ideia para Michael e Susan, porque eles não sabiam muito sobre os pais biológicos de Dylan. Disseram-lhes que a mãe de Dylan, que tinha 17 anos, era consumidora de drogas pesadas. Embora isso tenha levantado algumas questões, não forneceu respostas para elas. Talvez o teste do genoma ajudasse. Infelizmente, o relatório produziu dezenove variações comuns diferentes, algumas rotuladas como "fatores de risco", mas nenhuma que sugerisse uma causa ou um tratamento.

Em contraste com a genética da célula falciforme ou da fibrose cística, na qual um gene é afetado, no autismo, na esquizofrenia e no transtorno bipolar estamos encontrando muitos genes envolvidos, e a maioria deles parece contribuir para o desenvolvimento cerebral alterado. De fato, o conhecimento mais importante a emergir até agora da genômica psiquiátrica não é a descoberta de uma mutação, mas uma nova visão da doença mental: esses transtornos cada vez mais se parecem com transtornos cerebrais do desenvolvimento.[14] A constituição de um cérebro requer muito do genoma. Talvez não seja surpreendente que tantas mutações ou diferentes variações possam resultar em uma síndrome como autismo ou esquizofrenia e, potencialmente, conferir risco para distúrbios mais comuns relacionados à depressão e à ansiedade. O quadro do transtorno resultante pode ser determinado no período do desenvolvimento que os sintomas emergem, com o autismo

---

* Uma mutação *de novo* é qualquer mutação/alteração no genoma de qualquer organismo que não estava presente ou transmitido por seus pais. Esse tipo de mutação ocorre espontaneamente durante o processo de replicação do DNA durante a divisão celular em um feto cujos parentes biológicos próximos não têm a mutação. [N. da T.]

aparecendo antes dos 3 anos, TDAH aos 6 anos, esquizofrenia e transtorno bipolar aos 25 anos. O surgimento de depressão e ansiedade pode ser determinado, ainda mais do que esses transtornos altamente hereditários, por eventos adversos na infância.

Embora os eventos adversos não alterem o código genético, eles alteram claramente o código epigenético.[15] Se o código genético é o texto do DNA, o código epigenético consiste em marcas de destaque no DNA que levam à supressão ou à expressão da parte subjacente do texto. A epigenômica é um mecanismo cuja experiência muda a forma como o texto é lido. Para transtornos mentais, para os quais a experiência é tão importante quanto a herança, a epigenômica provavelmente se mostrará ainda mais crítica do que a genômica.

Imagem como um Caminho para a Precisão

Em contraste ao câncer, que pode ser considerado uma doença genética e que não é mais definido pela localização, os distúrbios cerebrais podem, de fato, depender da localização. Certamente para as desordens cerebrais classificadas como neurológicas, a localização conta. Um derrame no lado direito do cérebro causa sintomas totalmente diferentes do que a lesão do mesmo tamanho no lado esquerdo do cérebro. No âmbito neurológico, "onde" é tão importante quanto "quando" ou "o quê".

Os transtornos mentais não têm uma lesão cerebral observável. Como uma analogia aproximada com as doenças cardíacas, os transtornos mentais são as arritmias, não os infartos que deixam uma lesão. Quando os cientistas falam sobre TDAH, TOC, depressão ou esquizofrenia como um distúrbio cerebral, eles querem dizer que há um problema de circuito. A condução ou o fluxo de informações da área A para a área B é anormal. Sabemos disso a partir de estudos de imagem que mapeiam conexões no cérebro.

Nas últimas duas décadas, enquanto a revolução no sequenciamento de DNA revelou variação genômica, avanços na imagem cerebral mapearam o diagrama de fiação do cérebro e expuseram a variação individual nas conexões neurais. Ao observar como diferentes áreas do cérebro se tornaram ativas ou dormentes juntas, os neurocientistas descreveram o "conectoma", o mapa de conexões no cérebro humano.[16] Tivemos uma noção de algumas delas a partir de estudos anatômicos pós-morte, mas o cérebro vivo continha uma série de surpresas. Por exemplo, muita atenção nos últimos anos se concentrou em um circuito anteriormente não descoberto, chamado de rede de modo padrão,[17] um grupo de estruturas na linha média do cérebro que obviamente não estavam conectadas anatomicamente, mas, ainda assim, pareciam sincronizar, especialmente quando a mente não estava envolvida em uma tarefa. Alguns consideraram isso o circuito do "devaneio"; outros sugeriram que isso poderia ser crítico para a consciência ou a motivação. Surpreendentemente, a variação individual nessa rede de modo padrão sugere um dos muitos circuitos funcionais importantes na doença mental. Essa abordagem de circuito poderia produzir categorias diagnósticas mais precisas do que a contagem de sintomas?

É importante notar que o circuito não é sinônimo de estrutura. Além de uma varredura do genoma, o neurologista pediátrico solicitou uma ressonância magnética para Dylan. A ressonância magnética forneceu uma imagem elegante do cérebro de Dylan, mas não havia nada anormal ou informativo sobre a tomografia. Um dos aspectos notáveis das doenças mentais ou mesmo do autismo grave é que o cérebro parece estruturalmente normal, mesmo diante de um comportamento excessivamente anormal. Em contraste, pode-se encontrar crianças com lesões neurológicas precoces que têm estrutura cerebral extremamente anormal em face de um comportamento totalmente saudável. Estudos estruturais, como a ressonância magnética (RM), não são úteis no diagnóstico de doenças mentais, provavelmente porque o mapa físico não conta tanto quanto o tráfego entre áreas cerebrais.

O conectoma, no entanto, pode ser avaliado com uma RMF, em que o "f" significa "funcional". A ressonância magnética funcional fornece informações de atividade e de conectividade, revelando as áreas que estão funcionalmente envolvidas durante uma tarefa ou mesmo, como na rede-padrão, durante o descanso. O neurologista de Dylan havia lido relatos de que as crianças com TDAH tinham conectividade reduzida entre as áreas cerebrais envolvidas com a atenção, e que as crianças com irritabilidade mostraram déficits na modulação das áreas cerebrais importantes para o processamento da frustração e a inibição do comportamento. Mas ele concluiu, corretamente, que esses ainda eram resultados de pesquisa e ainda não eram úteis para diagnóstico ou seleção de tratamento.

Embora os exames em crianças ainda não tenham revelado um biomarcador diagnóstico,[18] estudos em adultos com depressão pareceram mais promissores. Pesquisas usando imagens de conectividade cerebral em repouso sugerem que a categoria DSM de transtorno depressivo maior é, pelo menos, quatro transtornos distintos com diferentes assinaturas cerebrais, ou "biotipos". No biotipo I há redução da conectividade entre o córtex frontal e a amígdala, áreas associadas ao medo e à avaliação da emoção. O biotipo II mostra conectividade reduzida nas áreas cingulada anterior e orbitofrontal, parte dessa rede de modo padrão, apoiando a motivação e a tomada de decisão. O biotipo III apresenta conectividade alterada em redes talâmicas e frontostriatais, circuitos que suportam o processamento da recompensa e o início da ação. E o biotipo IV mostra uma combinação de características do I e do III. Esses subtipos não podem ser identificados apenas por características clínicas ou gravidade, mas estão associados a diferentes perfis de sintomas. Enquanto pessoas com diferentes biotipos diferem em medidas de ansiedade e anedonia (falta de prazer), esses estudos de conectividade cerebral dão mais precisão do que os sintomas clínicos.

Eles também se correlacionam com a resposta ao tratamento.[19] Aproximadamente 80% das pessoas no biotipo I responderam à estimulação magnética transcraniana. Para os outros três biotipos, a taxa de resposta foi inferior a 50%. Em um estudo semelhante de conectividade cerebral e TEPT, a RMF previu com precisão que certos pacientes não responderiam à psicoterapia. Biotipos semelhantes foram descritos para pessoas com esquizofrenia. E, recentemente, os achados de neuroimagem foram replicados com eletroencefalografia (EEG),[20] que é uma abordagem menos cara e mais fácil de classificar. A ciência não progrediu tanto para as crianças, então Dylan ainda não poderia se beneficiar. Mas parece provável que a pesquisa usando a imagem latente, junto a outras medidas, enfim fornecerá categorias diagnósticas mais precisas que podem melhorar a seleção do tratamento para crianças e para adultos.

Talvez o único resultado que já podemos reivindicar da revolução da neurociência seja conceitual. A ideia de doença mental como um "desequilíbrio químico" agora deu lugar a doenças mentais como distúrbios das conexões neurais* ou do circuito cerebral.[21] Na verdade, a evidência de circuitos cerebrais anormais nem sempre é consistente ou específica. E o conceito de circuitos, emprestado da eletrônica, pode ser uma metáfora imprecisa de como o cérebro realmente funciona. No entanto, essa abordagem centrada no cérebro tem o benefício de se concentrar na plasticidade ou na mudança de circuito como o objetivo do tratamento, uma meta que pode ser alcançada por medicação, psicoterapia, experiência ou uma combinação desses muitos fatores.

Acrescento que a revolução neurocientífica parece ter transformado a forma como os psiquiatras pensam, se não como praticam. As tomografias cerebrais podem não fazer parte de todos os exames de diagnóstico, mas fomos muito além de um foco limitado na serotonina ou na dopamina; de forma que consideramos os transtornos mentais como uma mudança na atividade das redes cerebrais. Os biomarcadores que precisamos para precisão podem não exigir uma biópsia para um diagnóstico molecular como vemos para o câncer de mama, mas podem combinar sinais de uma medida cerebral como o EEG (que um dia pode estar presente em todos os consultórios de cuidados primários, da mesma maneira que o eletrocardiograma é um teste-padrão de cuidados primários hoje), testes cognitivos (que são basicamente medidas funcionais do cérebro), sinais e sintomas clínicos, medidas digitais (como veremos em um capítulo posterior) e avaliações do contexto social e ambiental.

Precisamos de Diagnóstico?

Todos os itens anteriores pressupõem que o diagnóstico é importante. Muitos contestariam esse ponto, argumentando que as classificações, precisas ou não, atrapalham a recuperação. Eles argumentam que mais do que transmitir uma falsa compreensão, colocar uma classificação no sofrimento humano torna patológica a variação normal e medicaliza a experiência humana. A abordagem médica, é claro, afirma que você precisa definir o problema antes de identificar a solução. Em uma versão cativante desse conceito, os especialistas em desenvolvimento dizem às crianças, que lutam com a emoção, que precisam "nomeá-la para domá-la". Defendo que precisamos de uma abordagem médica para definir o problema, mas de abordagens sociais e relacionais para resolvê-lo.

Mas há uma área em que cada tentativa de estabelecer classificações de diagnósticos precisos, válidos ou confiáveis parece fracassar. Crianças como Dylan não se encaixam. A gama classificações usadas — transtorno de déficit de atenção e hiperatividade, transtorno de conduta, transtorno de oposição desafiante — parece funcionar no papel, mas a maioria das crianças que acabam no consultório de um psiquiatra mostra uma mistura dinâmica dessas características fortemente temperadas com sintomas de humor e de ansiedade. Acrescente trauma a essa mistura e verá uma sopa de diagnósticos. Na verdade, é incomum ver uma criança que, na prática, tenha apenas uma única classificação de diagnóstico. A maioria, como Dylan, tem uma série de diagnósticos às vezes mais relacionados ao que as seguradoras reembolsarão ou aos que merecerão acomodações em sala de aula do que a qualquer coisa sobre sua doença. E acompanhar qualquer criança ao longo do tempo revela a loucura de classificar com um carimbo de diagnóstico em um único ponto no tempo. Os cérebros se desenvolvem, as crianças amadurecem e as manifestações de angústia evoluem, de modo que os acessos de raiva dão lugar à autolesão e a timidez se torna fobia social.

Contudo, mais especificamente, o diagnóstico mais preciso não parece ser relevante para o tratamento, pelo menos para crianças com depressão e ansiedade. Depois de revisar a bibliografia sobre terapias psicológicas para crianças e jovens com depressão, ansiedade ou transtornos de conduta, John Weisz, um eminente psicólogo de Harvard, concluiu que havia apenas cinco princípios de tratamento, independentemente do diagnóstico. Usando o que ele chama de "abordagem transdiagnóstica",[22] os princípios de Weisz para a terapia são: (a) se sentir calmo, como por meio da atenção plena; (b) aumentar a motivação, como por meio de incentivos ao bom comportamento; (c) reparar pensamentos, como descrevemos com o viés de ressignificação na terapia cognitivo-comportamental; (d) resolver problemas por meio da definição de metas; e (e) tentar o oposto, por meio da exposição, para superar a evitação, ou ativação comportamental para a depressão. A aplicação desses princípios não depende de um rótulo DSM ou de um código de diagnóstico. Eu ainda me pergunto se essa abordagem é um obstáculo até que desenvolvamos uma compreensão mais profunda das várias formas de sofrimento no desenvolvimento. Mas o trabalho de Weisz nos lembra de que às vezes podemos consertar os tratamentos antes de consertar o diagnóstico. E, mais importante para a saúde pública, Weisz sugere que o domínio desses princípios por profissionais de saúde mental com ou sem diploma pode levar a resultados positivos.

Portanto, se Weisz estiver correto, o diagnóstico ainda é importante, mas pode ser mais simples do que pensamos para as crianças. Talvez algumas categorias sejam suficientes: humor, ansiedade e problemas de conduta, em uma categoria que responda aos cinco princípios da terapia; déficits sociais, como o transtorno do espectro autista, em uma categoria que responda a outro conjunto de tratamentos; e dificuldades de aprendizagem para outra. É importante ressaltar que esses rótulos se referem a sintomas e a problemas; eles não definem crianças e jovens.

O mesmo vale para os adultos. Tratamentos com elementos comuns[23] foram desenvolvidos para servir pessoas com uma variedade de diagnósticos. Afinal, o diagnóstico é uma forma de descrever sintomas e sinais, não uma definição de identidade. Como o psiquiatra Herb Pardes, um sábio mentor, me disse no início da minha carreira: "Quando você me diz que um paciente tem esquizofrenia, você me falou talvez 5% do que eu quero saber sobre essa pessoa."

Para Dylan, nem a genômica nem a imagem se mostraram úteis para estabelecer um diagnóstico. Weisz provavelmente teria se concentrado em problemas de humor, ansiedade e birras. Ele teria saltado direto para as terapias principais, incluindo ensinar a Dylan atenção plena e regulação do humor. Acontece que Dylan se saiu bem mesmo sem se consultar com o Dr. Weisz. Na terceira série foi transferido para uma escola particular, onde recebeu atenção mais individualizada. Na mesma época, ele começou a tomar doses baixas de metilfenidato (Ritalina), um estimulante que parecia reduzir suas explosões de atividade e seus acessos de raiva. Seus pais ainda têm momentos de cautela, quando sentem que ele pode explodir ou se autodestruir, mas, com sua entrada no ensino médio, eles estão mais confiantes de que Dylan está no caminho certo.

Não sei se o futuro Manual de Diagnóstico, o que Gary Greenberg chamou de Livro da Infelicidade,[24] incluirá quinhentos ou cinquenta ou cinco classificações, mas acredito que o diagnóstico precisa atender mais aos pacientes do que aos provedores ou financiadores (ou conselhos profissionais). E, apesar da promessa dessas abordagens de diagnóstico, acredito que o caminho para melhores resultados passará por um melhor diagnóstico. O atual sistema DSM, que busca confiabilidade — uma definição padronizada —, impediu que os cientistas estabelecessem validade — uma classificação precisa. O próximo sistema de diagnóstico precisa se esforçar para obter precisão, permitindo que cada pessoa obtenha o tratamento com maior probabilidade de funcionar, não para uma população, mas para essa pessoa. Com ferramentas de neurociência, testes cognitivos e outras inovações, podemos trazer medidas objetivas para aumentar o que surgir como o próximo guia de diagnóstico. Agora temos tração para estabelecer a medicina de precisão para a saúde mental. Mas, no impulso para o progresso, estamos enfrentando mais do que a biologia. Atitudes negativas sobre diagnóstico e tratamento podem se revelar um desafio maior.

7.
ALÉM DO ESTIGMA

> Eu tinha que decidir. Quero me matar ou quero ir a um psiquiatra? Eu me odiava o suficiente para querer morrer, mas não tanto para me tornar um doente mental.
>
> — Sobrevivente de suicídio, compartilhado com a Força-tarefa de Prevenção ao Suicídio, 2014

Alguns anos atrás, a atriz Glenn Close filmou um anúncio de serviço público que eu nunca esquecerei. Glenn estava sentada sozinha em um banco sob o holofote em um palco vazio, olhando diretamente para a câmera. Com voz monótona, ela afirma lenta e calmamente: "Eu tenho uma doença mental." Depois de uma pausa incômoda de três segundos, ela acrescenta: "Na minha família." Nessa mensagem simples, ela está nos desafiando a considerar como nossos sentimentos mudaram ao longo desses três segundos. Diante da admissão de alguém a respeito de uma doença mental, estamos com medo, sentindo repulsa ou estamos julgando? O quanto adicionar "na minha família" muda nossa reação de medo e afastamento para empatia e apoio?

Quando comecei a olhar para a crise da saúde mental como jornalista em vez de psiquiatra, de repente percebi que a maioria dos cuidados que acontecem no mundo não são administrados por médicos ou enfermeiros, mas por famílias e comunidades.[1] Em quase todas as conversas que tive com famílias e defensores, eles apontaram o "estigma" como o maior problema em saúde mental. O estigma é a razão pela qual não há cobertura adequada de planos de saúde. O estigma é a razão pela qual há pouquíssimo financiamento para a pesquisa. O estigma é a razão pela qual não fizemos mais progressos na solução de transtornos mentais. O estigma cria a visão de "estranhamento" das pessoas com doença mental, o julgamento implícito que Glenn Close estava tentando revelar. Glenn, que de fato tem membros da família com TMG, agora se dedica a combater o estigma por meio de sua fundação, BringChange2Mind [Traga a mudança à mente, em tradução livre].[2] E, como ela diz frequentemente como membro da família e defensora, o estigma é o motivo pelo qual as pessoas não recebem tratamento.

Pesquisas sobre estigma e doenças mentais indicam que existem atitudes consistentes e negativas em relação às pessoas com TMG. Nas últimas duas décadas, Bernice Pescosolido,[3] da Universidade de Indiana, mapeou atitudes em relação a pessoas com doenças mentais, não apenas nos EUA, mas em todo o Ocidente. Sua pesquisa sobre o estigma mostra que os norte-americanos respondem à doença mental com medo e afastamento. E essa reação se mantém através de gerações e independe de etnias e geografia. Em uma época de partidarismo e polarização, o estigma é algo que todos partilhamos.

O estigma, como Glenn Close sugeriu, está embutido no próprio reconhecimento de doenças mentais, geralmente cristalizadas em torno de um diagnóstico. No capítulo anterior, vimos a dificuldade em desenvolver classificações precisas e válidas para transtornos mentais. Há, de fato, algo diferente no diagnóstico de uma doença mental, em relação a doenças cardíacas ou câncer. Há muito mais drama. É difícil imaginar reportagens, podcasts e livros surgindo ao redor do DSM para qualquer alteração nos critérios de diagnóstico de hipertensão ou adenocarcinoma. O diagnóstico de uma doença mental é carregado de emoção. E a mudança traz à tona questões sobre a validade de todo o empreendimento.

Em contraste com outras doenças que "você contrai" ou "você tem", para muitas pessoas, uma doença mental ainda define quem "você é". Esquizofrenia, depressão e TDAH não são apenas doenças; elas se tornam identidades. O cérebro é o órgão que define quem somos, então talvez não seja surpreendente que um distúrbio cerebral que muda como pensamos, como nos sentimos e como nos comportamos seja visto como mais fundamental do que um distúrbio do pâncreas, do coração ou do intestino.

A complexidade do cérebro e o antigo mistério dos transtornos da mente nos deixam com uma atitude, em relação aos transtornos mentais, que é qualitativamente diferente de qualquer outro problema médico. Somando-se a essa confusão de identidade com a doença, o cartão de visita para a maioria dos transtornos mentais chega na adolescência ou no início da idade adulta, quando a identidade está apenas sendo formada. E eles inevitavelmente chegam com culpa e vergonha.

Quando eu era estudante de medicina, o câncer provocava o mesmo tipo de vergonha. Como estudantes, fomos aconselhados a não usar a palavra "câncer" com os pacientes. E, mais recentemente, a AIDS era a doença "que não deve ser mencionada". Antes que os tratamentos para o câncer e a AIDS se tornassem tão bem-sucedidos, o diagnóstico dessas doenças carregava o peso que ainda vemos com a doença mental. Hoje, a esperança de recuperação e de cura faz parte da narrativa em torno dessas doenças, e não surpreendentemente existem grandes grupos de defesa para pesquisa em câncer e AIDS, e celebridades apoiam eventos de gala para essas doenças.

É tentador acreditar que, quando tivermos tratamentos igualmente eficazes para os transtornos mentais, o estigma e a vergonha em torno desses misteriosos transtornos cerebrais desaparecerão da mesma forma, e nós, como nação, abordaremos a doença mental com a mesma tenacidade e o mesmo financiamento que transformou os tratamentos para o câncer e a AIDS. Tentador, mas irrealista, porque, como vimos, temos tratamentos eficazes para doenças mentais. Diferentemente desses outros percalços, as pessoas que sofrem de doenças mentais enfrentam esse desafio pernicioso e penetrante que a comunidade de defesa chama de estigma.

Para mim, a palavra "estigma" invoca a vitimização e, infelizmente, a inação. Prefiro o termo "discriminação", que anuncia um apelo à justiça social. O "estigma" por si só não lançará um movimento de direitos civis para superar a exclusão sistêmica do cuidado. Como vimos com a criminalização e a falta de moradia, em termos de cuidados de saúde, as pessoas com doenças mentais graves não estão apenas no quartil inferior dos resultados. Estão isoladas do resto da sociedade. Devemos dar nome ao que é: discriminação, alimentada pelo medo e pela ignorância. É o que Glenn Close queria que sentíssemos durante esses três segundos antes de pronunciar as palavras transformadoras "na minha família."

Isso não quer dizer que o medo e o distanciamento sejam necessariamente irracionais. Os defensores da saúde mental e os defensores do antiestigma podem não querer ouvir isso, mas os dados são claros. Pessoas com doença mental não tratada são mais propensas a ser irracionais, perturbadas e, sim, mais violentas do que pessoas sem TMG.[4] Normalmente, a violência é autodirigida, levando ao suicídio ou à autolesão. E existem dados, igualmente convincentes, de que as pessoas tratadas por uma doença mental não são mais propensas a serem violentas do que aquelas sem doença mental. Na verdade, é mais provável que sejam vítimas do que criminosos. A pesquisa nos lembra de que o medo e o afastamento são consequências da falta de tratamento, não da presença de doença. O que nos leva à questão de por que tão poucas pessoas recebem tratamento.

Tratamento? Não, Obrigado

O termo "estigma" descreve com mais precisão atitudes negativas em relação aos tratamentos. Estranhamente, para transtornos mentais, o estigma sobre o tratamento pode superar as atitudes negativas em relação aos próprios transtornos. Talvez seja por isso que os formulários de emprego podem perguntar se você tem câncer, diabetes, doenças cardíacas ou histórico de tratamento para uma condição mental. Como se receber tratamento fosse o problema e não a solução.

Considere a terapia eletroconvulsiva, ou ECT. Esse tratamento é eficaz em cerca de 80% das pessoas com depressão grave, incluindo 50% daqueles que todos os outros tratamentos falharam. No entanto, por décadas após Randle McMurphy ser eletrocutado à força em *Um Estranho no Ninho*, a ECT foi quase um tratamento tabu. A certa altura, Berkeley, Califórnia, proibiu o tratamento. Grupos antipsiquiátricos o demonizaram. No Colorado e no Texas, a ECT é proibida para crianças menores de 16 anos. Na Flórida e no Missouri, há restrições sobre a ECT nas notas de Roy Richard Grinker em *Nobody's Normal* [sem tradução para o português], seu livro sobre estigma,[5] "Com exceção do aborto, não estou ciente de nenhuma outra tentativa por parte das legislaturas estaduais de regular os procedimentos médicos que são aprovados pelo governo federal e pela profissão médica como um todo".

Algumas celebridades tentaram reduzir as atitudes negativas em relação à ECT. A falecida Carrie Fisher,[6] que a maioria das pessoas conhece como a Princesa Leia do filme *Star Wars* original, escreveu sobre a ECT como uma tábua de salvação em seu livro, *Shockaholic*. E Kitty Dukakis,[7] que lutou contra a depressão durante a campanha presidencial de seu marido em 1988, descreve a ECT como uma cura milagrosa em seu livro *Shock*. A série do canal Showtime, *Homeland*, terminou a primeira temporada com a sua estrela, Carrie Mathison, interpretada por Claire Danes, recebendo voluntariamente ECT enquanto a sua amada irmã assiste. Mas nem esses esforços populares nem os relatórios científicos converteram um público cético. A ECT permanece reservada como tratamento de último recurso para depressão grave. A pesquisa da SAMHSA sobre os tratamentos disponíveis mostra a ECT em apenas 6% das instalações que oferecem tratamento de saúde mental.[8] Uma pesquisa nacional de pacientes com seguro privado encontrou apenas 0,25% das pessoas com depressão tratadas com ECT.[9]

Imagine que tivéssemos um tratamento que reverteria a doença de Alzheimer em 80% das pessoas e ninguém o usou, exceto em circunstâncias extraordinárias. Imagine que esse tratamento foi reembolsado pelo Medicare, aprovado pela FDA (citando evidências de 60 ensaios clínicos randomizados), está disponível há mais de 80 anos, e ainda assim apenas 6% das instalações o ofereceram e menos de 1% dos pacientes o receberam. Me parece estigma. Ou não deveríamos dizer "discriminação"?

E não é só a ECT, há algo mais profundo aqui. Há alguns anos, o jornal britânico *The Guardian* publicou uma reportagem sobre a mudança nos padrões de uso de medicamentos na Grã-Bretanha.[10] Vários medicamentos, incluindo anti-hipertensivos, medicamentos para baixar o colesterol e antidepressivos, aumentaram em uso. Para todos os outros medicamentos, essa era uma boa notícia, mais pessoas recebiam cuidados. Mas para pessoas contra antidepressivos isso foi um escândalo. Mais pessoas sendo drogadas.

O que está havendo aqui? Essa atitude negativa a respeito do tratamento é o resultado da ignorância ou da discriminação? As terapias modernas estão maculadas pelo legado da lobotomia e da hipotermia? Existe a sensação de que a doença mental é mais uma construção social do que um problema médico, de modo que os tratamentos são apenas parte de uma vasta conspiração de marketing? Ou há um preconceito implícito de que as pessoas com doença mental não garantem o investimento em tratamento, que devem apenas se recompor e parar de esperar que o seguro subsidie sua preguiça?

Confesso que uma vez tive o mesmo preconceito contra a medicação. Mesmo depois de realizar ensaios clínicos de novos medicamentos e de observar ótimas respostas em meus pacientes, eu estava relutante em usar medicamentos psiquiátricos em minha própria família. Quando meu filho mostrou todos os sinais de TDAH, minha esposa e eu fomos à terapia, a uma escola especial e ao treinamento de pais antes de considerarmos uma droga estimulante. Nosso filho de 8 anos, todo saudável, usando uma droga psicotrópica? De jeito nenhum — até que um amigo, psiquiatra infantil, recomendou um teste-piloto de metilfenidato (vendido sob o nome comercial Ritalina). Ao contrário dos antidepressivos e dos antipsicóticos, os estimulantes têm efeitos rápidos. Em poucas horas, vimos nosso dervixe rodopiante* desacelerar, guardar seus brinquedos e começar a ouvir pela primeira vez. Ficamos atordoados. Mas o nosso filho não ficou impressionado. Perguntamos sobre a medicação uma semana depois. Sua resposta continua sendo uma das declarações mais convincentes que já ouvi sobre psicofarmacologia. "Não faz muito por mim, pai, mas torna todos os outros muito mais agradáveis."

As pessoas com TMG são alguns dos membros mais desprivilegiados e sem voz da nossa sociedade, e estão mal-equipadas para combater a discriminação em torno do tratamento ou de suas doenças. Para afirmar o óbvio, um jovem adulto que cuida da própria vida enquanto luta contra a psicose não é a pessoa mais capaz de se defender. Nos últimos anos, a luta pela paridade, pela habitação e pelos cuidados de saúde para aqueles com TMG assumiu muitos dos aspectos do movimento dos direitos civis. Na verdade, Patrick Kennedy chamou a campanha para pessoas com TMG de "luta pelos direitos civis do nosso tempo".[11]

Mas o que se perde na discussão sobre discriminação e atitudes negativas sobre tratamento e até mesmo direitos civis é a complicada experiência de ter uma doença mental. Enquanto os pacientes com câncer lutam para obter cuidados, as pessoas com psicose lutam para resistir. Essa resistência é, em parte, sobre os efeitos colaterais dos medicamentos ou a indignidade da internação, mas também, em muitos casos, por-

---

* Os dervixes são uma confraria religiosa muçulmana de caráter ascético ou místico (sufi). Os sufis buscam o contato com Deus por meio de cânticos, orações, música e com a dança rodopiante. [N. da T.]

que a irracionalidade da psicose confere uma espécie de cegueira cognitiva, completa com uma certeza paranoica de que todos os outros estão faltando com a verdade.

E as pessoas com doenças mentais certamente não são imunes à nossa hostilidade cultural em relação ao tratamento psiquiátrico. Há alguns anos, conversei com um jovem que sobreviveu a uma horrível tentativa de suicídio. Ele nunca tinha sido tratado por sua depressão antes da tentativa. Quando perguntei a ele sobre isso, ele compartilhou comigo a citação que apresenta este capítulo. Pensem nisso, durante um momento. Ele literalmente prefere morrer do que procurar tratamento psiquiátrico. É mais difícil imaginar que alguém com câncer ou doença cardíaca grave recusaria o tratamento dessa maneira. Mas se o fizessem, sim, provavelmente os encaminharíamos para ajuda psiquiátrica.

Cuidados Involuntários

O tratamento involuntário é o lado escuro inevitável desse campo. Tudo o que defendemos na medicina sobre compaixão e empatia pelo paciente parece se dissolver no momento em que um adulto com psicose é tratado contra sua vontade. Impedir que alguém se machuque ou machuque outro é parte fundamental do tratamento de saúde mental, com responsabilidade legal para o clínico que não fizer isso. A escolha raramente é fácil, pois a internação involuntária corre o risco de violar a confiança e destruir um relacionamento. Mas uma falha em intervir quando alguém é um perigo iminente é uma leitura errada do poder da doença mental e uma falha em apoiar a parte não psicótica da pessoa.

A questão do tratamento involuntário faz parte de um enigma maior e crônico de encontrar um equilíbrio entre as liberdades civis individuais e a segurança pública coletiva. Encontrar esse equilíbrio nunca foi fácil ou permanente. O ponto de ajuste é influenciado pela cultura, pelo estágio da vida e pelos eventos. Por exemplo, Singapura tem cuidados intensos para estabelecer a segurança pública. Como um empresário de Singapura me disse uma vez: "Nos EUA, você é livre para usar drogas e ficar sem-teto. Em Singapura você é livre para desfrutar de uma cidade limpa e segura. Escolha a sua liberdade." Mas mesmo nos EUA há dois pesos e duas medidas sobre cuidados involuntários. A mesma pessoa que sente que é coercitivo forçar o cuidado de um psicótico de 20 anos, que vagueia nu no trânsito, provavelmente sente que é compassivo forçar o cuidado de um demente de 70 anos que faz exatamente a mesma coisa. E, depois de cada tiroteio em massa que envolve psicose não tratada, ouvimos de pessoas que eram libertárias civis os apelos para "trancá-las", "mantê-las longe de armas", "reabrir os manicômios".[12]

A história revela quão profundamente pendemos contra as liberdades civis individuais daqueles com TMG. Seja presos em penitenciárias, armazenados em instituições estatais ou lutando na comunidade, o medo e o distanciamento guiaram nossa abordagem. No século passado, cerca de sessenta mil esterilizações[13] foram forçadas sobre os norte-americanos com TMG ou déficits intelectuais. De fato, as leis de esterilização,[14] protegidas pelo Supremo Tribunal dos EUA, foram promulgadas em 27 estados. Isso não é história antiga. Na Califórnia, onde cerca de vinte mil pessoas foram submetidas à esterilização,[15] a prática foi proibida apenas em 2014.

Como um exemplo adicional de parcialidade com a segurança pública e contra os direitos individuais, a hospitalização involuntária é possivelmente mais comum hoje do que em qualquer momento no passado, impulsionada, como vimos no Capítulo 4, por um requisito para demonstrar "necessidade médica". Os critérios para o tratamento involuntário variam de estado para estado, com alguns citando "necessidade psiquiátrica" e outros "ameaça iminente a si mesmo ou aos outros". Notavelmente, esses critérios são subjetivos e podem ser desafiadores.

Um ensaio esclarecedor do *New England Journal of Medicine* resume os acertos e erros que os profissionais médicos cometem.[16] O Dr. Jim O'Connell, que fundou o projeto Saúde para os Desabrigados de Boston, tentou persuadir um homem com esquizofrenia paranoica a sair de sua caixa de papelão, sob uma ponte, para um abrigo para pessoas sem-teto. O homem recusou, dizendo: "Aqui fora, eu sei que todas as vozes são minhas. Se eu for para o abrigo, não sei a quem pertencem." Mas ele aprendeu que honrar esses desejos pode ser um erro de omissão. Uma mulher sem-teto que rejeitou o atendimento por dois anos e meio, gritando com a equipe de assistentes sociais quando eles se aproximavam, foi finalmente internada para tratamento involuntário quando ela se tornou uma ameaça. Três anos depois, O'Connell a viu em uma reunião do conselho de uma organização sem fins lucrativos. Encontrando-a totalmente transformada, ele comentou: "Você está fabulosa." A resposta dela: "Vai se ferrar. Você me deixou lá por todos esses anos e não ajudou."

O julgamento prejudicado é um componente inevitável de doença mental grave. O termo neurológico "anosognosia" tradicionalmente descrevia uma síndrome de negação que acompanhava lesões no lado direito do cérebro. Muitas vezes, os pacientes que tiveram um acidente vascular cerebral, que infarta o lobo parietal direito, não conseguem reconhecer que o braço esquerdo ou a perna esquerda estão paralisados. É um sintoma extraordinário, uma negação completa de que parte do corpo deles é afetada, mesmo quando está completamente paralisado. Anos atrás, quando confrontei um paciente neurológico idoso, um sobrevivente do Holocausto, com o fato óbvio de que ele não podia mover o braço, ele explicou: "Não, está tudo bem, este é o jeito do meu povo."

Essa negação de doença também é,[17] em algum momento, observada em até metade das pessoas com TMG. Assim como com os pacientes com AVC, não há apresentação de fatos, nenhum argumento, que rompa a ilusão paranoica. A psicose, por definição, é uma separação da realidade consensual. Quando a psicose (ou um acidente vascular cerebral) é acompanhada por essa profunda falta de percepção, como muitas vezes acontece, o cuidado pode exigir restringir o comportamento de uma pessoa até que o tratamento possa restaurar a capacidade de navegar pelo mundo com segurança. Isso é igualmente verdade para as pessoas que apresentam comportamento suicida, incapazes de imaginar um caminho a seguir. É importante perceber que a escolha entre liberdades individuais e segurança pública pode ser uma falsa dicotomia. Muitas vezes, a escolha não é entre os direitos individuais e a segurança pública, mas entre a doença de um indivíduo e a segurança pessoal.

Há muitos anos, Tad Friend escreveu uma matéria fascinante para o *New Yorker* chamada "Jumpers" [Saltadores, em tradução livre].[18] Esse artigo acompanhou algumas das 26 pessoas que saltaram da Ponte Golden Gate e sobreviveram. A experiência foi quase unânime: a queda de quatro segundos parecia durar para sempre e, em quase todos os casos, levou a mudar de ideia. "Ken Baldwin tinha 28 anos e estava gravemente deprimido; em um dia de agosto de 1985, quando disse à esposa para não esperá-lo, pois chegaria muito tarde. 'Eu queria desaparecer', disse ele. 'Então a Golden Gate era o local. Ouvi dizer que a água apenas te engole. Na ponte, Baldwin contou até dez e permaneceu paralisado. Ele contou até dez novamente, depois saltou. 'Ainda vejo minhas mãos saindo do corrimão', disse ele. Enquanto ele caía, Baldwin lembra: 'Percebi instantaneamente que tudo na minha vida que eu achava que era incorrigível era totalmente consertável, exceto por ter acabado de pular.'"

Atendimento Ambulatorial Assistido

Grande parte do debate atual sobre o tratamento involuntário envolve uma forma de atendimento ambulatorial eufemisticamente chamada de tratamento ambulatorial assistido — do original, *assisted outpatient treatment* (AOT). O AOT é essencialmente um tratamento compulsório na comunidade sob termo de internação.[19] A abordagem, desenvolvida no estado de Nova York como Lei de Kendra,[20] foi consequência de um incidente, em 1999, quando Andrew Goldstein, então com 29 anos, diagnosticado com esquizofrenia, mas sem medicação, empurrou Kendra Webdale na frente de um trem que se aproximava na estação da Rua 23. A Lei de Kendra, apresentada pelo governador George E. Pataki, foi criada como resposta a esse e a outros incidentes de violência de pessoas com TMG que não estavam tomando medicamentos. Leis semelhantes foram desenvolvidas em outros estados.

O AOT pode ter enormes benefícios. Considere o caso de Lucy, que não teve um episódio maníaco em trinta anos. Em sua juventude, o transtorno bipolar misturado com abuso de drogas e álcool lhe rendeu uma reputação como uma garota descontrolada e festeira. Aos vinte e poucos anos, ela se estabeleceu, criou uma família e, por muitos anos, trabalhou como caixa no mercado local. Mas, na casa dos cinquenta, depois que o marido morreu de câncer de pulmão e o filho saiu de casa, a mania voltou. No início, curtiu a vida adoidada, fugiu com um homem mais jovem e preencheu suas noites sem dormir acessando a internet e usando o telefone. Mas, quando o novo namorado fugiu com o dinheiro e o carro, a mania de Lucy assumiu um lado paranoico e irritado. Ela foi presa no prédio do FBI, exigindo explicações do diretor sobre escutas ilegais no telefone dela. E, apenas algumas horas após a prisão, ela foi detida novamente por perturbar a paz enquanto rasgava as roupas e reclamava sobre a vigilância do governo, no meio da Rua 16 em Washington, capital. Após sua segunda prisão, ela foi para a Cadeia do Distrito de Columbia, onde finalmente foi avaliada por doença mental. Quando ela se apresentou a um juiz no dia seguinte, ele usou o estatuto do AOT para exigir que Lucy recebesse tratamento como forma de evitar uma internação forçada ou encarceramento.

No caso de Lucy, AOT significava medicação e conexão com uma assistente social em uma clínica comunitária, que envolveu o filho de Lucy como cuidador temporário. Depois de uma semana de medicação e várias noites de sono, Lucy ficou menos psicótica. Ela frequentava grupos diários de Alcoólicos Anônimos, para o que ela chamava de "alicerçar". Embora houvesse alguns momentos tensos com o filho e a nora, momentos em que ela ainda era desconfiada e incoerente, dias em que ela queria interromper a medicação e cancelar sua consulta clínica, a ameaça de ser internada no hospital ou levada para a prisão era suficiente para mantê-la envolvida no tratamento.

Em alguns estados, o AOT tem sido chamada de internação ambulatorial. Nas últimas duas décadas, alguma forma de AOT foi implementada em todos os estados, exceto Maryland, Massachusetts e Connecticut.

A Lei das Curas do Século XXI, de 2016,[21] forneceu mais financiamento e apoio para o AOT. O debate sobre o AOT recapitula o debate mais amplo sobre direitos individuais *versus* segurança pública. Os libertários civis e os defensores antipsiquiatria veem o AOT como uma violação dos direitos individuais. Os defensores do tratamento e as autoridades de segurança pública consideram o AOT uma alternativa compassiva à internação involuntária ou à prisão. Existem dados para apoiar ambas as perspectivas. Uma avaliação de 2017 de três ensaios clínicos[22] não encontrou diferença no uso do serviço ou nos resultados de qualidade de vida para as pessoas que recebem AOT *versus* cuidados voluntários supervisionados. Curiosamente, esse relatório notou que os pacientes que recebiam AOT eram menos propensos a serem vítimas de violência. Mas estudos de AOT em Nova York,[23] onde essa abordagem é frequentemente usada como parte do planejamento de alta, demonstraram resultados notáveis com altos níveis de satisfação do paciente e melhores resultados clínicos. A diferença parece ser que Nova York embrulhou o AOT em um conjunto de serviços que garantiram que os pacientes seguissem tratamentos adequados. A internação ambulatorial, por si só, pode ser ineficaz, mas os dados de Nova York demonstram que ela em conjunto com o cuidado de alta qualidade é comprovada como melhor do que as alternativas de internação ou falta de atendimento.[24] Uma maneira de pensar sobre o AOT é que o cuidado obrigatório é de ambos os lados. Não só o indivíduo deve aceitar o cuidado, mas o governo deve fornecê-lo. Como a história de Lucy mostra, o AOT só funciona quando ambas as partes estão comprometidas.

Assim, a questão da discriminação é muito mais complicada do que o medo e a evasão de pessoas com doença mental ou as atitudes negativas em relação aos tratamentos disponíveis. Há questões mais profundas que forçam os provedores, os pacientes e as famílias a entrar nesse caldeirão de direitos individuais *versus* necessidades coletivas. A falta de julgamento inerente à psicose, ou a ausência de perspectiva que alimenta o suicídio se tornam problemas para todos nós, enquanto tentamos decidir o que é compassivo e o que é coercitivo, percebendo que às vezes essas determinações podem se sobrepor. É mais piedoso cuidar de alguém que o recusa ou permitir que uma jovem sem-teto com TMG morra com seus direitos?

Para um psiquiatra, que detém as chaves desse "reino dos enfermos", raramente há conforto em internar um paciente para cuidados que eles recusam. Sim, o ganho a curto prazo é claro, pois os tratamentos podem controlar os sintomas e prevenir um suicídio. Mas o ganho a longo prazo é menos claro. A talentosa terapeuta Marsha Linehan, que era uma das minhas conselheiras do NIMH, costumava dizer que não há nada pior que hospitalizar um paciente suicida. "Quando você interna um paciente, você está dizendo que eles não têm mais jeito. Você está dizendo: 'Eu não posso ajudá-lo.' Uma pessoa suicida não precisa de uma unidade fechada. Ele precisa de uma razão para viver."

A verdade é que atitudes sobre pessoas com doença mental, sobre tratamentos para doenças mentais e sobre nossas necessidades coletivas complicam a forma como pacientes, famílias e provedores se envolvem. Décadas de culpa e vergonha estão sendo substituídas apenas pela vontade de falar sobre os direitos e responsabilidades dos pacientes e os direitos e responsabilidades das famílias e dos governos de prestar assistência. Na Alemanha, as famílias são financiadas e até treinadas para cuidar de seu filho ou filha com doença mental. Como veremos em um capítulo adiante, na cidade belga de Gheel, pessoas com doenças mentais são incluídas na comunidade por meio de um modelo de adoção familiar. Nos EUA, estamos apenas começando a incluir famílias na área de tratamento. Não há reembolso para essa parte crítica do tratamento, mas a NAMI, a maior organização ativista do país, administra grupos familiares para educar e apoiar as famílias. Cada vez mais, como veremos no próximo capítulo, os provedores estão adotando um modelo de recuperação que inclui apoio para a "pessoa como um todo", com tomada de decisão compartilhada e engajamento familiar, além de apenas foco em medicamentos para sintomas.

Glenn Close estava certa em focar nossa atenção nessa lacuna entre a resposta de medo e evasão a "Eu tenho uma doença mental" e a empatia e reação de apoio à adição de "na minha família". As questões que preenchem essa lacuna de três segundos são complexas e significativas. Embora eu espere que mudemos da linguagem de vítima do "estigma" para a linguagem de ação da "discriminação", e embora eu acredite que precisamos reconhecer que atitudes negativas em relação ao tratamento são tão perigosas quanto o medo e o distanciamento de pessoas com doenças mentais, estou ciente de que o viés está implícito em como todos nós, provedores, familiares, pessoas com doenças mentais, pensamos nos problemas e nas soluções. Talvez o oposto de "discriminação" não seja apenas "inclusão" ou "equidade", mas "humildade". Doença mental é um inimigo formidável. Nenhum de nós é imune e nenhum de nós é um especialista. A poeta Anne Sexton,[25] que se suicidou, descreveu uma vez a arrogância dos médicos observando que "eles saem de casa a cavalo, mas Deus os faz voltar a pé". Os cuidados de saúde mental pertencem apenas aos soldados, que surpreendentemente têm boas armas que, com frequência hoje, não são usadas de forma sábia.

8.

RECUPERAÇÃO: PESSOAS, LUGAR E PROPÓSITO

> Toda deficiência esconde uma vocação, se apenas pudermos encontrá-la, o que "tornará a necessidade em ganho glorioso".
>
> — C. S. Lewis, citado em *Uma Misericórdia Severa*[1], de Sheldon Vanauken

Carlos Larrauri é enfermeiro, estudante de Direito e portador de esquizofrenia. Como um garoto cubano que cresceu em Miami, ele sempre foi o melhor aluno da classe. Aos 18 anos, ele iniciou um curso universitário com intenção de seguir a área médica no estado de Ohio. Quando ele estava no último ano: "Eu ouvi vozes me dizendo que eu era um anjo, mas eu corria a noite toda, falava sem parar e comia de latas de lixo."

Carlos compartilhou a citação de C. S. Lewis que ele usou como guia. Descobriu que sua vocação não era ajudar a si mesmo a se recuperar, mas ajudar os outros. "Sem a minha mãe, sem o apoio da família, eu sei que teria acabado na cadeia. Mas tive muita sorte. Ajudei no programa de realocação da prisão que o Juiz Leifman dirige aqui no município de

Dade. Eu ajudei outras pessoas a obter auxílios de invalidez. Era a única maneira de dar sentido a essa experiência, a esse sofrimento. Trabalhar, servir aos outros, esse era o meu caminho para a recuperação."

Hoje, Carlos está na faculdade de direito e atua no conselho da NAMI como um especialista com experiência de vida. Impulsionado pela missão de ajudar os outros, ele defende o poder do apoio aos colegas. Ele também é um lembrete de que um diagnóstico não é uma sentença de vida. Pessoas com doenças mentais, mesmo as enclausuradas em um lar em chamas, podem se recuperar. Elas sobrevivem, se recuperam e podem, de fato, "transformar a necessidade em ganho glorioso".

Em um esforço para entender os impedimentos da correção da crise de saúde mental, analisamos o acesso, a qualidade, a imprecisão diagnóstica e a discriminação. Todas essas questões são razões pelas quais tratamentos melhores não levaram a resultados melhores. O desafio final é menos tático e mais estratégico. O cuidado em saúde mental não é apenas prestado de forma ineficaz, mas está estrategicamente focado no alívio dos sintomas quando precisa se concentrar na recuperação.

Mencionei na introdução que minha perspectiva sobre a recuperação foi moldada por um clínico muito sábio que trabalhava na skid row de Los Angeles, que me disse que a recuperação era sobre "o PLP, cara". Quando ele me disse isso pela primeira vez, pude vê-lo olhando para mim pelo canto do olho enquanto eu processava. Prozac, Lorazepam, Prolixin? Psicoterapia, Literatura de psicologia, Psicanálise? Depois de muito tempo, ele olhou por cima dos óculos com armação de metal. "São pessoas, lugar e propósito." Para mim, essa perspectiva trouxe foco em muitos conhecimentos diferentes. A recuperação não é apenas o alívio dos sintomas, é encontrar conexão, refúgio e significado não definido ou delimitado por doenças mentais. Infelizmente, o único objetivo do nosso sistema de cuidados é o alívio dos sintomas. Isso é importante, mas não é suficiente. A necessidade de pessoas, lugar e propósito certamente não é exclusiva para pessoas com doenças mentais, mas essas necessidades humanas fundamentais funcionam de forma diferente para pessoas com doenças mentais.

RECUPERAÇÃO: PESSOAS, LUGAR E PROPÓSITO

Pessoas: a Crise de Conexão

Aprendi sobre o poder terapêutico da ligação como uma lição muito indesejável no início da minha carreira. Na época, eu dirigia uma unidade de pesquisa no NIMH. Isso ocorreu no início da década de 1980, no auge da revolução biológica em psiquiatria. Naquela época, todos nós no NIMH estávamos à procura de biomarcadores e novos medicamentos, vendo a doença mental como problemas biológicos que exigem soluções médicas. Meu primeiro projeto de pesquisa sério foi um ensaio clínico de um medicamento inibidor seletivo da recaptação da serotonina (ISRSs), a clomipramina, para adultos com TOC. Isso foi em 1980, mais de uma década antes do advento dos ISRSs aprovados pela FDA, e na era em que a psicanálise era o tratamento dominante, na realidade o único, para o TOC. A ideia de que um medicamento poderia ser usado para essa neurose prototípica não era apenas perturbadora, era heresia.

O estudo foi bem-sucedido, pois a clomipramina reduziu os sintomas de TOC, mas, quando os voluntários interromperam a medicação ativa e iniciaram o placebo, os sintomas voltaram.

Mas não era bem assim que o estudo funcionava para Kyle. Kyle era um estudante de 21 anos na Universidade George Washington. Um rapaz alto e bonito com uma cabeleira loira e olhos azuis brilhantes, parecia um surfista da Califórnia. Mas as aparências enganavam. Kyle estava lutando contra pensamentos recorrentes e intrusivos, principalmente sobre ferir pessoas. Ele era gentil, de fala mansa, de uma família cristã respeitável. Mas seus pensamentos incluíam imagens horríveis de facadas e decapitações, imagens que lhe causavam angústia, não apenas porque eram horríveis e repugnantes, mas porque ele não conseguia controlá-las.

Kyle respondeu rapidamente à clomipramina. Não foram apenas suas obsessões que cessaram. Ele saía com amigos pela primeira vez em meses. Foi assim que Kyle conheceu Sarah. Nunca a conheci, mas o brilho nos olhos de Kyle indicou que ele estava apaixonado. E ele estava agendado para ser alocado para o placebo. As classificações que deveriam mostrar deterioração no placebo, em vez disso, mostraram não apenas melhora, mas uma redução de quase 100% nos sintomas. Suas pontuações para obsessões, compulsões e humor estavam todos na faixa normal. Kyle estava animado. Fiquei devastado. Sarah quase arruinou o estudo. O que quer que o relacionamento deles tenha dado a Kyle era claramente melhor que clomipramina.

Essa experiência no início da minha carreira me convenceu do poder da conexão. Mudei minha pesquisa do TOC para o apego social, e nos vinte anos seguintes procurei as vias neurais e as moléculas importantes para o cuidado parental, a monogamia e os vínculos sociais. Meu trabalho revelou um papel importante para a ocitocina e um neuropeptídeo relacionado, vasopressina e via neural para o apego social. Nos primeiros dias, essa era uma área inexplorada da neurociência, e não muito popular. De fato, na década de 1990, fui demitido do meu posto de pesquisa no NIMH por conduzir *"soft science"** sobre apego em vez de estudar a *"hard science"* do controle motor ou do processamento visual. Mas eu perseverei em um novo laboratório na Universidade Emory, em Atlanta, e fiquei grato ao ver o surgimento da neurociência social como um campo e a aceitação da conexão social como um tema digno de ciência séria. Hoje, a partir do trabalho do falecido John Cacioppo e de seus colegas,[2] assim como muitos outros, as conexões sociais são vistas cientificamente como uma necessidade biológica básica, análoga à fome e à sede. Existem circuitos cerebrais bem-definidos para codificar rostos e vozes, e agora vemos como algumas dessas regiões se ligam a sistemas cerebrais para recompensa. Dopamina, ocitocina e vasopressina foram implicadas em conexão social de maneiras que poderiam começar a explicar por que, para Kyle, Sarah era melhor que clomipramina.

A pesquisa é convincente: o isolamento social pode ser devastador; o apego social pode ser curativo. Hoje entendemos que a solidão é uma

---

* *Soft sciences* é um termo usado para se referir às Ciências Humanas e Sociais. Essas ciências estudam a sociedade, o ser humano e suas interações. Em inglês, o termo *soft science* pode ser usado de forma depreciativa. Por ser tão difícil de mensurar resultados com precisão, as Ciências Humanas tendem a ser olhadas com desdém pelo pessoal de Exatas — um equivalente em português para as *hard sciences*. [N. da T.]

causa e uma consequência da doença mental. Vivek Murthy, quando era cirurgião-geral dos EUA no mandato do presidente Obama, focou a solidão como uma das principais epidemias de saúde pública.[3] Seu livro, *O Poder Curativo das Relações Humanas*, é um argumento convincente para o poder da conexão. Ele descreve como indivíduos e nações lidam com a solidão, incluindo como o Reino Unido, reconhecendo a importância da conexão para a saúde, criou um cargo de Ministro da Solidão. A necessidade é clara. Um estudo da empresa Cigna,[4] feito com vinte mil norte-americanos, relatou, em 2018, que apenas cerca de metade afirmou ter interações sociais significativas todos os dias. Um em cada cinco relatou que raramente ou nunca se sentia próximo das pessoas ou tinha alguém com quem pudessem conversar. Os dados epidemiológicos já haviam demonstrado que a solidão era um dos principais fatores de risco para a mortalidade precoce, superando a obesidade, o tabagismo e o abuso de álcool. Se não entendíamos a necessidade de conexão antes, a pandemia da Covid-19 nos ensinou o custo emocional do distanciamento social e da quarentena. Milhões de pessoas arriscaram a exposição ao vírus em vez de enfrentar a solidão.

Mas a conexão social não é simplesmente a ausência de solidão. A conexão, experimentada como apoio, apego ou amor, tem um poder que não foi estudado o suficiente. Os etnógrafos tentaram rastrear isso em outras sociedades onde há normas culturais de conexão que são críticas para o bem-estar, normas que nos faltam na cultura individualista dos EUA. A *passeggiata* em pequenas cidades italianas é um período em que as pessoas caminham juntas pela praça da cidade todas as noites após o trabalho, antes de se retirarem para o jantar em família. Para os jovens pode ser um tempo e um lugar para ver e ser visto; para os mais velhos é um costume de pertencer e de conectar. No Japão tradicional, o moai é uma rede de apoio social para indivíduos não relacionados que compartilham um propósito comum. O conceito original era criar um fundo comum para apoiar uma necessidade compartilhada. Mas o moai evoluiu para ser mais um coletivo social, criando um senso de solidariedade. Dan Buettner, em seu trabalho sobre as "zonas azuis", locais onde as pessoas vivem mais, cita o moai de Okinawa[5] como exemplo de como a conexão social aumenta a longevidade.

Ubuntu é uma palavra sul-africana que significa aproximadamente "eu sou, por sua causa". O conceito de *ubuntu* captura tanto um significado pessoal de conexão, manifestado pelo calor e pela generosidade, quanto um significado político, representado pela inclusão e pela equidade. O presidente Obama falou de ambos os significados no memorial de 2103 para Nelson Mandela.[6] "Há uma palavra na África do Sul, *ubuntu* — uma palavra que captura o maior dom de Mandela: seu reconhecimento de que estamos todos unidos de maneiras invisíveis aos olhos; que há um dom para a humanidade; que alcançamos a nós mesmos ao nos compartilhar com os outros, e ao cuidar daqueles ao nosso redor."

Esses costumes e conceitos, que criam um tecido social, realmente fazem diferença? Estudos de contexto social, uma medida do tecido social[7] de um bairro, mostram a importância da conexão para a saúde. As evidências científicas de um papel positivo para o apoio social emergem também em estudos de longo prazo sobre o desenvolvimento de adultos. Talvez o mais famoso desses estudos venha da amostra menos representativa. Um grupo de 268 graduandos de Harvard, todos homens, todos brancos, dos anos de 1939 a 1942, foram estudados detalhadamente em um projeto originalmente financiado por W. T. Grant; esse estudo é conhecido, portanto, como Estudo Grant. Com diferentes fontes de financiamento, diferentes diretores de estudos e avaliações diferentes, esses mesmos homens têm sido seguidos desde seus dias de faculdade. Um deles, John F. Kennedy, tornou-se presidente; quatro concorreram ao Senado; um serviu em um gabinete presidencial; e um foi o editor do *Washington Post*, Ben Bradlee, que ficou por muito tempo no cargo. Claramente essa era a elite privilegiada de sua geração. Mas como o escritor Joshua Wolf Shenk observou, ironicamente, em um artigo de 2009 do *Atlantic* sobre esse estudo:[8] "Por baixo dos ternos elegantes dessas elites de Harvard batem corações perturbados." Em 1948, vinte dos

RECUPERAÇÃO: PESSOAS, LUGAR E PROPÓSITO

homens apresentaram graves dificuldades psiquiátricas; aos 50 anos, quase um terço tinha cumprido critérios para alguma doença mental.

O que, talvez, seja mais interessante sobre esse trabalho, que continua como o Estudo de Desenvolvimento Adulto de Harvard, é o que ele revela sobre o envelhecimento saudável. Por quase cinquenta anos, o psiquiatra de Harvard George Vaillant[9] dirigiu esse estudo, realizando pesquisas e entrevistas regularmente e acompanhando a saúde física, a saúde mental e as jornadas de vida. Ele perseguiu esta pergunta incansavelmente: por que alguns homens se adaptaram e prosperaram com a idade enquanto outros sucumbiram ao desespero? Lembro-me de Vaillant, pessoa distinta, com charme e sagacidade, lutando com essa pergunta em palestras. Parte psicanalista, parte biógrafo, e parte contador de histórias, ele era o mestre de estudos de caso longitudinais e, de certa forma, um fóssil na era de estudos controlados randomizados. Antes da era do PowerPoint, o Dr. Vaillant aparecia para palestras com um carrossel de slides e, em seu estilo de professor distraído, mantinha seu público mais jovem enfeitiçado com histórias de homens promissores que não conseguiram se adaptar, e aqueles de início tardio que superaram todas as probabilidades.

Mas o que finalmente cativou Vaillant e o atual diretor de estudo, Robert Waldinger, um psiquiatra e sacerdote zen, foi o papel da conexão social. A questão central sobre as relações sociais foi mais ou menos assim: "Para quem você poderia ligar se estivesse doente ou assustado no meio da noite?" Algumas pessoas, mesmo pessoas casadas, não conseguiam nomear ninguém. Outros tinham longas listas de pessoas que, como os participantes disseram, "me apoiam". Trabalhos anteriores na Inglaterra mostraram que as crianças precisam de uma relação forte com uma figura adulta para prosperar.[10] A pesquisa de Harvard mostrou efeitos semelhantes para prosperar na idade adulta. De fato, a qualidade dos relacionamentos dos homens aos 47 anos, o quanto eles sentiam que alguém "me apoiava", previu o ajuste tardio na vida. Essas relações podem assumir muitas formas. Aos 65 anos,[11] 93% dos homens que estavam prosperando estavam perto de um irmão quando mais jovens. Casamentos com intimidade e estáveis foram fatores poderosos para o envelhecimento saudável. Resumindo, sob pedidos, suas décadas de estudo profundo de mais de duzentas jornadas de vida em 2008, Vaillant respondeu: "Que a única coisa que realmente importa na vida são seus relacionamentos com outras pessoas."[12]

Falei recentemente com o Dr. Waldinger para saber mais sobre o Estudo de Desenvolvimento de Adultos de Harvard. Ele tinha acabado de concluir um acompanhamento dos filhos de *baby boomers* da coorte original e estava planejando um estudo dos netos. Perguntei a ele se a conexão social ainda era "a única coisa que realmente importa". Waldinger deu um sorriso zen. "A conexão é crucial, mas não são apenas esses tipos fortes de laços de rede de segurança. São também os laços fracos. A pessoa do correio que você vê todos os dias ou o pessoal na hora do cafezinho, no local de trabalho. Essas relações, embora não profundas, também são fortalecedoras e críticas para o bem-estar."

Perguntei ao Dr. Waldinger se um estudo de graduandos de Harvard da década de 1940 pode realmente ser relevante para nós. Ele descreveu um segundo estudo longitudinal feito em paralelo, mas que recebeu muito menos atenção da imprensa. O Estudo Glueck[13] começou com 456 homens que cresceram em bairros pobres no centro da cidade de Boston. Como Waldinger explica, a classe social importa principalmente no tamanho de efeito. "A desvantagem social é um amplificador. O benefício da conexão social é ainda maior e o impacto da desconexão social ainda mais prejudicial nos participantes do estudo Glueck."

Enquanto conversava com o Dr. Waldinger, refleti sobre os laços fracos e fortes* das pessoas com doenças mentais. Lembrei-me de uma visita à Cadeia do Distrito de Columbia, a apenas um quilômetro e meio da Casa Branca, onde vi homens com TMG presos em confinamento solitário. Pensei nas crianças LGBTQIA+ que conheci em um abrigo em San Bernardino, depois de terem sido rejeitadas por suas famílias. Pensei no isolamento de pessoas com depressão grave ou fobia social.

---

* A teoria do laço fraco é a proposição de que conhecidos tendem a ser mais influentes do que amigos próximos, principalmente nas redes sociais. [N. da T.]

RECUPERAÇÃO: PESSOAS, LUGAR E PROPÓSITO

Claramente, a conexão social não é menos importante para pessoas com doenças mentais.

De todas as coisas que nós psiquiatras e psicólogos não entendemos sobre pessoas com TMG, a solidão pode estar no topo. Raramente ouço clínicos falarem sobre isso. E, sendo honesto, raramente ouvi pacientes falarem sobre isso na clínica. No entanto, no mundo cotidiano do TMG, como eu o via nas ruas, a solidão é endêmica. A doença mental é, inevitavelmente, uma viagem solitária. Pessoas com TMG muitas vezes cortaram relações com membros da família e destruíram amizades. Quando elas finalmente se encontram na margem mais distante de uma depressão grave ou meses de psicose, pode não haver ninguém por perto para ajudá-las a reconstruir a vida. A jornada muitas vezes termina com jantares para uma pessoa, quartos individuais de pensão e uma vida solitária. Mesmo para aqueles que estão em moradias coletivas ou que vivem com a família, há pouca conexão. Sim, às vezes a solitude é uma bênção, um alívio da complexidade de lidar com as pessoas. Mas, muitas vezes, a solidão é uma oportunidade para ficar preso com pensamentos sombrios e desconfiança.

A conexão pode superar a solidão. E o apego social pode fazer parte da cura. Mesmo um contato leve com outro indivíduo no momento certo pode fazer uma diferença profunda. Pode ser qualquer um preparado para ouvir com empatia e responder com conexão. O ícone de saúde global, Paul Farmer,[14] fala da necessidade de "acompanhamento". Eu não tinha pensado sobre o significado literal dessa palavra antes. "Acompanhar alguém é[15] [...] compartilhar o pão juntos, estar presente em um caminho com um começo e um fim. Há um elemento de abertura, de mistério, de confiança, de acompanhamento." Farmer argumenta que o acompanhamento ou conexão social não apenas pode levar à recuperação, como é essencial para a recuperação. Foi por isso que comecei a pensar na doença mental como um problema médico que requer uma solução social.

Lugar: o Presente de Dimpna

A recuperação também requer um lugar seguro para viver. Carlos teve a sorte de ter uma família que o apoiava, incluindo uma casa onde ele pudesse reconstruir lentamente sua vida. Para a maioria das pessoas com TMG, a família não é uma opção, seja porque sua doença destruiu a confiança da família, ou porque o pensamento de voltar para a família parece ameaçador ou avassalador. A moradia de apoio é uma abordagem eficaz para garantir um lugar seguro, combinando habitação com uma gama de serviços — apoio psicológico, formação em competências para a vida, gestão de casos — para uma vida independente. O poder dessa abordagem realmente me impactou ao visitar um novo complexo de uso misto em Claremont, Califórnia, onde pessoas com TMG vivem ao lado de indivíduos e famílias sem ideia dos desafios que seus vizinhos enfrentaram. Dorothy, uma avó de 60 anos que estava se recuperando de 20 anos de adicção e de vida sem-teto, estava me dizendo que seu novo apartamento significava apenas uma coisa para ela: "Dignidade." Quando ela me mostrou sua sala de estar escassamente mobiliada, ela começou a soluçar. "Era tudo o que eu queria. Tudo o que eu queria era ter meu próprio lugar onde meus netos pudessem vir almoçar", disse ela com lágrimas escorrendo pelo rosto. "Agora que tenho este lugar, eu tenho algo pelo que viver."

A moradia de apoio, a importância de ter um lar seguro e acolhedor, não é uma ideia nova. Na cidade belga de Gheel,[16] cidadãos fazem uma versão de moradia de apoio há pelo menos quinhentos anos. A lenda da origem de Gheel diz tudo. Dimpna, no século VII, era filha de Damon, um rei pagão da Irlanda e de uma mãe cristã. Seguindo os passos da mãe, Dimpna fez um voto cristão de castidade em tenra idade. Quando a mãe morreu, o pai pagão prometeu tomar Dimpna como esposa. Em busca de segurança, Dimpna fugiu para a pequena cidade de Gheel, perto de Antuérpia. No entanto, Damon a localizou rapidamente e, com uma raiva delirante, cortou-lhe a cabeça.

A Igreja Católica canonizou Dimpna em 1247 e, no século XIV, Gheel construiu uma igreja em sua honra. Logo as famílias que lutavam com

RECUPERAÇÃO: PESSOAS, LUGAR E PROPÓSITO

crianças que tinham doenças mentais ou déficits intelectuais começaram a fazer peregrinações de toda a Europa para a igreja de Dimpna. Às vezes, eles deixavam para trás seus familiares afetados, rapidamente sobrecarregando os recursos da igreja. Seguindo os passos de Dimpna, os residentes de Gheel começaram a receber pessoas com deficiência em suas casas. Em contraste com o resto do mundo ocidental, onde pessoas com "possessão" eram mortas, evitadas ou presas, os cidadãos de Gheel, por centenas de anos, as acolheram como "pensionistas" que poderiam ajudar nos campos em troca de alojamento e refeições. Hoje, o Openbaar Psychiatrisch Zorgcentrum (OPZ), o hospital psiquiátrico local, gerencia o que é, em essência, um programa de acolhimento de adultos a fim de garantir moradia segura na comunidade para pessoas que, de outra forma, seriam desabrigadas ou institucionalizadas.

Quando visitei o OPZ em um dia frio de abril de 2019, uma equipe de enfermeiros explicou o processo. Hoje, os pensionistas são menos propensos a trabalhar nos campos, uma vez que Gheel tornou-se menos uma comunidade agrícola, mas eles são incentivados a ajudar com tarefas familiares e a trabalhar na comunidade. Por que as famílias aceitam pensionistas? "Tradição. Foi o que a minha avó fez. Sempre fizemos isso. Todos conhecem alguém que tem um pensionista", respondeu Michelle Lambrechts, uma das enfermeiras. "Quando as famílias se encontram com um pensionista, elas não perguntam: 'O que há de errado com ele?' Elas perguntam: 'O que ele pode fazer?'"

Em Gheel, o objetivo é a aceitação, não a recuperação. Há uma crença de que viver em um ambiente normal com expectativas de comportamento razoável reduzirá o comportamento disruptivo, mas há ampla tolerância à psicose em toda a comunidade. Henck van Bilsen, um psiquiatra que estudou o modelo de acolhimento familiar, descreve Gheel como uma panela de cozimento lento,[17] em oposição ao modelo de recuperação da panela de pressão nos EUA. Os residentes podem mudar, ou não, em seu próprio ritmo. A maioria permanece com suas famílias adotivas por décadas, às vezes permanecendo com filhos ou até netos.

No modelo de Gheel, ninguém é forçado ou se espera que se recupere. Todos são aceitos como são.

Gheel tem sido tema de livros, podcasts e documentários. Uma vez chamado de "paraíso para os loucos", Gheel foi recentemente apelidada de "cuidadoBnB" [do inglês, careBnB, em referência ao AirBnB]. Para muitos, esse é um modelo inspirador de compaixão e aceitação. Houve tentativas de replicar esse modelo nos EUA, mas com sucesso limitado até agora. Ellen Baxter, que visitou Gheel quando era uma jovem estudante, criou a Comunidade Broadway Housing[18] com princípios semelhantes, povoando um edifício elegante na cidade de Nova York com uma mistura de pessoas com e sem doença mental crônica. O que falta nessa, e em outras tentativas de emular o modelo de Gheel, é uma comunidade com uma tradição, até mesmo uma identidade, construída em torno da inclusão de pessoas com doenças mentais graves. Sem Santa Dimpna e os séculos de compromisso com o cuidado compassivo, você pode criar uma família de acolhimento, mas ainda falta o efeito coletivo de Gheel.

O que não quer dizer que não podemos solucionar a questão do lugar. Programas de moradia de apoio, nos quais um lugar seguro para viver é combinado com a gestão de cuidados e apoio social, tornaram-se uma tábua de salvação, como eu ouvi de Dorothy, em Claremont. A moradia de apoio não só mantém as pessoas fora dos hospitais, como também mantém as pessoas fora da prisão. Mas quem paga por isso? Isso não é cuidado de saúde, por isso o seguro de saúde não é útil. Esse não é simplesmente um subsídio de habitação, como a Seção 8, que financia a habitação para famílias de baixa renda, pois a gestão de cuidados é uma parte importante do sucesso da moradia de apoio. Algumas comunidades encontraram fundos públicos. Por exemplo, os municípios da Califórnia usam o imposto sobre milionários — oficialmente chamado de Lei de Serviços de Saúde Mental — para pagar por moradias de apoio. Mas, na maior parte do país, os milionários não pagam um imposto especial pelos serviços de saúde mental. A moradia de apoio, um componente fundamental da recuperação, é conseguida por meio de filantropia ou não é financiada.

E devemos reconhecer que lugar é mais do que uma habitação segura. Sandro Galea, em seu livro *Well* [sem tradução para o português] descreve amplamente o lugar como nosso ambiente. Ele argumenta que o acesso a alimentos nutritivos, transporte público e espaço verde são importantes para a saúde. Água sem chumbo, ar sem poluentes e livre das ameaças de um clima em mudança são importantes para a saúde mental, bem como para a saúde em geral. No meu papel de czar da saúde mental da Califórnia em 2019, visitei Lake, um município rural e espetacularmente pitoresco que perdeu mais da metade de suas terras e quase todo o seu comércio para o fogo. Com a maioria de sua população desalojada e poucos empregos para aqueles que permanecem, Lake ocupa a posição mais baixa do estado em praticamente todas as medidas de saúde. O município tem hospitais e clínicas, e várias organizações sem fins lucrativos estão tentando reconstruir uma sensação de pertencimento. Em termos de saúde mental, vi esforços heroicos para criar moradias e reconstruir o capital social. Mas sem emprego, e sem oportunidade, esses heróis estão lutando uma batalha perdida contra a metanfetamina, o álcool e o desespero.

Propósito — Descobrindo o Porquê

Além das pessoas e do lugar, a recuperação requer propósito. Aprendi sobre isso com a minha filha, Lara. Quando Lara se formou na Smith School of Social Work em Massachusetts, em 2007, sua paixão foi escrita em sua camiseta preta. "Confortar os perturbados; perturbar os confortáveis." Após a formatura, seu primeiro emprego a levou até a Califórnia. Lara dirigia uma van velha ao redor da área da baía de São Francisco, fazendo *delivery* de psicoterapia, pois "precisávamos encontrar pessoas onde elas estavam, não esperar que elas viessem até nós". Seu segundo emprego, um ano depois, foi no Ambulatório Tenderloin. O Tenderloin é uma área infame de cinquenta quadras no centro de São

Francisco, que há muito tempo é a "zona vulnerável" da cidade; é um bairro de drogas, pequenos crimes e pensões de quartos individuais.

Lara ainda se lembra do seu primeiro dia. "Eles me disseram para usar botas, caso eu pisasse em agulhas descartadas ou frascos de crack na rua. E, sim, tive que me acostumar a pisar sobre ou ao redor de corpos na calçada." Essa é a pior praga urbana, a apenas alguns quarteirões do crescente distrito financeiro. "Eles me deram vários casos, principalmente mulheres, todas com TMG e muitas também adictas."

Ela logo descobriu que esse número de casos clínicos era como uma cidade fantasma. Havia nomes e horários de consulta para indivíduos e grupos, mas poucas pessoas apareciam. Em contraste a conhecer pessoas em seu *delivery* de psicoterapia, agora ela estava sentada em um escritório escuro e vazio, esperando que as pessoas viessem até ela para terapia. Havia uma montanha de sofrimento do lado de fora da porta da clínica, mas ninguém vinha pedir ajuda. Com duas ou três horas por dia passadas à espera de clientes que não apareceram, ela pensou: "Pelo menos eu posso tricotar."

Ao dominar as habilidades de tricô a partir de vídeos online, Lara começou a reconsiderar seu novo trabalho. Talvez ela precisasse se afastar da terapia e oferecer aulas de tricô para as mulheres que atendia. Como ela diz agora: "Todos precisam se conectar, mas nem todos querem se conectar com a terapia." Para sua surpresa e deleite, seu grupo de tricô decolou. Primeiro eram apenas duas mulheres afro-americanas mais velhas que haviam visitado a clínica antes, e depois algumas mulheres mais novas, e de repente ela tinha um grupo de oito mulheres vindo todas as manhãs para tricotar.

"Não houve muita conversa no início. Eu oferecia café, donuts, agulhas de tricô e linhas. Algumas dessas mulheres eram boas. Muito rápidas. Elas falavam sobre o suéter ou o cachecol e depois falavam sobre quem era esse suéter ou cachecol e, em pouco tempo, tínhamos uma conexão, um grupo." Essas mulheres que estavam solitárias, assustadas e à deriva no Tenderloin começaram a falar sobre suas vidas. Começaram a ajudar uma à outra.

"Nunca esperei esse tipo de solidariedade. Mas o que mais me surpreendeu foi como transformaram o tricô em um negócio. Nunca pensei em vender os suéteres delas. Afinal, essas mulheres recebiam o auxílio SSI." Logo o grupo montou um quiosque em um mercado ao ar livre para turistas, a poucos quarteirões de distância do distrito financeiro. E o negócio foi bom. Tão bom que, dentro de um ano, várias das mulheres não recebiam mais o SSI e se mudaram para um bairro melhor.

"Olha, não estou dizendo que um grupo de tricô curou sua doença mental. Todas essas mulheres tinham um legado de trauma e desespero que a venda de algumas blusas não apagaria. Mas o que aprendi com essas mulheres é que o trabalho social é sobre 'trabalho' e 'social'. As pessoas precisam se conectar. E conectar ombro a ombro para algumas pessoas é mais fácil do que cara a cara. Dar-lhes um propósito é fundamental. Precisamos ocupar as pessoas não apenas com o que está errado, mas com o que é forte."

Eu pensei sobre essa história de tricô muitas vezes enquanto trabalhava neste livro. Ela não só capta a importância da conexão, mas tem um significado especial para mim. Lara é a mesma filha que lutou tanto para se recuperar da anorexia dez anos antes. Quando ela me diz o que é preciso para alguém se recuperar, eu escuto.

Quando pergunto às pessoas que se recuperaram o que era mais importante para a sua recuperação, elas geralmente respondem com uma destas duas palavras: "esperança" ou "trabalho". Para Amy, com anorexia, era trabalhar no setor financeiro e administrar um blog de gastronomia. Para Brandon Staglin, era "ser útil". Para Elyn Saks, era ensinar Direito. Para Carlos, foi retribuir servindo como especialista em apoio aos pares, usando sua experiência com a recuperação para estender a mão aos outros. Uma força de trabalho de colegas pode ajudar na transição de hospital ou prisão, servir como navegadores* do sistema de cuidados e incutir esperança. Eles não apenas ajudam; eles obtêm ajuda por meio do trabalho.

Pessoas e lugares são a base. O propósito é essencial para a autoestima, para o crescimento, para a recuperação. Viktor Frankl, o psiquiatra austríaco que sobreviveu ao Holocausto, fez da descoberta do propósito a chave para a terapia em seu livro *Em Busca de Sentido*.[19] Citando Nietzsche, seu livro argumenta: "Aquele que tem um porquê de viver pode suportar quase qualquer como." Reagindo à introspecção e à autoabsorção da psicanálise, Frankl criou a logoterapia, uma abordagem focada na solução, que desafiou os pacientes a encontrar algo para se comprometer.

A logoterapia desapareceu há muito tempo na lata de lixo das escolas de terapia geradas em reação à psicanálise, mas a busca pelo sentido, pelo propósito, persiste. Uma versão de encontrar propósito começa com encontrar trabalho. O emprego apoiado, às vezes chamado de colocação individual e apoio, é geralmente o programa de escolha para ajudar as pessoas com qualquer doença mental a treinar e manter um emprego. O programa, desenvolvido na década de 1990 por Robert Drake, no Centro de Pesquisa Psiquiátrica de Dartmouth, ajuda a encontrar um emprego de preferência, coordena-se estreitamente com profissionais de saúde mental, fornece aconselhamento sobre benefícios e oferece apoio para ajudar a manter o emprego. Durante um período de nove meses, há pelo menos reuniões semanais para ajudar um cliente a encontrar uma entrevista de emprego com sucesso e aprender a tarefa.

A necessidade é especialmente grande para pessoas com TMG, pois 85% delas não estão empregadas, embora quase 70% relatem que desejam trabalhar.[20] O programa de Drake ajuda a fechar essa lacuna. Em 23 ensaios clínicos randomizados, envolvendo mais de 5 mil pes-

---

* Os navegadores de cuidados são especialistas trabalhando em equipe com os pacientes para encontrar soluções. Eles ajudam os pacientes a gerenciar suas condições crônicas e navegar no sistema de saúde para que possam se concentrar na recuperação. [N. da T.]

soas dentro e fora dos EUA, cerca de 60% são empregados em acompanhamentos que variam de seis meses a cinco anos. Nesses estudos, a média de permanência em serviço em um primeiro emprego é entre oito e dez meses. As medidas de autoestima e qualidade de vida melhoram consistentemente com o emprego. E o uso de serviços de saúde mental diminui.

O programa de Drake foi projetado para pessoas com TMG, mas o valor do trabalho não é menos importante para pessoas com depressão e ansiedade. Sim, às vezes o trabalho é uma parte do problema, mas, com mais frequência, quando as pessoas param de trabalhar para se concentrar na recuperação, a perda de rotina e a ausência de propósito coloca a recuperação mais longe do alcance. A colocação e o apoio individuais não são apenas sobre encontrar trabalho, mas também continuar a trabalhar, apesar da dificuldade de lidar com uma doença mental.

Devido à eficácia dessa intervenção, à baixa taxa de emprego, e ao alto custo dos pagamentos por deficiência (SSI e SSDI), pode-se pensar que a colocação e o apoio individual seriam de alta prioridade para os programas de saúde mental em todo o país. Uma pesquisa publicada em 2016 descobriu que apenas cerca de 2% das pessoas com TMG têm acesso a esse programa.[21] O governo federal, que está no limite para SSI e SSDI, incentivou os estados a apoiar esse programa por meio de subsídios Medicaid e SAMHSA, mas até agora poucos estados se concentraram no "propósito" como parte da recuperação.

Uma Comunidade Intencional

A sigla PLP — pessoas, lugar e propósito — é a chave para a recuperação. Ela deve ser o foco dos cuidados de saúde mental. São as intervenções menos dispendiosas e as mais simples. Em um mundo racional, o PLP seria o chão, o alicerce onipresente para o tratamento. No entanto, o apoio social, a moradia de apoio e a colocação e apoio individuais são exceções, não a regra. Medicamentos, cuidados de crise, internação — as intervenções mais caras e intensivas — são o padrão. São os alicerces, instáveis e muitas vezes ineficazes, mas são eles que são reembolsados. Dito isso, existe um modelo que visa a entregar o PLP em grande escala. Esse é o modelo Clubehouse, uma ideia que começou, bem simples, quando alguns pacientes que receberam alta do Hospital Rockland State decidiram ajudar uns aos outros.

O Hospital Rockland State, em Orangeburg, Nova York, nasceu devido a uma tragédia. Durante um incêndio em 1924 que destruiu um hospital nesse local, vários pacientes morreram queimados. A propriedade rural de seiscentos hectares foi escolhida para um hospital psiquiátrico modelo, o Rockland State, que abriu em 1931 e, dentro de uma década, abrigou mais de nove mil pacientes. Durante o início da década de 1940, com grande parte da equipe partindo para o esforço de guerra, um grupo de seis pacientes começou a se reunir para apoiar uns aos outros. Eles chamaram seu clube de autoajuda de "We Are Not Alone" [não estamos sozinhos, em tradução livre], ou WANA.[22]

Após a sua alta, o grupo se reconectou em 1944, inicialmente na Rua Três YMCA em Manhattan e, em seguida, diariamente nos degraus da Biblioteca Pública de Nova York. Como tantos pacientes que recebem alta, nenhum deles tinha família para apoio. Liderados por Michael Obolensky, um dos antigos pacientes em Rockland, eles criaram um clube WANA fora do hospital. Na verdade, o plano original de Obolensky era criar um grupo para melhorar as condições hospitalares. Mal sabia ele que estava iniciando um movimento para diminuir a necessidade de internação. Em 1948, quando o clube conseguiu comprar um prédio na Rua 47 Oeste, a WANA se tornou uma "comunidade intencional". O novo edifício do clube tinha um jardim com uma pequena fonte, um símbolo de esperança e rejuvenescimento.

Esse foi o nascimento da Fountain House, o carro-chefe do movimento clubehouse[23] que definiu a recuperação como um objetivo para pessoas com TMG. Atualmente, existem 330 clubes em 33 países em 6 continentes. Os clubes são todos "comunidades intencionais". Como a Fountain House, eles fornecem cada uma das letras PLP: apoio social diariamente, um local de encontro com refeições e atividades, e os principais elementos de colocação individual e apoio ao trabalho.

Um bom lugar para ver um clube em ação é em San Bernardino, no sul da Califórnia, o maior município adjacente dos Estados Unidos, do tamanho da Virgínia Ocidental. Faz parte do Inland Empire, um deserto vasto e escassamente povoado, que é atravessado por rodovias interestaduais de oito pistas. Enquanto você dirige por essa paisagem lunar, avistando montanhas distantes, as colinas do deserto são cheias de trailers enferrujados e campistas, muitos envoltos em papel alumínio, todos revelando acampamentos para pessoas que vivem fora da rede. Não é o lugar que se espera ver um clube.

No entanto, existem nove clubes no município de San Bernardino. Veronica Kelley, assistente social clínica licenciada e diretora do Departamento de Saúde Comportamental, foi minha guia. Ela conhece esse vasto condado como nativa, mesmo morando com sua família a noventa minutos de distância na costa. Ronnie queria que eu conhecesse o clube Serenity em Victorville, uma cidade de cem mil habitantes situada a quase duzentos quilômetros nas imediações do Deserto de Mojave. Victorville, na lendária Rota 66, tem sido um lugar para pessoas que tentam fugir. Foi onde Herman Mankiewicz e John Houseman foram para a reclusão a fim de escrever o roteiro de *Cidadão Kane*. Onde a Força Aérea estabeleceu uma base para voos de teste durante a década de 1940. Onde centenas de pessoas que lutaram com doenças mentais estão tentando se recuperar.

O clube Serenity fica no centro da cidade, a poucos quarteirões da Rota 66 original. É um edifício de um andar, inconspícuo, que poderia ser uma fachada de loja. O interior é movimentado — computadores de um lado, para treinamento no trabalho, uma cozinha do outro lado, para preparar refeições, sofás confortáveis no meio, em torno de algumas mesas para jogos e artesanato. Todos estão tagarelando e a música — rock dos anos 1980 — preenche o fundo. Há placas em todas as paredes. "Estamos todos quebrados. É assim que a luz entra." "Juntos somos imbatíveis." "É das dificuldades que crescem os milagres."

Há uma inscrição para uma reunião familiar da NAMI. E todos estão em movimento. Há dezessete membros e dois voluntários.

Ronnie, que conhece todos, convoca uma reunião rápida. O grupo é variado, principalmente pessoas brancas e mulheres. Uma jovem em uma cadeira de rodas parece ter deficiência intelectual. Alguns homens e mulheres de meia-idade lutaram contra o vício e o TMG. Um homem idoso viveu em Victorville toda a sua vida e está à procura de companhia. E várias mulheres de vinte e poucos anos perderam os filhos para famílias adotivas temporárias e estão tentando reconstruir as suas vidas para recuperar suas famílias.

O clima é otimista, até mesmo efervescente. Há muitas brincadeiras de boa índole, como uma família de adultos. Há também uma sensação de que esse clube é mais como um trampolim do que uma plataforma de aterrissagem. Todos usam a palavra "recuperação". Usam-na para significar um trabalho, um lugar melhor para viver, e um futuro que não envolva hospital ou a prisão.

O clube entrega o que promete? Agora temos mais de meio século de pesquisa, com mais de cinquenta estudos,[24] demonstrando que os clubes reduzem o desemprego, reduzem ou atrasam a reinternação e melhoram os resultados de saúde a um custo menor. A ideia original "We Are Not Alone", baseada na autoajuda e em uma meta de recuperação, serve agora cem mil pessoas todos os anos. Nem todos com TMG se envolverão num clube. E nem todos os clubes oferecem todos os serviços essenciais. Mas o impacto global é impressionante. Esse modelo não é apenas a origem da recuperação, pode ser o futuro em que as pessoas, o lugar e o propósito se tornam a base para o cuidado em saúde mental.

Em Busca de uma Comunidade

A recuperação muda a conversa sobre saúde mental. É esperançoso, ambicioso e, para muitas pessoas, realizável. Voltando a C. S. Lewis, pode "transformar a necessidade em ganho glorioso".[25] Mas para muitas pessoas é uma realidade distante. Suspeito que isso tenha menos a ver com a doença do que com as circunstâncias; ou seja, a recuperação não é apenas sobre eles, é sobre nós.

Carlos foi realista sobre isso. "Eu tive sorte. Tinha uma família que possuía os meios para me ajudar. A maioria das pessoas não teria esse privilégio." Ele entendeu que sua recuperação era apenas em parte sobre ele. Na América de hoje, o PLP muitas vezes exige a boa sorte de ter acesso a pessoas, lugar e propósito. Sim, o acesso a um clube ou a programas locais de apoio social, habitação e emprego pode ser suficiente. Mas deveria ser tão circunstancial? O PLP deve ser uma questão de privilégio ou de acesso?

No início da pandemia da Covid-19, eu estava conversando com um colega de Nova York sobre a necessidade da solidariedade. "Você sabe", disse ele, "eu nunca iria querer outro 11 de Setembro. Mas o que eu não daria por outro 12 de Setembro". Transformar a necessidade em ganho glorioso não precisa ser o trabalho de um guerreiro solitário tentando triunfar sobre os demônios da depressão ou da psicose. É preciso uma comunidade para que haja êxito. Esse triunfo é o trabalho que todos devemos fazer — famílias, amigos, cidadãos. Esse triunfo está ao nosso alcance, se nos comprometermos com as soluções que funcionam.

PARTE 3

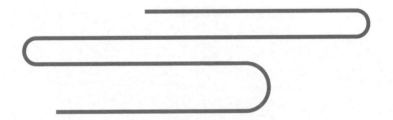

O CAMINHO À FRENTE

9.
SOLUÇÕES MAIS SIMPLES

> O segredo no cuidado ao paciente está em cuidar do paciente.
>
> —Francis Peabody, *Journal of the American Medical Association*[1]

Na seção anterior, analisamos as várias razões pelas quais melhores tratamentos não resultaram em melhores resultados para pessoas com doenças mentais. A crise de cuidados ficou evidente nos problemas de acesso, qualidade, precisão, discriminação e falta de apoio à recuperação. Para cada um desses desafios identificamos soluções. Algumas dessas soluções, como novas abordagens para a resposta a crises e novos modelos de cuidado colaborativo, têm se mostrado difíceis de implementar. Alguns, como os serviços de apoio a habitação e emprego, são abordagens mais antigas que se revelaram difíceis de pagar.

Concluímos que o PLP — pessoas, lugar, propósito — foi essencial para a recuperação. No entanto, também precisamos entender que a recuperação pode ser um objetivo importante, mas que parece irrelevante para alguém em crise. Se a nossa casa está em chamas, precisamos de um extintor de incêndio, não de um plano de três partes para a restauração. Apagar o fogo requer cuidados intensivos imediatos. E o cuidado está, como vimos, no centro da crise. Por muitos anos, pensei que o segredo para melhorar o atendimento viria de um tratamento melhor, um avanço que apagaria o fogo para que pudéssemos começar no caminho da recuperação. Então um colega me contou sobre a leucemia linfoide aguda.

Quando eu era estudante de medicina, ninguém queria passar pela oncologia pediátrica. Todos os alunos sabiam que crianças com câncer geralmente eram crianças com leucemia linfoide aguda, uma doença que chamamos de LLA, e que conhecíamos como "as crianças com LLA morrem". A LLA foi e continua sendo o câncer mais comum da infância, representando 20% de todos os cânceres em crianças, com cerca de 3 mil novos casos em crianças a cada ano nos EUA. O pico é entre os 2 e os 5 anos de idade. A taxa de mortalidade na década de 1970 era de 90%. Esses números não refletem o sofrimento imposto por essa doença ou pelo horror de seu tratamento que nós conhecíamos, há quatro décadas. Todos nós que perdemos pacientes ou familiares para LLA lembramos dos rigores do tratamento e das provações impossíveis impostas a crianças moribundas.

Eu digo "lembre-se" porque a LLA é, atualmente, 90% curável.[2] De 90% de fatalidade a 90% curável em 40 anos é uma realização e tanto. Qual foi a descoberta que explica esse sucesso? Realmente não houve uma descoberta diagnóstica ou uma droga inovadora que superou obstáculos para crianças com LLA. O processo de diagnóstico não mudou drasticamente. Havia drogas que eram críticas — mas já tínhamos a maioria delas (vincristina, daunorrubicina, esteroides) na década de 1970. Então, o que mudou? A mudança foi o que agora chamamos de "melhoria do processo" — aprender a usar combinações de medicamentos — e melhorar os cuidados de enfermagem para ajudar as crianças a se recuperar.

Stephen Hunger e Charles Mullighan descreveram o estado atual do tratamento da LLA[3] em um artigo de revisão no *New England Journal of Medicine* em 2015. Vale a pena citar uma parte do artigo deles.

SOLUÇÕES MAIS SIMPLES

Há quase 50 anos, a quimioterapia combinada induziu remissão [...] em 80% a 90% das crianças com LLA. No entanto, a doença recidivou em quase todas essas crianças, geralmente no sistema nervoso central (SNC), com taxas de sobrevida de 10% a 20% [...]. Um marco importante na terapia para crianças com LLA foi o desenvolvimento de um regime intensivo de indução e consolidação de oito medicamentos em oito semanas [...]. Desde que esse regime foi introduzido, grandes grupos de pesquisa cooperativos [...] registraram 75% a 95% das crianças que têm um diagnóstico de LLA na América do Norte e na Europa Ocidental em ensaios clínicos. Esses estudos levaram a melhorias notáveis na sobrevida, com taxas de sobrevida livre de eventos em 5 anos de até 85% e taxas de sobrevida global de até 90%, de acordo com os dados relatados mais recentemente.

Há três lições a tirar dessa história de sucesso. Primeiro, não havia nenhuma cura absoluta. A LLA precisa de um plano intensivo de oito medicamentos em oito semanas. Em segundo lugar, enquanto a quimioterapia induziu remissão em 80% a 90% das crianças, "a doença recidivou em quase todas essas crianças". O sucesso exigia cuidados contínuos e agressivos ao longo de meses e, às vezes, anos. E, em terceiro lugar, quase todas as crianças — 75% a 95% na América do Norte e na Europa Ocidental — com um diagnóstico de LLA foram inscritas em um estudo de pesquisa. Quase todas as crianças se tornaram parte de um esforço para melhorar os cuidados para a próxima geração.

A melhoria contínua dos protocolos de medicamentos, dos protocolos de enfermagem e da vigilância — é isso que o sucesso requer. Não é um avanço, mas uma busca implacável que combina tratamentos disponíveis; visa à recuperação em longo prazo, não a remissão em curto prazo; e cria um sistema de aprendizagem,[4] com cada novo caso ajudando a otimizar o tratamento. O exemplo da LLA nos lembra de que, às vezes, as soluções que importam se baseiam simplesmente em executar melhor com o que já temos. É importante ter isso em mente quando se trata de doenças mentais.* Infelizmente, pode não haver uma droga, ou uma intervenção psicológica singular, ou um dispositivo que será suficiente para distúrbios da mente e do cérebro. Os curandeiros precisam acreditar que a resposta está próxima, à espera de ser descoberta. Mas a lição da LLA, possivelmente uma doença muito mais simples, é instrutiva para doenças mentais. Ao combinar intervenções e melhorar o cuidado, um progresso profundo pode acontecer, na ausência de uma descoberta inovadora. Às vezes, veremos progresso a partir de intervenções combinadas, como no tratamento do primeiro episódio de psicose.[5] Às vezes, vemos que a integração de cuidados médicos e de saúde mental, embora saibamos não ser um conceito inovador, pode ter um impacto considerável. Às vezes, a inovação resulta da necessidade em lugares com recursos mínimos, como veremos com um simples banco no Zimbábue. Cada uma delas merece um olhar mais atento para um exemplo de obter resultados muito melhores com o que já sabemos como fazer.

Cuidados Especializados Coordenados

Um dos piores problemas para as pessoas que sofrem de doença mental é o que acontece quando adoecem pela primeira vez. Para a maioria dos jovens que experimentam um primeiro episódio de psicose, os resultados são terríveis. Um pouco como a LLA por volta dos anos 1970, temos tratamentos poderosos para o seu distúrbio, mas pouquíssimas pessoas recebem esses tratamentos de uma forma que garanta que eles não terão um segundo episódio. A maioria das pessoas só recebe a medicação. Seus sintomas melhoram com a medicação, eles param a medicação racionalmente e, em poucas semanas, voltam ao pronto-socorro, ou pior, à prisão. Após um primeiro episódio de psicose que requer hospitalização, as taxas de reinternação são tipicamente de 30% nos primeiros meses.

Nós tínhamos lutado com esse problema de muitas formas durante o meu período como diretor do NIMH. Em 2008, Robert Heinssen e a sua equipe de agentes do programa do NIMH me informaram sobre uma ideia de um projeto para o primeiro episódio de esquizofrenia.

SOLUÇÕES MAIS SIMPLES

Heinssen era um psicólogo experiente, um veterano que se inscreveu para o serviço militar logo após o 11 de Setembro, e um dos chefes de divisão mais práticos do NIMH. Ele liderou a Divisão de Serviços e Pesquisa de Intervenção com um estilo de "conquista implacável" — sem futilidades e orientado para o resultado. A ideia de Heinssen era combinar psicoterapia, administração de medicamentos, educação e apoio familiar, administração de casos e apoio ao trabalho ou à educação dos jovens durante seu primeiro episódio de psicose. O paciente e a equipe trabalhariam juntos para tomar decisões de tratamento, envolvendo os familiares o máximo possível. Sua equipe chamou isso de Cuidados Especializados Coordenados, ou CEC, porque cada novo esforço do governo precisa de uma sigla.

Pensei que a ideia era maçante porque essas intervenções existiam há três décadas. Tenho vergonha de confessar que minha primeira resposta ao Dr. Heinssen foi: "Onde está a inovação?" Eu ainda estava na mentalidade de que os avanços que precisávamos eram de alta tecnologia, não de alto contato.

O que eu não entendia era como o CEC, assim como os cuidados com LLA, poderia melhorar os resultados. Claro, essas intervenções eram mais antigas, mas quase ninguém as fazia, e certamente ninguém as fazia juntas como uma abordagem coordenada de tratamento. Depois que o CEC foi comparado aos cuidados tradicionais em 34 clínicas em 21 estados, a equipe mostrou que a qualidade dos cuidados poderia ser melhorada e que os resultados eram melhores do que a prática usual,[6] especialmente para aqueles que eram psicóticos há apenas alguns meses.

Hoje usamos essa abordagem, baseada na integração de cuidados de alta qualidade, para garantir que qualquer jovem com um primeiro episódio de psicose nunca terá um segundo episódio.[7] Mas, quando foi concluído em 2015, esse estudo revelou como os jovens em seu primeiro episódio de psicose estavam sendo tratados em clínicas comunitárias. Quando eles entraram no estudo, cerca de 40% estavam usando a medicação errada[8] ou a medicação certa em excesso, orientados por seu médico de referência. Ainda mais surpreendente, a maioria não tinha sido tratada por longos períodos. A duração média da psicose não tratada foi de 74 semanas;[9] dois terços tinham uma duração superior a 6 meses. A duração da psicose não tratada é importante — quanto mais tempo alguém ficar sem ser tratado, pior será o seu resultado.[10]

O CEC funciona? Nas 34 clínicas onde isso foi testado pela primeira vez, o CEC foi melhor do que o atendimento-padrão em termos de sintomas, qualidade de vida e envolvimento na escola ou no trabalho. Esse efeito foi mais evidente em participantes com curta duração de psicose não tratada. Com base nesses resultados iniciais, o Congresso destinou verbas especiais para programas de CEC a ser desenvolvidos em todo o país. No Estado de Nova York, onde o CEC foi implantado amplamente e estudado mais intensivamente,[11] mais de 80% dos destinatários atingiram suas metas educacionais ou de emprego em um ano e as taxas de reinternação se aproximaram de 10%.

O CEC é um bom exemplo de uma solução em rede. A medicação é importante, mas também o apoio social, o treinamento cognitivo e o trabalho. Até 2020, havia 340 programas de CEC em 50 estados, atendendo 20 mil jovens, não por uma semana ou duas, mas por um ano ou dois. O NIMH criou uma infraestrutura de dados,[12] a EPINET, que imita o modelo da LLA para que cada paciente participe de um projeto de pesquisa massivo a fim de otimizar o atendimento. O objetivo é garantir a recuperação de cada jovem com um primeiro episódio de psicose. Ou, mais especificamente, para garantir que cada pessoa com um primeiro episódio de psicose nunca experimente um segundo episódio. Além de evitar mortes e invalidez, uma estimativa do retorno econômico[13] nesse programa é de US$260 bilhões nas próximas duas décadas.

Integração no Missouri

Da mesma forma que a equipe do CEC estava tentando resolver um problema de coordenação do cuidado no início da doença, outros na área de saúde mental estavam tentando descobrir como resolver outro grande problema no campo: o problema da mortalidade precoce. Em 2013, quando Joe Parks foi nomeado diretor da Divisão HealthNet do Departamento de Serviços Sociais do Missouri, o programa Medicaid do estado, ele já estava pensando há muito tempo sobre os problemas médicos das pessoas com TMG. Em 2006, ele liderou uma força-tarefa[14] que relatou uma mortalidade precoce de 25 anos para pessoas com TMG, principalmente por causas médicas evitáveis. Ele sabia, como o *New York Times* relatou em 2018, que a doença mental grave é "a maior disparidade de saúde[15] da qual não falamos".

Trabalhou, durante anos, no Departamento de Saúde Mental do Missouri, onde reconheceu que muitas pessoas com TMG não estavam envolvidas em cuidados, exceto durante uma crise, geralmente uma crise médica. Em 2013, o Dr. Parks se viu em um papel no qual ele poderia tentar fechar essa lacuna, dando às pessoas com TMG melhor atendimento médico. Seria possível um esforço coordenado de cuidados, integrando novamente tratamentos que existem há anos, fornecer melhores resultados para pessoas com TMG?

A aprovação de 2010 da Lei de Proteção e Cuidado Acessível ao Paciente ofereceu muitas coisas para pessoas com doenças mentais, incluindo cobertura para jovens acima de 26 anos, não exclusão por ter uma doença mental preexistente e reconhecimento dos cuidados de saúde mental como um "benefício essencial". Um recurso menos reconhecido, a Seção 2703, criou o Lar de Saúde,[16] um modelo de prestação de serviços para atendimento integrado a pessoas com condições crônicas. Os Lares de Saúde destinavam-se a cobrir uma variedade de serviços baseados na comunidade, bem como cuidados médicos e comportamentais.

O Missouri tornou-se o primeiro estado a receber fundos federais para construir esse novo modelo de atendimento. Com esse financiamento, Parks lançou um conjunto de Lares de Saúde, onde pacientes com TMG com condições médicas crônicas receberiam cuidados de saúde padrão. Em média, cada um desses pacientes custou ao Medicaid US$38 mil no ano anterior,[17] principalmente para cuidados com asma ou diabetes. Esses foram os pacientes com TMG que não foram atendidos em centros comunitários de saúde. A maior parte dos cuidados era na emergência ou no hospital. Dr. Parks decidiu comparar os cuidados preventivos coordenados, por meio do Lar de Saúde, com os cuidados para pacientes com uma condição médica crônica, sem o TMG, que eram tratados em uma clínica de cuidados primários. Poderia esse novo sistema de cuidados fechar a lacuna?

O que eu acho mais interessante sobre a experiência do Missouri não é seu sucesso, mas a rapidez com que funcionou. Parks, um homem careca e rechonchudo, que se parece com um médico de família idoso, usa uma gravata borboleta e faz visitas domiciliares em áreas rurais dos EUA, explicou os resultados. Ele percorreu os desafios: recrutar e treinar novos funcionários; aprender a coletar e a organizar novos tipos de dados; revisar os processos existentes e desenvolver novos para gerenciar o cuidado e prestar serviços; identificar as doenças crônicas que antes não recebiam atenção; e integrar uma abordagem totalmente nova para a gestão do cuidado em equipes e sistemas existentes. E, no entanto, os Lares de Saúde fizeram progressos significativos dentro de dezoito meses. "Você pode se surpreender com isso, mas encontramos três vezes mais pessoas com diabetes em nossas clínicas de saúde mental em comparação com nossas clínicas de cuidados primários. Portanto, não é de se admirar que tenhamos visto resultados."

Houve uma redução de 12,8% nas internações hospitalares, uma redução de 8,2% no pronto-socorro e, com base nos custos médios de internações hospitalares e serviços de emergência, ajustados pela inflação, essas reduções resultaram em uma economia global de custos de aproximadamente US$2,9 milhões. Medidas de controle da diabetes, como o HgbA1c, e o controle lipídico, como o colesterol LDL, foram significativamente melhorados, ainda mais em pacientes com TMG nos Lares de Saúde do que nos pacientes de atenção primária sem transtorno mental grave. Perguntei ao Dr. Parks sobre o segredo do seu sucesso. "Olha", disse com um sorriso, "ninguém quer ouvir isso. Mas o segredo eram nossos enfermeiros. Eles sabem como fazer as coisas".

Como com LLA, o sucesso aqui não envolveu nenhuma droga inovadora ou tecnologia transformadora. Dr. Parks encontrou maneiras de improvisar com os recursos disponíveis: ele usava enfermeiros em vez de assistentes sociais como gerentes de assistência, era proativo sobre o recrutamento de pacientes e mediu os resultados. Os resultados após um ano e meio continuaram a demonstrar melhores resultados clínicos e custos reduzidos. Ainda não sabemos se essa abordagem vai fechar a lacuna de mortalidade. Mas o projeto do Missouri é um bom lembrete de que um dos problemas mais caros e refratários, o atendimento médico para pessoas com TMG, pode ser abordado em grande escala. Essa é uma disparidade de saúde que pode ser eliminada.

O Banco da Amizade

Os Cuidados Especializados Coordenados e os Lares de Saúde focaram as necessidades das pessoas com TMG, integrando o cuidado. Um problema ainda mais comum é a falta de engajamento no cuidado. Como já vimos, o engajamento é um desafio para pessoas com formas menos graves de doença mental, bem como para aquelas com TMG. Uma das soluções mais elegantes e mais simples para o engajamento vem do Zimbábue.[18]

Em 2005, o Dr. Dixon Chibanda era um dos doze psiquiatras no Zimbábue, uma nação de quatorze milhões de pessoas, com altas taxas de infecção pelo HIV, pobreza e desespero. O Dr. Chibanda percebeu que ele e seus colegas nunca poderiam atender aos milhões com depressão e ansiedade ou *kufungisia* (literalmente "pensando demais"), como era chamado no Zimbábue. Ele também percebeu que, na cultura matriarcal de seu país natal, a conexão social de uma mulher mais velha, empática e confiável, poderia ser uma intervenção poderosa. O Banco da Amizade, um banco simples em frente à clínica, com uma equipe de avós, tornou-se uma nova forma de atendimento à saúde mental.

Surpreendentemente, como o Dr. Chibanda me disse via Zoom, o Banco da Amizade começou como um projeto escolar em 2005, quando ele estava trabalhando para um mestrado em saúde pública. Esse foi o momento de uma enorme repressão política no Zimbábue, deixando 700 mil pessoas desabrigadas e, como ele descreve agora, deixando mais de 1 milhão de pessoas com perturbações psicológicas. Um desses milhões em perturbação foi Erika, uma paciente que cometeu suicídio. Seu suicídio deixou o Dr. Chibanda determinado a atacar a crise psicológica mais ampla, fornecendo melhores cuidados. Mas como prestar cuidados com doze psiquiatras em um país pobre de quatorze milhões de pessoas, com tantos desabrigados, de zona rural e desesperados?

O Dr. Chibanda usou os recursos que estavam disponíveis: um banco e anciãs — ele as chamava de "vovós"— que eram mulheres mais velhas confiáveis e respeitadas na comunidade. Ele treinou as vovós em habilidades básicas de escuta, terapia cognitiva comportamental e uma técnica chamada ativação comportamental, que ajuda as pessoas a definir os passos para a mudança comportamental. Após algumas semanas de treinamento, as vovós tratavam a solidão, a depressão, a ansiedade e tudo o mais que as pessoas traziam para o Banco da Amizade. Às vezes, o tratamento é uma única sessão; às vezes, as pessoas voltam por muitos dias. As vovós são apoiadas por clínicos mais experientes por meio de telefone celular, conforme necessário. Um ensaio clínico publicado[19] no *Journal of the American Medical Association* relatou 573 pessoas tratadas por meio de seis sessões no Banco da Amizade *versus* informações e cuidados padrão. Os resultados encontraram efeitos altamente significativos em um acompanhamento de seis meses (em uma escala de 14 pontos de gravidade dos sintomas, o grupo tratado pontuou 3,8 *versus* a pontuação de cuidados padrão de 8,9). Mais de cinquenta mil pessoas no Zimbábue já foram tratadas pelo Banco da Amizade.

Essa abordagem, que usa terapeutas leigos treinados, às vezes chamados de colegas ou agentes comunitários de saúde, agora foi exportada[20] para muitas partes da África, de Londres e de Nova York. Uma organização sem fins lucrativos, a Empower, está tentando levar uma abordagem semelhante com terapeutas leigos para todo o mundo, usando ferramentas digitais para treinamento. Como o uso de barbearias para gerenciar a hipertensão em homens afro-americanos e o uso de mães para gerenciar a depressão pós-parto, esses projetos se baseiam na confiança.

Mas e quanto à qualidade desse apoio entre colegas? Talvez o suporte por pares seja mais aceitável para os usuários, mas estamos sacrificando a qualidade pelo engajamento? Eu mesmo estava há muito cético em relação a essa ideia. Como diretor do NIMH, entrei em conflito com meus colegas que defendiam o apoio dos colegas, apontando que a base de evidências[21] dos ensaios clínicos era escasso. Se o problema é a qualidade, argumentei, como resolvemos esse problema recrutando uma força de trabalho com menos treinamento? Isso foi antes de ver colegas em ação, antes de aprender sobre o treinamento necessário para ser credenciado como especialista em companheirismo e antes de entender como suas habilidades complementavam as da força de trabalho profissional tradicional de saúde mental. E, para essa qualificação, eu não precisava ir ao Zimbábue. A Califórnia pode não ter um programa de Banco de Amizade, mas os colegas são uma parte importante da equipe de saúde mental.

O município de Monterey, terra de Big Sur e Carmel, tem algumas das mais belas costas dos EUA. E, no entanto, como a diretora de Saúde Comportamental do Condado de Monterey, Amie Miller, explicou: "A maioria das crianças que cresce nas fazendas na parte interior desse município nunca foram à praia." Uma simples e curta viagem de carro para o interior do Vale Salinas é o cenário para *A Leste do Eden*, de John Steinbeck, e histórias clássicas de fazendas de migrantes e pobreza rural. Hoje, muitos dos trabalhadores agrícolas que são a espinha dorsal desse vale fértil vivem sem saneamento básico. A maioria não fala inglês. Mas eles não são menos propensos a precisar de cuidados de saúde mental do que a elite que vive a uma hora de distância na costa. Como eles serão tratados para depressão, TEPT ou psicose?

Embora 60% do município seja hispânico, há poucos profissionais de saúde mental que falam espanhol. Tive a sorte de conhecer Carmela, uma colega latina que cresceu falando espanhol em uma fazenda em um município próximo e lutou contra a depressão e o abuso de substâncias. Desde que passou um tempo na prisão por posse de drogas, três anos antes, ela estava limpa e agora trabalha como colega, treinada para ajudar com chamadas de crise e teleterapia. Eu a vi atender a uma chamada de Cecilia, uma jovem mãe falante de espanhol em uma fazenda de alface no Vale de Salinas, que não consegue receber cuidados infantis ou transporte para a clínica, que fica a 45 minutos de distância. Ela fazia videochamadas semanais com Carmela sobre sua ansiedade, seu senso de desamparo e sua solidão. Ao ver Carmela navegar fluentemente com Cecilia através de sua depressão, pensei no significado prático de democratizar o cuidado. Em termos de seu tratamento, realmente não importava que Carmela não tivesse um diploma formal em aconselhamento. Ela aprendeu as habilidades essenciais e, mais importante, teve a experiência vivida para ajudar. Carmela me convenceu de que não precisamos escolher entre engajamento e qualidade. Os pares podem fornecer a conexão cultural necessária para o envolvimento e, com a formação e a supervisão adequadas, podem prestar cuidados de qualidade.

A falta de acesso e uma força de trabalho inadequada são muitas vezes as primeiras explicações para a crise de saúde mental dos EUA. O Banco da Amizade, assim como o tratamento para LLA, nos lembra de que algumas soluções já estão em nossas mãos. Os colegas com experiência vivida não só podem ser embaixadores de confiança para o cuidado, como podem ser centrais para a equipe de atendimento. Em 49 estados há agora cursos de certificação para colegas, para garantir que eles possam fornecer cuidados de alta qualidade. Particularmente, se o par é da mesma etnia ou grupo etário, falando a mesma língua e transmitindo esperança, seu impacto pode ser profundo. E, claro, a experiência de servir como um colega também é terapêutica.

Cuidado Comunitário 2.0

As lições do Cuidados Especializados Coordenados, dos Lares de Saúde e do Banco da Amizade são claras. Como Francis Peabody, um famoso

SOLUÇÕES MAIS SIMPLES

professor da Escola de Medicina de Harvard, disse em 1927: "O segredo do cuidado do paciente está em cuidar do paciente." Tal como acontece com tantos problemas de saúde mental, as soluções não são complicadas. E, como esses exemplos mostram, eles não são caros. Às vezes, sinto que, se a intenção fosse projetar a abordagem mais cara, menos eficiente e verdadeiramente irresponsável para ajudar pessoas com doenças mentais, esta provavelmente começaria com salas de emergência, justiça criminal e repetidas internações de curto prazo. Os cuidados seriam transferidos para os provedores mais caros. A força de trabalho menos qualificada e não remunerada seria designada para atender às suas necessidades mais agudas, em linhas diretas de crise. E se certificariam de manter afastadas as famílias e colegas. Isso lembra alguma coisa?

Há uma maneira melhor, e estamos começando a fazer incursões nessa direção, mesmo nos EUA. O programa Centro Comunitário De Saúde Comportamental Certificado — *Certified Community Behavioral Health Center* (CCBHC) — foi criado pelo Congresso, em 2014, como uma demonstração para apoiar uma melhor maneira de coordenar o atendimento em uma abordagem de "atendimento integral".[22] A partir de 2017, oito estados (Minnesota, Missouri, Nevada, Nova Jersey, Nova York, Oklahoma, Oregon, Pensilvânia) receberam financiamento para 66 clínicas que criariam um Lar de Saúde para qualquer pessoa com doença mental ou abuso de substâncias, independentemente da capacidade de pagamento. O tema central para essas clínicas era a coordenação: vincular os cuidados de saúde mental e transtornos por uso de substâncias às clínicas de cuidados primários e outros serviços. Há tantas coisas boas sobre esta iniciativa CCBHC que é difícil não sentir otimismo. Em contraste com os centros comunitários de saúde mental originais, os CCBHCs assumiram serviços de crise, visitas domiciliares, treinamento de colegas e alcance de residências, escolas e prisões. Eles se comprometem a treinar uma nova força de trabalho, envolver colegas e famílias e melhorar os serviços de crise.

Para as pessoas que executam esses programas, uma inovação crítica tem sido o "pagamento em potencial". Em vez de serem reembolsados pelos serviços por tempo gasto, os CCBHCs são pagos pelas populações que atendem. Se uma clínica é responsável por uma população de duas mil pessoas com TMG, três mil com vício e dez mil com outros problemas de saúde mental ou transtorno por uso de substâncias, o governo paga respectivamente para apoiar o "cuidado integral" para essa população. A clínica, então, investe nos tipos de programas que podem antecipar uma crise, como os exemplos discutidos neste capítulo. O pagamento em potencial incentiva as clínicas a serem proativas e criativas, afastando-se dos caros cuidados impulsionados pela crise.

Larry Smith, que passou os últimos 25 anos no Grand Lake Mental Health Center, no norte de Oklahoma, viu o impacto do modelo CCBHC. Grand Lake fornece cuidados de saúde mental em 12 condados na zona rural de Oklahoma, servindo a 480 mil pessoas espalhadas por 260 quilômetros quadrados. O acesso sempre foi um desafio, mas, quando o único serviço de internação fechou em 2012, Larry teve que encontrar uma maneira de fornecer serviços sem sobrecarregar o pronto-socorro ou enviar pessoas gravemente doentes para fora do estado. Passou a integrar a saúde mental com a atenção primária e a contratação de enfermeiros para visitas domiciliares. Então, Oklahoma se qualificou como um estado CCBHC em 2017, e Larry diz que seu trabalho se tornou "realmente interessante". Como Larry me diz agora, ele finalmente poderia fazer as coisas, muitas vezes coisas simples, que ele sabia que forneceriam melhores cuidados a custos mais baixos. Por exemplo, ele colocou um iPad com software de telessaúde em cada viatura da polícia para que sua equipe pudesse se juntar a todas as chamadas de resposta a crises, a qualquer hora, em qualquer lugar nos doze condados. O software de iPad incluiu um botão para o oficial de polícia procurar apoio também. "Antes do pagamento predeterminado, ninguém nos pagaria para ajudarmos a polícia com chamadas de crise. Agora podemos reduzir nossos custos de emergência e reduzimos nossas necessidades de internação em 95%."

A experiência de Oklahoma foi compartilhada entre os oito estados desde o projeto de demonstração inicial.[23] Os CCBHCs reduziram os tempos de espera para avaliação e tratamento, melhoraram o treinamento e a equipe, e diminuíram as visitas às emergências e as internações. Os resultados iniciais foram tão promissores que o Congresso ampliou o programa para permitir que clínicas de outros estados recebessem financiamento. Até 2020, 113 clínicas em 21 estados receberam o status CCBHC,[24] embora nem todos usassem a autoridade de pagamento em potencial do projeto de demonstração original. E o pacote de estímulo federal promulgado no fim de 2020 incluiu US$850 milhões adicionais para o programa CCBHC como parte de um novo investimento de US$4,25 bilhões em saúde mental. O dinheiro para a saúde mental foi uma pequena fração do estímulo total de US$900 bilhões, que praticamente passou despercebido pela mídia, mas esse novo dinheiro para os CCBHCs e outros projetos (incluindo as iniciativas do CEC e do Lar de Saúde) representou o maior investimento federal em cuidados de saúde mental desde a Lei de Saúde Mental Comunitária de 1963. De fato, o programa CCBHC pode ser pensado como cuidado comunitário 2.0, um programa de financiamento federal baseado no conceito original de cuidado na comunidade, mas embasado por cinquenta anos de experiência.

Nos círculos de políticas de saúde, falamos muito sobre os "objetivos triplos"[25]: melhorar a experiência do cuidado, melhorar os resultados e reduzir os custos. Normalmente, quando enfrentamos três objetivos, temos de escolher dois. As lições dos exemplos neste capítulo são que podemos realmente obter todos os três se mantivermos as coisas simples, com foco em melhor envolvimento e integração dos cuidados. Colegas e avós ajudam. Enfermeiros ajudam. E dar função aos pacientes e às famílias é essencial. O programa CCBHC promete reduzir a lacuna entre o que sabemos e o que fazemos.

Podemos encontrar outras maneiras de fazer melhor e alcançar esse objetivo triplo? A revolução tecnológica, talvez surpreendentemente, sugere que sim, podemos.

10.

INOVAÇÃO

> A revolução das máquinas deve ser acompanhada de uma melhoria na humanidade — com mais tempo juntos, compaixão e ternura — para tornar real o "cuidado" na saúde. Para restaurar e promover o cuidado.
>
> — Eric Topol, *Deep Medicine*[1]

Desde que ingressou no Google como gerente de produto, Stephen estava em busca do "eu quantificado". Até 2016, o Vale do Silício já tinha um movimento quantificado e crescente, formado por pessoas, principalmente engenheiros de software, que abraçaram cada novo produto de consumo que lhes permitiu monitorar seu comportamento e sua biologia. Eles tinham alguns nomes nerds para esse movimento: *lifelogging*, *body hacking*, ou meu favorito (emprestado da genômica), narcisômica. Eles encontraram um fluxo constante de ferramentas para medição ou monitoramento: sequenciamento de DNA — ok; meditação com EEG — ok; Fitbit — ok; o *smartwatch* mais recente — ok.

Stephen tinha ido mais longe do que a maioria. Ele tinha um sensor no colchão para medir o sono. Ele escreveu um programa simples para combinar suas coordenadas GPS e sua contagem de passos para estimar o que ele chamou de "entropia comportamental". E, no fim de cada mês, ele usava um aplicativo do Chrome chamado Takeout para coletar todos os seus dados online de pesquisas, e-mails e postagens nas redes sociais, que ele chamou de seu "rastro digital", para analisar. Ele compararia suas mensagens e e-mails de saída e entrada para medir sua "conectividade social". Ele até tentou uma análise semântica de seus textos e e-mails, usando ferramentas de código aberto para processamento de linguagem natural.

Stephen admitiu que isso pode parecer um exercício de narcisismo. "A maioria das pessoas monitora seu peso, mas ignora todas essas coisas que são muito mais interessantes. Só estou tentando monitorar mudanças que podem realmente importar. Estou construindo um painel para minha mente."

Stephen tem transtorno bipolar. Ele sobreviveu a episódios de mania, em que seus pensamentos vívidos aceleravam; trabalhou e festejou sem dormir, e imprudentemente drenou sua conta bancária. E então houve semanas de depressão quando ele não conseguia sair da cama e os pensamentos incoerentes de sua mente simplesmente pararam. Aqueles altos e baixos abalaram seus vinte anos. Agora, perto dos trinta anos, ele tinha encontrado algo semelhante ao equilíbrio com medicação e meditação. Ele se sentia completamente em casa no Google, onde trabalhava em projetos de saúde. Seus colegas respeitaram sua paixão pelo design e ele começou a descobrir que a criatividade que ele associava com seus períodos maníacos ainda poderia ser acessada, embora de forma mais controlada e menos dramática. À medida que se sentia confortável com colegas de trabalho, ele começou a compartilhar mais de suas experiências com a doença bipolar. Ele ficou surpreso ao descobrir que muitos de seus colegas tiveram lutas semelhantes. E abrir-se para eles deu-lhe mais confiança para ser mais criativo também.

Manter sua vida nos trilhos exigia um painel sensível para monitorar sua saúde mental. Por isso, o eu quantificado. Nem todas as medições importavam. Stephen não havia encontrado nada acionável de

INOVAÇÃO

sua sequência de DNA ou rastreamentos de EEG, mas seus registros de atividade e sono mostraram ciclos que ele acreditava serem formas leves de seu ritmo bipolar, que ele chamou de "recorrentes". E esse rastro digital mostrou-se surpreendentemente revelador. Havia muito mais atividade online, coincidindo com redução do sono e aumento da atividade física. Mas, ainda mais interessante, a análise da linguagem expôs mudanças consistentes no tom emocional ou sentimento. Durante dias e semanas de depressão leve, os registros de tristeza e desamparo aumentaram. Os pronomes mudaram para "eu" — primeira pessoa no singular. Seus verbos normalmente estavam no passado. E o número de palavras, em geral, foi cerca de metade do que ele viu por dias e semanas durante a mania.

Stephen nem sempre tinha certeza do que fazer com a montanha de dados que ele coletava. Ele dosou a medicação e falou com o terapeuta sobre tudo isso. Ele reclamou que esses dados eram sempre retrospectivos. Olhar para o rastro digital é "como dirigir olhando no meu espelho retrovisor". No entanto, esse painel ofereceu-lhe uma sensação de controle. Durante os anos em que suas mudanças de humor pareciam arrastá-lo para altos e baixos, ele nunca se sentiu como o capitão de sua própria mente e, de fato, nunca sentiu que podia confiar em si mesmo. Dias bons eram o começo de um período maníaco? A tristeza depois de uma decepção no trabalho foi razoável ou era a depressão tomando conta? O painel foi uma tentativa de retomar os controles para fornecer algumas cercas de segurança que poderiam impedir sua mente de correr descontrolada.

O QUE STEPHEN ESTAVA construindo para seu cérebro bipolar pode ser uma versão inicial do painel que poderia revolucionar os cuidados de saúde mental. Lembra-se do argumento de que o progresso é deficiente, não tanto pela falta de acesso, mas pela falta de qualidade? E melhorar a qualidade requer feedback. O feedback requer medição. No campo da saúde mental, o feedback que estamos buscando, como Stephen, é uma medida objetiva de como nos sentimos, pensamos e nos comportamos.

Não existem biomarcadores, nem instrumentos de medição objetivos validados para as pessoas com doenças mentais, como existem para as pessoas com diabetes e doenças cardíacas. Mas a tecnologia oferece ferramentas inovadoras para medição e para tratamento baseado em medição. Além disso, a tecnologia poderia, em última análise, nos oferecer uma gama de intervenções digitais e melhoria na gestão de cuidados, ou ferramentas inteligentes para resolver alguns dos nossos maiores desafios, como os problemas de acesso, qualidade e precisão que visitamos anteriormente neste livro. De fato, a tecnologia pode ser mais útil quando o desafio é juntar os pontos. Um empresário do Vale do Silício uma vez explicou que, se você quer saber onde inovar, você deve procurar por remendos: serviços ineficientes, mal integrados e não amigáveis ao consumidor, mantidos em funcionamento por manutenções caras e obsoletas. Quando ouvi isso pela primeira vez, pensei imediatamente sobre cuidados de saúde mental.

Pensando que a inovação poderia redesenhar a saúde mental, mudei do NIMH para o Vale do Silício no final de 2015. Inicialmente, liderei a equipe de saúde mental da Verily, a empresa de saúde que estava nascendo a partir do Google, em 2015; depois, na Mindstrong Health, uma empresa que projetava o tipo de painel que Stephen imaginava; e, finalmente, na Humanest Care, uma *startup* de saúde mental, impulsionada pelo consumidor, criando atendimento intensificado online. Minha jornada por essas três empresas muito diferentes foi tanto inspiradora como enlouquecedora. Inspiradora porque algumas mentes muito brilhantes estão agora trabalhando na inovação para saúde mental e, com a ciência de dados moderna, elas têm uma aceitação sem precedentes para melhorar os cuidados. Enlouquecedora porque a inovação e o investimento ainda não estão resolvendo o problema de saúde pública. Muitas empresas digitais de saúde mental, fundadas por engenheiros de software, estão desenvolvendo empresas financeiramente bem-sucedidas, que combinam pacientes com terapeutas ou fornecem aplicativos de meditação online; mas, até agora, há pouca inovação que esteja reduzindo a morte e a incapacidade para pessoas com TMG. E a vanguarda desse campo é importunada por questões de privacidade, controle de dados e rigor. Temos um longo caminho a percorrer. Dito isso, a busca por medição de Stephen e o espírito por trás dela podem levar a algo inovador. A tecnologia pode ser a chave para democratizar os cuidados, bem como a medição. E tudo começa com a linguagem.

A LINGUAGEM É, NATURALMENTE, a principal ferramenta para avaliar como alguém se sente e como pensa. Entre ouvir as palavras e a voz e observar expressões faciais e comportamentos, os clínicos têm avaliado, há gerações, o humor, a psicose ou o risco de violência. O processo é subjetivo, melhorado por meio de tentativa e erro, e muitas vezes exige anos de experiência para ser dominado. Afinal, a essência da doença mental é a lacuna entre as realidades subjetivas e objetivas. Os delírios da psicose, a desesperança da depressão e o pânico do TEPT são experiências subjetivas profundas que não são acompanhadas por uma realidade objetiva interpessoal. Os mestres em psiquiatria são especialistas em traduzir entre esses dois domínios de experiência, medindo a lacuna e monitorando a mudança com precisão. E, se a tecnologia puder nos ajudar a medir esses indicadores-chave, resolvendo assim os problemas de subjetividade e de qualidade?

O processamento de linguagem natural (PLN) estuda a estrutura da linguagem com as ferramentas da ciência de dados. As raízes desse campo remontam ao nascimento da era do computador. Em 1950, Alan Turing, geralmente considerado o pai ou avô da revolução dos computadores, propôs o Teste de Turing[2] como um critério para uma inteligência de máquina: uma máquina que poderia analisar e gerar linguagem que pareceria convincentemente conversacional, ou uma fonte de linguagem natural. Uma das primeiras tentativas mais famosas de passar no Teste de Turing veio, em meados da década de 1960, de ELIZA,[3] um programa de computador escrito por Jacob Weizenbaum no MIT para simular uma sessão de terapia com o renomado psicólogo Carl Rogers, na época considerado um dos melhores terapeutas dos EUA. A terapia Rogeriana, também conhecida como terapia centrada na pessoa, consistia em grande parte em devolver ao paciente, como uma pergunta, o que quer que o paciente dissesse como uma declaração. Paciente: "Sinto-me tão triste." ELIZA: "Por que se sente tão triste?" Paciente: "Bem, ninguém gosta de mim." ELIZA: "Por que acha que ninguém gosta de você?" Nos primeiros dias da era dos computadores, ELIZA foi anunciada como um admirável mundo novo que substituiria terapeutas por robôs. É claro que o terapeuta Rogeriano, com essa resposta desagradável e reflexiva, dificilmente era melhor do que um robô, e era certamente uma forma fácil de automatizar com "linguagem natural". Os primeiros anos do PLN foram em grande parte sobre escrever regras linguísticas simples para os computadores seguirem: repetir substantivos e verbos, inverter declarações em perguntas, converter pronomes.

O verdadeiro domínio do Teste de Turing teve que esperar avanços no poder de computação. À medida que os microprocessadores dobravam o poder de computação a cada dois anos, partindo do início de ELIZA, e à medida que grandes quantidades de dados linguísticos se tornavam disponíveis na rede, uma ciência muito poderosa se desenvolveu na interseção da linguística e da inteligência artificial. Os computadores podiam não apenas aprender regras, mas detectar regras na linguagem e usar esse conhecimento a fim de criar algoritmos complexos para atender ao Teste de Turing — analisando e gerando linguagem natural. Hoje, vemos aplicativos para processamento de linguagem natural em reconhecimento de fala, conversão de texto em fala, assistentes de voz digital e nas correções automatizadas inseridas em programas de processamento de texto.

Como a linguagem é o nosso principal meio para avaliar como alguém se sente e como pensa, o PLN pode resolver alguns problemas de longa data na saúde mental.[4] Por exemplo, um conceito psicológico como o transtorno do pensamento, a própria base da psicose, é na verdade muitas irregularidades diferentes de pensamento, incluindo grandiosidade, incoerência, paranoia e delírios, cada um dos quais pode ser medido em texto ou fala em comparação com vastas bases de dados de linguagem. Como um exemplo, o PLN pode definir coerência semântica pela probabilidade de que quaisquer duas palavras sejam encontradas adjacentes uma à outra.[5] A palavra "cão" pode ser esperada ao lado de "osso", "casa" ou "gato" e seria encontrada com menos frequência ao lado de "televisão", "seminário" ou "girafa". O PLN mede a coerência semântica em uma sequência de texto ou durante uma entrevista.[6] Associações incomuns são a base da poesia, mas também a essência da incoerência, o que os clínicos chamam de "pensamento desorganizado", quando alguém se torna psicótico.

Stephen descobriu uma segunda aplicação interessante do PLN. Durante a depressão, os pronomes mudam da segunda e da terceira pessoas para a primeira pessoa do singular. Freud descreveu o narcisismo na melancolia (um termo clássico para depressão),[7] mas nunca notou a mudança nos pronomes. O PLN demonstra essa mudança quantificando os pronomes como "palavras eu". Adicionar a quantidade de "palavra eu" à valência emocional das palavras no texto pode fornecer um resultado para o sentimento,[8] uma medida de humor. Além de características como coerência e sentimento, a taxa e o volume da fala podem ser medidos. Ambos aumentam durante a mania e diminuem com a depressão, como Stephen viu com a quantidade de conteúdo em seus dados online. Embora Stephen estivesse analisando seus textos semanas depois, todos esses atributos podem ser avaliados e integrados em tempo real para fornecer leituras imediatas, objetivas e quantitativas do humor.

Existe algum valor real para uma medida objetiva quando algo como o humor é fundamentalmente uma experiência subjetiva? Uma resposta, argumentada por Stephen, é que medidas objetivas podem detectar mudanças sutis antes que sejam identificáveis subjetivamente, da mesma forma que pequenas mudanças no açúcar do sangue ou na pressão arterial podem ser importantes, fisiologicamente, antes mesmo de causarem sintomas. Embora estejamos apenas apreciando o poder dessa abordagem para detectar humor e psicose, mudanças sutis na linguagem têm sido usadas há muito tempo para prever estágios iniciais de demência.

Minha primeira consciência do potencial do PLN veio de um estudo de Iris Murdoch, uma das escritoras britânicas mais célebres da era pós-guerra. Depois de receber o Prêmio Booker e elogios por uma série de romances durante as décadas de 1970 e 1980, seu último romance, *Jackson's Dilemma* [sem tradução para o português], publicado em 1995, foi considerado decepcionante pelos críticos. Um ano depois, ela foi diagnosticada com doença de Alzheimer, um diagnóstico que foi confirmado três anos depois de sua morte. Fiquei intrigado com um artigo em 2005 que comparou a linguagem em *Jackson's Dilemma* com o trabalho anterior de Murdoch.[9] Muito antes de ser diagnosticada clinicamente com Alzheimer e possivelmente antes de estar plenamente ciente da mudança, uma análise computacional do texto revelou uma redução na diversidade lexical em *Jackson's Dilemma*. Em relação ao seu trabalho anterior, nesse romance final houve menos palavras únicas e houve menos palavras novas introduzidas no texto após as primeiras páginas. Sem dúvida, os revisores estavam sentindo uma mudança, mas foi a análise computacional do texto que identificou o problema, mesmo antes de uma síndrome clínica se manifestar.

Em 2005, a análise linguística foi um instrumento de pesquisa. Hoje é uma ferramenta de código aberto disponível para qualquer pessoa com uma conexão à internet. Considere o programa de análise de textos Linguistic Inquiry Word Count (LIWC),[10] desenvolvido pela Universidade do Texas em Austin. Você pode inserir qualquer texto neste programa, de *Moby Dick* a um discurso de Donald Trump e, com o toque de um botão, receber uma análise do idioma. Vamos tentar isso com dois parágrafos de tamanho similar do livro de Terri Cheney sobre seu transtorno bipolar,[11] *Modern Madness* [sem tradução para o português]. Enquanto se prepara para fazer uma grande apresentação em uma reunião profissional, ela entra em mania:

> Dez dias antes da conferência, finalmente superei meu hábito profundamente enraizado de procrastinação e me dediquei à pesquisa. Na primeira noite, trabalhei até meia-noite. Na noite seguinte, até às 2h. Na seguinte, até às 4h, e depois pa-

rei de dormir. Não me preocupei que isso me deixasse maníaca. Eu me sentia bem. Melhor do que bem, sentia-me incrível. Pensamentos floresceram como rosas. Bastava simplesmente estender a mão e arrancá-los.

E do diário dela durante um episódio depressivo anterior:

Estou escrevendo isto das profundezas. Do buraco esfarrapado no coração do inferno. Estou deprimida por uma eternidade agora, ou pelo menos há várias semanas, e não há vislumbre de esperança no horizonte. Nunca há, quando é assim tão ruim. Quando acordei esta manhã, a dor estava pior. Não pensei que isso fosse possível. Dante disse que só havia círculos do inferno. Claramente, Dante estava errado.

O que o LIWC vê nesses breves trechos? O programa tem dois tipos de pontuação: contagem de palavras como porcentagem do total de palavras e uma variável de resumo que considera o conteúdo semântico de forma mais ampla, com intervalos de 0 a 100. As pontuações do episódio maníaco: afeto positivo (porcentagem do total de palavras) = 5,6%; afeto negativo (porcentagem do total de palavras) = 1,4%; e, como resumo, tom emocional variável (otimista e positivo) = 92,8 de 100. As pontuações do episódio depressivo: afeto positivo = 1,4%, afeto negativo = 9,5% e como uma variável resumida tom emocional (otimista e positivo) = 1 em 100. Para cada uma dessas, e para muitas outras variáveis, existem padrões normativos baseados em milhares de amostras de diferentes tipos de texto (profissional, pessoal etc.).

É verdade que o LIWC provavelmente não está dizendo nenhuma novidade para quem ler o texto de Terri Cheney. Mas, como Stephen descobriu ao analisar seu esgotamento digital, com o texto fornecido pela mesma pessoa ao longo do tempo, diferenças sutis que podem não ser notadas por um terapeuta tornam-se prontamente aparentes. Com o PLN, as impressões clínicas podem se tornar resultados objetivos, e a mudança clínica pode ser avaliada com precisão.

Stephen usou o seu registo de e-mails, textos e pesquisas como uma espécie de diário inesperado. Ele foi capaz de ver padrões, como ele disse, "no espelho retrovisor". Existe uma maneira de capturar fala, voz e textos em tempo real? Poderia a mesma abordagem ser um alarme de incêndio digital para uma crise emergente de saúde mental?

Para obter a medição em tempo real, precisamos de um dispositivo usado em tempo real. O smartphone, que obviamente é onipresente e coleta dados continuamente, parece ideal para a tarefa. Esses pequenos computadores produzem uma imagem sem precedentes de como pensamos, sentimos e nos comportamos; e eles podem ser ferramentas incrivelmente úteis na fenotipagem digital.[12] Fenotipagem significa função de mapeamento, em oposição à genotipagem, que é o mapeamento da sequência genética. O conceito é extremamente simples. Com telefones ou *wearables*, podemos obter informações profundas sobre como estamos funcionando. Esses dispositivos podem capturar a fala e a voz com ferramentas de PLN incorporadas para fornecer pontuações em tempo real para recursos como sentimento, coerência ou velocidade. Os sensores no telefone indicam atividade e localização, fornecendo estimativas de sono e de vitalidade. Comparar chamadas ou textos recebidos revela uma impressão aproximada de conectividade social, que muda com depressão, mania ou psicose.

A fenotipagem digital permite que essa medida objetiva aconteça no contexto da experiência vivida de uma pessoa, refletindo como ela funciona em seu mundo, não em uma clínica. Sinais de uma mãe no puerpério lutando contra a depressão podem parecer bastante diferentes durante a amamentação às 3h, em comparação com o que ela relata ao médico no dia seguinte. Já discutimos como a maioria das pessoas com uma doença mental não procuram ajuda, e aqueles que procuram ajuda geralmente chegam depois de um atraso considerável. Para populações de risco, como puérperas ou vítimas de trauma, a fenotipagem digital poderia sinalizar a transição do risco para a necessidade de cuidados? Para as pessoas que já estão em tratamento, a fenotipagem digital poderia fornecer sinais precoces de recaída ou de recuperação?

INOVAÇÃO

Em 2016, quando a fenotipagem digital foi usada pela primeira vez, a ideia de coletar dados passivamente de smartphones parecia ingênua e inocente.[13] Então veio uma série de violações flagrantes de privacidade, por empresas de tecnologia, que de repente fizeram a fenotipagem digital parecer vigilância. Embora a vigilância tecnológica estivesse em andamento pelo menos desde 2012, a história não se tornou pública até anos depois. Sabemos agora que, durante uma semana em janeiro de 2012, o Facebook manipulou o que quase setecentos mil usuários viram quando iniciaram sessão no seu serviço de notícias. Foram mostrados, a algumas pessoas, conteúdos com uma preponderância de palavras felizes e positivas; outras receberam conteúdo mais triste do que a média. Nenhum utilizador deu consentimento para essa experiência e ninguém foi informado. Quando a semana acabou, o Facebook analisou se esses usuários manipulados eram mais propensos a postar palavras especialmente positivas ou negativas, um efeito chamado "contágio emocional". Na verdade, os efeitos do contágio emocional foram modestos,[14] mas talvez a maior consequência para esse estudo foi a descoberta de que as emoções positivas e negativas impulsionaram mais tráfego no Facebook, prenunciando a polarização impulsionada por clique desse e de outros sites de mídia social.

Quando a Cambridge Analytica, a empresa política contratada pelo comitê de campanha de Donald Trump em 2016, obteve acesso a dados privados de cinquenta milhões de usuários do Facebook para influenciar seu voto, o Facebook se envolveu em um escândalo total. Mas não era só o Facebook. Em 2018, foi descoberto que várias empresas de tecnologia vendiam dados de usuários, se não violando a lei, violando inequivocamente a confiança do público. Por exemplo, o Projeto Nightingale, do Google, capturou dados de milhões de registros médicos sem consentimento. Um artigo do *Atlantic* publicou esta história "Google's Totally Creepy, Totally Legal Health-Data Harvesting [Coleta de Dados de Saúde Assustadora e Totalmente Legal pelo Google, em tradução livre]."[15] Os usuários começaram a entender que não eram apenas consumidores — eles também eram consumidos. As empresas de tecnologia estavam monetizando dados de mídia social, dados de pesquisa, dados de compra online e, sim, dados de saúde potenciais para gerar bilhões em receita de publicidade. A crítica Shoshana Zuboff se referiu a esse uso de dados do consumidor como "capitalismo de vigilância".[16] Outros se concentraram na manipulação dos usuários para viciá-los em seus sites. E o público, que havia saudado essas empresas como disruptivas, agora via as empresas de tecnologia como impérios malignos, manipulando eleições, viciando nossos filhos e potencialmente capazes de saber mais sobre nós do que sabemos sobre nós mesmos.

De repente, a linha tênue entre o monitoramento do humor em um smartphone e a vigilância era difícil de enxergar. Claro, essa abordagem só tinha sido usada com voluntários de pesquisas ou indivíduos como Stephen, que estavam se monitorando. Mas, uma vez que o método para monitorar o humor ou o pensamento tivesse sido aperfeiçoado, o que impediria seu uso em populações sem seu consentimento? A vigilância de smartphones poderia se tornar um órgão de controle social? Se isso parecer improvável, veja as avaliações de crédito social usadas na China para determinar se alguém pode obter um passaporte ou uma promoção. E, se parece que isso nunca poderia acontecer aqui, compare os seus resultados de pesquisa ou o seu *feed* de notícias para alguém de um grupo demográfico diferente. Aquele momento em que as empresas sabem mais sobre nós do que nós mesmos? Isso pode ter sido há uma década.

Esses riscos são reais. Mas os benefícios potenciais também são reais. Pessoas com doenças mentais merecem os mesmos tipos de biomarcadores que temos para diabetes ou doenças cardíacas. Se a fenotipagem digital oferece uma abordagem objetiva e contínua para medir a recuperação ou a recaída, isso pode dar aos pacientes, às famílias e aos médicos uma ferramenta, que muda a vida, para o gerenciamento de doenças mentais. O desafio será demonstrar que ele realmente dá sinais acionáveis e confiáveis, por um lado, e que pode ser usado de forma responsável e ética, por outro.

Existe uma maneira de garantir a confiança do público? Podemos proteger a privacidade dessas informações profundamente pessoais? Idealmente, as pessoas devem possuir seus dados, decidindo como e

INOVAÇÃO

quando serão compartilhados. Muitas das análises críticas para a saúde mental podem ser feitas no telefone, para que os dados nunca sejam compartilhados, a menos que o proprietário decida compartilhá-los. Mas esse é apenas o princípio, e há muito ainda para descobrir. Além do consentimento e da privacidade, atualmente não há uma estrutura regulatória para garantir a qualidade ou a conformidade com as melhores práticas.[17] Na verdade, não há práticas melhores. E, sem dúvida, à medida que esse campo se desenvolve, haverá uma série de consequências não intencionais, como vimos com todas as novas tecnologias. A questão é se os erros iniciais impedirão o progresso da saúde mental.

Compromisso

Stephen estava usando a fenotipagem digital como uma espécie de alarme para o seu distúrbio bipolar. E a tecnologia para apagar o fogo? Como já vimos, uma das maiores barreiras para resolver a crise de saúde mental é o compromisso: a maioria das pessoas com uma doença mental — 60% é uma estimativa aproximada — não está recebendo cuidados.

Os números sugerem que muitos dos 60% das pessoas que não estão em tratamento, e podem se beneficiar de cuidados, estão procurando ajuda, mas não no sistema de saúde. Estão se conectando nas redes sociais. A comunidade de depressão do Reddit[18] relata consistentemente quase seiscentos mil usuários, todos conectados porque "ninguém deve ficar sozinho em um lugar escuro". Facebook, Instagram, YouTube e TikTok podem ter almejado postagens positivas ou vídeos divertidos, mas lidam com milhões de pessoas em desespero,[19] incluindo muitas que são suicidas. Empresas com tecnologia de assistência à voz, como a Siri da Apple e o Echo da Amazon, descobriram que seus dispositivos estão capturando as últimas palavras antes de um suicídio.[20] E a pesquisa do Google foi usada para obter informações sobre como fazer um nó de forca ou doses letais de medicamentos comuns, enquanto o YouTube tem sido um veículo para transmitir suicídios.[21]

Houve alguns movimentos na direção certa do mundo da tecnologia. Em 2018, o Facebook lançou um esforço em toda a empresa para detectar e gerenciar o risco de suicídio. "No ano passado, ajudamos os socorristas a alcançar rapidamente cerca de 3.500 pessoas, em todo o mundo, que precisavam de ajuda", escreveu Mark Zuckerberg em uma postagem de 2018 sobre os esforços.[22] O Pinterest trabalhou com psiquiatras em Stanford em 2019 para incluir conteúdo "microterapêutico",[23] como mensagens de esperança e tranquilidade em postagens específicas. As equipes de confiança e segurança dessas empresas contrataram especialistas em inteligência artificial para detectar indivíduos em risco, mas, além das referências com *pop-ups* a serviços de crise on-line ou offline, o império das mídias sociais não enfrentou a crise da saúde mental.

Perdemos uma oportunidade? Embora esses sites de mídia social tenham se tornado cada vez mais um paraíso para a destruição, o *hacking* de privacidade e a positividade tóxica, eles também podem ser uma porta de entrada para o cuidado? Afinal, os sites de mídia social são onde as pessoas estão se conectando, às vezes nutrindo os laços com amigos e familiares, às vezes cortando esses laços com postagens hostis. Esses sites poderiam ser mais úteis? Eles poderiam dar aos usuários algo que reduzisse, ao invés de aumentar, o sofrimento mental?

Antes de respondermos a essas perguntas, devemos abordar uma questão mais básica. O que as pessoas com sofrimento mental, de fato, querem? Por que elas são atraídas para sites de mídia social em primeiro lugar? O grupo de advogados do Mental Health America[24] tentou responder a essa pergunta para cinco milhões de pessoas que preencheram testes de triagem em seu site. Para aqueles que receberam resultado positivo para uma doença mental, eles dão continuidade com um questionário rápido que basicamente perguntou: "O que você quer para este problema?" As duas principais respostas: "Informações confiáveis" e "uma chance de se conectar a alguém como eu". Terapia e medicação estavam muito abaixo na lista.[25]

INOVAÇÃO

Embora as redes sociais *possam* ser úteis para fornecer informações e conectar pessoas, esses sites infelizmente não são fornecedores consistentes de informações de saúde confiáveis e, muitas vezes, são o lugar onde as pessoas apresentam sua versão idealizada de si mesmas — não um lugar seguro para serem vulneráveis e autênticas. Mas existem sites[26] que fornecem uma conexão conveniente com colegas online e anônimos; alguns até usam "ouvintes" como o núcleo de seu serviço. Os ouvintes são pessoas que podem ter se juntado para obter ajuda, mas são treinadas com habilidades básicas para dar ajuda por meio de apoio psicológico empático. Se bem feito, imagine o Facebook unido com o AA; essa abordagem pode ser uma resposta para o desafio do comprometimento. Especialmente para a geração Z, obter informações e conectar-se com um colega pode começar a fechar essa diferença de 60% entre necessidade e cuidado.

Já vimos o valor dos colegas na melhoria do comprometimento, seja por meio do Banco da Amizade ou de um centro comunitário de saúde mental. O que torna o suporte online por colegas especialmente interessante, do ponto de vista da qualidade, é que, ao contrário dos tratamentos que ocorrem a portas fechadas, o suporte online pode ser transparente, com monitoramento preciso do tempo, do conteúdo e do impacto da resposta. Os usuários avaliam seus ouvintes e seus terapeutas. Moderadores de conteúdo supervisionam os resultados diariamente para se proteger contra *trolls* e mau comportamento. De fato, como veremos a seguir, a melhoria da qualidade pode ser uma das verdadeiras virtudes do cuidado online.

Modo Online

O suporte online por pares pode ajudar no comprometimento, mas e quanto a ter acesso a um especialista clínico? O problema de acesso é simples de definir: as pessoas decidem procurar atendimento, mas podem ter dificuldade em encontrar alguém para fornecê-lo. E isso é relativamente simples de resolver com a telepsiquiatria. Usar tecnologia para tratamentos remotos já é algo que existe há décadas. Existem três formas básicas de telepsiquiatria: vídeo online, texto ou telefone, com versões da terapia ao vivo tradicional; tratamento baseado em texto assíncrono com um provedor; e tratamentos habilitados para tecnologia que usam um *chatbot* como terapeuta ou são autoentregues com base em uma abordagem manual da psicoterapia.

Dada a falta de experiência em saúde mental em grande parte do país, a telepsiquiatria parece ser uma solução óbvia para os pacientes, bem como para seus prestadores de cuidados primários. De fato, para o tratamento de depressão, ansiedade, TEPT e até transtornos de uso de substâncias, testes clínicos rigorosos demonstraram que o tratamento baseado em vídeo ou telefone agendado[27] com um provedor, que oferece um tratamento baseado em evidências, é tão eficaz quanto a terapia presencial. Para pacientes com comorbidades médicas e problemas comportamentais, é comprovado que a teleterapia reduz os custos de seus cuidados médicos.[28] E muitos pacientes acham[29] essa abordagem para o tratamento mais conveniente e mais aceitável do que as consultas presenciais.

Apesar dessas evidências, a teleterapia não era amplamente adotada antes de 2020. A Covid mudou isso.[30] A Blue Cross Blue Shield de Massachusetts reportou 200 solicitações de telessaúde em fevereiro de 2020 e 38 mil solicitações de telessaúde em maio de 2020. A pandemia elevou essa mudança maciça de cerca de 5% para 95% dos cuidados prestados remotamente. Pacientes e prestadores tiveram que descobrir essa nova tecnologia e, pela primeira vez, no processo, estavam conhecendo os animais de estimação e as famílias uns dos outros. Em um artigo comovente sobre a busca por privacidade durante a teleterapia, o *New York Times* afirmou que "o banheiro é o novo sofá".[31]

O que chamamos de telemedicina hoje é realmente a versão 1.0. O uso de um notebook, tablet ou telefone para conectar pacientes a provedores resolve o problema da distância para moradores rurais e oferece conveniência, mas faz pouco para melhorar a força de trabalho ou o sistema de atendimento atual.

INOVAÇÃO

A telessaúde 2.0 pode incorporar os dados de vídeo e voz da sessão para dar aos provedores e aos pacientes feedback imediato e informações objetivas. Mas mesmo essa versão da telessaúde pode não ser dimensionada o suficiente para atender à demanda por serviços em nível global.

É aí que as duas outras formas de telemedicina podem desempenhar um papel. Conexões assíncronas, nas quais o provedor responde geralmente via texto em minutos ou até 24 horas depois, podem expandir a força de trabalho, especialmente se a força de trabalho pode ser global, permitindo que os provedores estejam disponíveis 24 horas por dia, 7 dias por semana. Talvez uma inovação maior seja o cuidado tecnológico que engaja o poder da tecnologia e da inteligência artificial para fornecer um *chatbot* ou um terapeuta humano capacitado com informações ricas baseadas nas necessidades do usuário, nos registros clínicos e na literatura científica relevante.

Uma versão inicial desse futuro é o Woebot,[32] um *chatbot* que fornece uma versão da terapia cognitiva comportamental online. O Woebot é carregado de algoritmos que podem detectar problemas subjetivos e orientar os usuários, com um pouco de humor, através de estágios de terapia. Ou como o robô diz: "Estou aqui por você, 24h por dia. Sem sofás, sem remédios, sem coisas da infância. Apenas estratégias para melhorar seu humor. E a piada boba de sempre." Em um estudo inicial de setenta estudantes com depressão, moderada a grave, e ansiedade, metade foi randomizada para o tratamento do *bot* e metade foi encaminhada para uma fonte de informação, essencialmente como um controle de lista de espera. Após duas semanas, o grupo Woebot interagiu com o *bot* uma média de doze vezes e relatou melhora significativa em uma autoavaliação da depressão,[33] enquanto nenhuma alteração foi observada no grupo controle.

Talvez a verdadeira importância dessa abordagem seja que o *bot* aprende. A cada encontro os algoritmos melhoram, o que significa que as perguntas colocadas e o tratamento entregue melhoram. A versão 2.0 ou 3.0 pode incluir informações profundas sobre os usuários, como dados privados de sensores compartilhados de um smartphone, e pode implantar uma série de ferramentas de tratamento, desde a atenção plena até o apoio de colegas. E, teoricamente, não há limite para a escala dessa abordagem. Não só um único *bot* online poderia servir a milhões de usuários, como melhoraria à medida que se expande. As pessoas acharão essa abordagem aceitável? Nem todos, mas os médicos, especialmente os médicos da minha geração, podem se surpreender ao descobrir que as gerações X, Y e Z estão bastante confortáveis com um *bot*, especialmente um *bot* que pode ser sarcástico e brincalhão ao processar uma rica quantidade de informações, como atividade social ou dados de sono, que a maioria dos médicos ocupados nunca poderia acessar.

Pesquisas do Instituto de Tecnologias Criativas da Universidade do Sul da Califórnia analisaram especificamente o desenvolvimento de relacionamento com um terapeuta virtual. Eles criaram um bot interativo chamado Ellie, um humano virtual que responde em tempo real à sua emoção facial, bem como à qualidade da voz.[34] Em um experimento recente, alguns voluntários foram informados de que Ellie era puramente um *bot* impulsionado por algoritmos e outros foram informados de que "ela" estava sendo controlada remotamente por um humano. Os voluntários revelaram consistentemente mais ao *bot* do que ao humano,[35] relatando que achavam que o *bot* era menos crítico e mais fácil de conversar.

Riscos e Retornos

Sem dúvida, esse é um mercado que está em crescimento. Desde 2011, cerca de mil novas empresas[36] receberam quase US$5 bilhões pela inovação em saúde mental. Só em 2020, os investimentos em capital de risco em saúde comportamental atingiram US$2,4 bilhões,[37] mais do que o dobro do investimento em 2019. Existem pelo menos cem mil aplicativos dedicados a algum aspecto da saúde comportamental,[38] até o presente momento.* Grandes empresas de tecnologia, incluindo Alibaba, Apple, Amazon e Alphabet (apenas para nomear as de letra A) estão focando a saúde como um novo mercado para a inovação, e pelo menos uma (Verily da Alphabet) considera a saúde mental como uma prioridade.

Todo esse investimento privado em saúde mental é encorajador, mas, como observado anteriormente, há questões éticas e de confiança inevitáveis e ainda não resolvidas. O setor de tecnologia também recapitula um problema que vimos com o atual mundo de hospitais e instituições físicas dos cuidados de saúde mental. Está fragmentado. À medida que os modelos de negócios ditam os ciclos e os marcos do produto,[39] os desenvolvedores de aplicativos se concentraram em metas simples e específicas. Mas as necessidades das pessoas com uma doença mental são muitas vezes complexas. Cada uma das milhares de ferramentas digitais que estão sendo desenvolvidas tende a se direcionar a uma área específica com remendos do sistema: barreiras de acesso, lacunas entre a atenção primária e a especialidade, falta de controle de qualidade. Cada uma delas pode ser uma parte da solução, mas somente se aderirem a um novo sistema operacional.

Não precisamos de cem mil aplicativos diferentes; precisamos de uma plataforma coerente e integrada que funcione para pacientes e provedores e, sim, seja apoiada por financiadores. A plataforma precisa incluir medidas objetivas e contínuas (fenotipagem digital), uma série de intervenções digitais de resposta a crises (apoio de colegas, coaching, terapia) e melhor gestão de cuidados (cuidados coordenados com painéis digitais, medidas de qualidade e integração dentro do sistema de cuidados). E esse precisa ser um sistema de aprendizagem no qual as intervenções são informadas por medição contínua e a medição está incorporada na gestão do cuidado.

A tecnologia não substituirá nem poderá substituir as pessoas que lidam diariamente com a saúde mental. Precisaremos de especialistas clínicos, precisaremos de hospitais e equipes de crise e precisaremos de pessoas que possam ouvir quando alguém desligou o telefone ou se desconectou das redes sociais. Reduzir o suicídio ou reduzir a morbidade exigirá alta tecnologia e alto contato. Na medida em que novas ferramentas melhoram a eficiência, bem como a eficácia do cuidado, elas têm uma chance de adoção. A tecnologia fornece informações, conexão e conveniência. Mais importante, a tecnologia pode democratizar o cuidado, garantindo que aqueles que são carentes finalmente tenham acesso igual aos tratamentos que funcionam. Mas não devemos assumir que a tecnologia, por si só, será a resposta.

11.

PREVENÇÃO

> Embora a assistência médica seja inquestionavelmente importante para a saúde, é apenas uma pequena parte de um todo muito maior — que, no fim das contas, é o que realmente faz a diferença entre saúde e doença.
>
> — Sandro Galea, *Well*[1]

Don Berwick é, sem dúvida, o especialista nacional em qualidade, segurança e acessibilidade de cuidados de saúde. Pediatra com diplomas em medicina, saúde pública e governamental, Berwick passou duas décadas dirigindo uma organização sem fins lucrativos chamada Instituto de Melhoria de Assistência Médica — *Institute for Healthcare Improvement* (IHI) — e liderou um estudo histórico do Serviço Nacional de Saúde no Reino Unido. Em 2010, o presidente Obama o nomeou como administrador da Central de Serviços Medicare e Medicaid — *Center for Medicare and Medicais Services* (CMS). A CMS, com seu orçamento de US$1 trilhão, tem o maior orçamento de qualquer agência governamental e é a força mais importante nos cuidados de saúde dos EUA, especialmente para aqueles com doenças mentais.

Como nação, gastamos mais de US$3,5 trilhões em saúde, cerca de 18% do produto interno bruto, aumentando mesmo antes da Covid-19 a uma taxa de 3,5% ao ano. Antes da Lei de Proteção e Cuidado Acessível ao Paciente, Berwick apontou que "embora os gastos com saúde dos EUA sejam muito maiores do que os de outros países desenvolvidos, nossos resultados não são melhores. Apesar de os gastos com cuidados de saúde serem quase o dobro de outra nação com grandes investimentos em saúde, os Estados Unidos ocupam o trigésimo primeiro lugar em expectativa de vida, e o trigésimo sexto em mortalidade infantil [...]. Como efeito colateral da carga de custos, os Estados Unidos são a única nação industrializada que não garante saúde pública aos seus cidadãos. Afirmamos que não podemos pagar."[2]

Berwick ultimamente tem falado mais sobre saúde e nos lembra de que os cuidados de saúde são apenas uma pequena parte da saúde. Quando lhe perguntei por que ele mudou da qualidade dos cuidados de saúde para esse conceito mais amplo de saúde, ele respondeu com uma palavra: "Isaiah." Isaiah era uma criança afro-americana que, aos 15 anos, desenvolveu leucemia linfoide aguda. Berwick o tratou no sistema de saúde de Harvard, dando-lhe os melhores cuidados do mundo, incluindo um transplante de medula óssea que era, em última análise, uma cura. Ao longo dos anos em que Berwick foi médico de Isaiah,[3] eles se tornaram próximos. "Eu conheci Isaiah bem, mas não seria certo nos chamar de amigos — nossos mundos estavam muito distantes; galáxias diferentes. Mas meu respeito e minha afeição por Isaiah cresceram dia após dia. Sua coragem. Seu discernimento. Sua generosidade." No entanto, as circunstâncias conspiraram contra Isaiah quando ele enfrentou drogas, várias prisões, luto por membros da família perdidos devido à violência armada e desespero resultante de sua vida sem perspectiva futura. Quando Isaiah morreu, dezoito anos depois de sua leucemia ser curada, Berwick percebeu que os cuidados de saúde não eram nem o problema nem a solução. Como ele disse, narrando essa história em um discurso de formatura para a classe da Escola de Medicina de Harvard de 2012, "Isaiah, meu paciente. Curou-se da leucemia. Morreu de desesperança".

PREVENÇÃO

A OMS define saúde como "um estado de completo bem-estar físico, mental e social, e não apenas a ausência de doença ou enfermidade".⁴ Os cuidados de saúde são a oficina de reparo; a saúde é o que acontece no caminho. É difícil calcular, mas olhando para os resultados gerais de saúde, os cientistas estimam que os cuidados de saúde podem representar apenas cerca de 10% de variação na longevidade ou na incapacidade.⁵ A saúde é mais sobre o seu código postal do que o seu código de DNA. Onde você vive, como vive e com quem vive — os chamados determinantes sociais e fatores de estilo de vida — pode representar até 70% dos prognósticos de saúde. Fatores biológicos, como o seu código de DNA, e o acaso são responsáveis pelo resto.

Quando ouvi essa formulação pela primeira vez, rejeitei-a imediatamente. Afinal, se a assistência médica é apenas 10% da solução, por que estamos nos esforçando tanto para consertá-la? Se esse é um fator tão pequeno, mesmo dobrar a qualidade dificilmente aumentaria a curva de resultados. Vale a pena? Como alguém pode afirmar que melhor tratamento, melhor acesso e melhor qualidade são tão sem importância? Como Berwick, o especialista em acesso e qualidade do país, pode afirmar isso? E depois pensei em Isaiah. E comecei a pensar por que as melhorias nos cuidados não eram acompanhadas por melhores resultados. Como mais pessoas estavam recebendo mais tratamento e, no entanto, as taxas de morte e de incapacidade por doenças mentais estavam aumentando? Como eu poderia voltar para Pittsfield, Massachusetts, depois de quarenta anos de progresso e ver resultados piores? Por que estávamos vendo tanto progresso na ciência e tão pouco progresso na saúde? A resposta: os cuidados de saúde podem explicar apenas 10% da variação nos resultados.

Podemos prestar melhores cuidados, podemos melhorar as instalações, mas se os determinantes sociais e os fatores do estilo de vida, condições vitais para o bem-estar, estiverem se deteriorando, não vamos reduzir a morte e a incapacidade. Sir Michael Marmot, ex-presidente da Associação Médica Mundial e autor de *The Health Gap* [sem tradução para o português], se esforçou, mais do que ninguém, para nos reorientar para fatores sociais e ambientais que contribuem para a saúde, o que ele chama de "as causas das causas".⁶ Como Berwick, ele enfatiza a diferença entre saúde e cuidados de saúde. "Os cuidados médicos salvam vidas. Mas não é a falta de cuidados médicos que causa doenças, em primeiro lugar. As desigualdades na saúde surgem das desigualdades na sociedade."⁷

Há uma famosa descrição de Marmot sobre as disparidades de saúde entre os bairros.⁸ "Se você pegou o metrô em Washington do centro até o município de Montgomery, Maryland, a expectativa de vida aumenta cerca de um ano e meio para cada quilômetro percorrido — um intervalo de vinte anos até o fim da jornada." Para contextualizar, um dos milagres médicos para a prevenção é o uso de estatinas para reduzir doenças cardíacas.⁹ Tomar esses medicamentos prolonga, sem falhas, a vida em cerca de dez dias, em média. Uma diferença de dez dias na expectativa de vida é percorrida nos primeiros 300 metros da jornada do metrô. Nem sequer está fora da estação! A questão é que os fatores sociais e de estilo de vida, responsáveis por diferenças de vinte anos na expectativa de vida, são determinantes maciços da saúde. Mais clínicas, hospitais e medicamentos podem ajudar, mas fechar essa lacuna requer, em última análise, reduzir as disparidades que causaram a lacuna em primeiro lugar. O modelo de recuperação PLP muda o foco para determinantes sociais e desigualdades. Um compromisso com as pessoas, o lugar e o propósito restaura o que a pobreza, o preconceito e a negligência tiraram. Essas intervenções, que fornecem apoio social, moradia e emprego, tecnicamente não fazem parte dos cuidados de saúde, mas são críticas para eles.

Houve um icônico cartaz antiguerra na década de 1970 que dizia: "Será um grande dia quando nossas escolas tiverem todo o dinheiro de que precisam e nossa força aérea tiver que fazer venda de bolos para comprar um bombardeiro." Como referência, o orçamento militar dos EUA¹⁰ é agora muito menor do que o que gastamos em cuidados de saúde. O orçamento federal, apoiado pelos contribuintes, para cuidados de saúde via Medicare e Medicaid agora ultrapassa US$1 trilhão, que vai

PREVENÇÃO

além do orçamento do Pentágono em tempo de guerra. Clubes, serviços de crise e programas de apoio ao emprego sobrevivem com o equivalente a vendas de bolos. Colocamos nosso dinheiro em todos os lugares errados, financiando cuidados caros e intensivos, encarcerando pessoas com doenças mentais e negligenciando intervenções sociais, relacionais, focadas na recuperação e, devo acrescentar, eficazes.

Não devíamos investir na prevenção? Por que não nadar contra a corrente e antecipar a necessidade de cuidados de saúde? A saúde pública nos ensina que reduzir o tabagismo e melhorar o saneamento e a vacinação melhoram a saúde. Abordar determinantes sociais como solidão e pobreza, bem como fatores de estilo de vida como nutrição e exercícios, é importante para reduzir o risco de doenças cardíacas e diabetes. E quanto à prevenção de doenças mentais?

No mundo da saúde mental, a prevenção é um termo importante. Algumas pessoas veem a prevenção como a abordagem mais negligenciada; outras a veem como *soft science* de pouco impacto. A ciência da prevenção não é fraca,[11] mas é inevitavelmente difícil. Ao contrário dos ensaios de tratamento de uma doença aguda, em que o sucesso é medido por uma diminuição dos sintomas, os ensaios de prevenção são, por definição, realizados em pessoas sem um problema e o sucesso é definido por não desenvolver um problema. Os ensaios de prevenção geralmente exigem um grande número de voluntários saudáveis, muitos anos de acompanhamento e grandes efeitos para justificar a adoção.

Apesar desses desafios, a maré está virando na direção da prevenção, principalmente por causa de evidências crescentes de que podemos identificar quem está em risco e que as intervenções preventivas funcionam. Um grande exemplo é o risco acentuado de depressão durante a gravidez e o período pós-parto. Aproximadamente 15% das mulheres têm depressão ou ansiedade incapacitante durante esse período. Uma resenha de 2019[12] de cinquenta estudos cuidadosamente elaborados concluiu que a prevenção com intervenções psicológicas reduziu a depressão em mulheres em risco em 39% e, em alguns estudos, em até 50%. Embora uma redução de 50% da depressão possa não parecer relevante, essa redução é comparável à prevenção da gripe com as vacinas atuais.[13]

Não há vacina para doenças mentais. E, para ser claro, a prevenção é uma mistura complicada de abordagens para uma série de problemas e uma gama de fatores de risco. Então vamos simplificar. Existem três versões de prevenção. A prevenção primária, como um cinto de segurança ou uma vacina, reduz o risco em toda a população. A prevenção secundária, como um medicamento hipolipemiante, é para pessoas com um fator de risco conhecido, como colesterol alto e histórico familiar de doença arterial coronariana. E a prevenção terciária, como a aspirina após um ataque cardíaco, previne um resultado adverso após o início de uma doença.

A prevenção terciária é o que encontramos hoje nos cuidados de saúde mental. Manter as pessoas em tratamento para evitar outra crise de depressão ou psicose é uma forma de prevenção terciária. A iniciativa de Cuidados Especializados Coordenados para garantir que um jovem em recuperação de um primeiro episódio de psicose não terá um segundo episódio é um exemplo ambicioso de prevenção terciária. Tal como a aspirina após um ataque cardíaco, requer um compromisso em longo prazo e o seu sucesso é medido por algo que não acontece.

A prevenção secundária nos leva mais ao domínio da saúde do que dos cuidados de saúde. Para a prevenção secundária, precisamos saber quem está em risco. Os cientistas têm perfis de risco[14] para psicose, suicídio, depressão pós-parto e TEPT. Em alguns casos, eles desenvolveram calculadores de risco, como os calculadores que os médicos de cuidados primários usam para prever doenças cardíacas e AVC. Para todos esses transtornos, o risco é probabilístico e dependente de vários fatores.

As populações de maior risco são aquelas que muitas vezes ignoramos. A cada ano, cerca de 20 mil jovens de 18 anos se tornam velhos demais para o sistema de adoção e acolhimento.[15] Eles correm um risco muito alto de falta de moradia, envolvimento com a justiça criminal e doenças mentais. Jovens LGBTQIA+[16] que foram forçados a

PREVENÇÃO

sair de casa também correm alto risco de virar desabrigados, desenvolver depressão e recorrer ao suicídio. Sabemos que as experiências adversas na infância são fatores de risco para depressão; as crianças que relatam mais de quatro eventos adversos correm um risco 37 vezes maior de tentar suicídio mais tarde na vida, o que é impressionante.[17] Essas altas taxas de risco são chocantes, mas também úteis. Saber quais populações estão em risco oferece a oportunidade de prevenção secundária, assim como fornecemos estatinas para o colesterol alto a fim de prevenir doenças cardíacas.

Os fatores de risco da população são claros, mas o risco individual é mais difícil de definir. Sabemos que crianças com mais experiências adversas ou jovens que saem do sistema de adoção e acolhimento estão em maior risco, mas quais indivíduos estão em risco são menos claros. No entanto, o conceito geral de intervenção precoce e prevenção dentro dos grupos populacionais faz sentido. Podemos não entender por que alguns se mostram resilientes e outros suscetíveis, mas, se as intervenções são eficazes e inócuas, por que não fazer do tratamento secundário preventivo a norma, como fazemos para doenças cardíacas e diabetes?

É claro que se poderia fazer a mesma pergunta para a prevenção primária. A prevenção primária não se preocupa com o risco individual. Como uma vacina, presume que qualquer um pode ficar exposto. Algumas das habilidades aprendidas em psicoterapia, como atenção plena, reformulação e regulação emocional, não apenas tratam o TEPT e a depressão, mas também podem ajudar qualquer pessoa. Por que não ensiná-los a todos? Essa é a teoria por trás da prova de futuro.*

Quando se trata de saúde mental, os EUA podem aprender muito com a Austrália. E, quando se trata de prevenção primária de doenças mentais, a Austrália lidera o caminho com a prova de futuro.[18] Em 2019, o Instituto Black Dog, em Sydney, trabalhou com o governo e o departa-

---

* A prova de futuro é o processo de antecipar o futuro e desenvolver métodos para minimizar os efeitos de choques e tensões de eventos futuros. A prova de futuro é usada em indústrias como eletrônica, médica, design industrial e, mais recentemente, em design para mudanças climáticas.

mento de educação para iniciar um estudo de cinco anos com vinte mil alunos do 8º ano, praticamente todos os alunos de Nova Gales do Sul. A prova de futuro combina educação sobre atenção plena, terapia cognitivo-comportamental e treino de regulação emocional, juntamente com ferramentas digitais para rastrear o humor e a ansiedade. Os alunos que manifestam necessidade são rapidamente envolvidos em cuidados. A abordagem é semelhante à forma como os norte-americanos abordam a aptidão física na escola, mas aqui a ênfase está na aptidão mental, incluindo o reconhecimento de que a aptidão mental é um esporte em equipe, não apenas um desafio individual.

O Instituto Black Dog já demonstrou que as intervenções a prova de futuro[19] reduzem a depressão em mais de 20% nos adolescentes em risco. Helen Christensen, que dirige o instituto e foi pioneira nesse projeto, explicou-me desta forma: "Sabemos que isso funciona para crianças que estão com dificuldades. Mas, realmente, todos os adolescentes estão lutando em algum momento. Isso faz parte. Então, por que não oferecer isso a todos? Por que não tentar a imunidade do grupo contra a depressão e o suicídio?"

Levará alguns anos para sabermos se a prova de futuro reduzirá o suicídio, a depressão ou a ansiedade em toda uma geração. Mas eu me pergunto, qual é o mal em tentar isso agora? As intervenções para a aptidão mental são certamente de menor risco do que os esportes de contato que praticamos para a aptidão física. Se não forem suficientes para reduzir o suicídio, talvez consigam educar a população sobre suas emoções e a importância da saúde mental. Isso não seria um progresso?

Alguns argumentarão que o 8º ano, quando os alunos já são adolescentes, está doze anos atrasado. Existem, de fato, oportunidades de prevenção primária que começam muito mais cedo. O mais estudado e talvez menos apreciado é o programa de Parceria Enfermagem-Família — *Nurse-Family Partnership* (NFP) — originalmente desenvolvido por David Olds na década de 1970. Olds é antes de tudo um cientista, comprometido com provas e rigor. De origem humilde, viveu em uma pequena cidade de Ohio no Lago Erie; planejava entrar em relações internacionais, para tentar mudar o mundo trabalhando para uma agência de ajuda humanitária. Mas, quando foi forçado a trabalhar meio período em uma creche no centro da cidade para pagar as despesas da faculdade, Olds percebeu que não precisava dar a volta ao mundo para aliviar o sofrimento. Ele finalmente obteve um doutorado em desenvolvimento humano na Universidade de Cornell e começou a trabalhar em Elmira, Nova York, para ajudar mães pobres e de primeira viagem a lidar com a gravidez e a maternidade. Olds foi apoiado pelo NIMH por décadas. Não sei se o instituto alguma vez fez um investimento melhor.

A Parceria Enfermagem-Família de Olds capacita mães de primeira viagem e de baixa renda para criar filhos saudáveis. A parceria começa quando um enfermeiro com treinamento especial visita uma mulher no início da gestação para criar uma parceria de dois anos que envolve educação, cuidados de saúde e apoio social. Os enfermeiros são treinados em uma abordagem que é explicitamente centrada no cliente, relacional, baseada nos pontos fortes e multidimensional. Não há muita alta tecnologia aqui — muito do que os enfermeiros fornecem foi entregue por mães e avós quando tínhamos famílias extensas vivendo juntas. Mas o impacto, comprovado em estudos rigorosamente projetados ao longo de quatro décadas,[20] é convincente: 48% de redução no abuso e negligência infantil, 56% de redução nas visitas às urgências por acidentes e envenenamentos, 67% de redução nos problemas comportamentais e intelectuais aos 6 anos, 72% menos condenações penais de mães e 82% de aumento em meses de períodos empregadas. Uma análise da Corporação RAND, de 2005,[21] encontrou um benefício líquido para a sociedade de US$34.148 (em dólares de 2003) por família de alto risco atendida, o que equivale a um retorno de US$5,70 para cada dólar investido na Parceria Enfermagem-Família.

O que me intriga sobre essa abordagem não é apenas o impacto imediato na mãe e no bebê, mas os benefícios de longo prazo que agora surgem à medida que esses bebês se tornam adultos.[22] Duas décadas após o início da intervenção, as meninas de 19 anos (em relação às meninas do grupo de controle que não receberam a intervenção) eram menos propensas a serem presas (10% *versus* 30%), menos propensas a ter filhos na adolescência (11% *versus* 30%) e usavam menos o Medicaid (11% *versus* 45%).

Perguntei ao Dr. Olds por que não implementamos a Parceria Enfermagem-Família em todas as comunidades para todas as jovens grávidas em risco. Ele me disse: "Estamos tentando."[23] O programa NFP que Olds desenvolveu inicialmente com 1.900 novas mães está agora em 40 estados com mais de 330 mil famílias atendidas nas últimas duas décadas. A Carolina do Sul integrou o NFP aos serviços do Medicaid, fornecendo um modelo de como esse programa pode ser aumentado.

Há muitas perguntas sem resposta. O modelo de NFP foi desenvolvido com mães de primeira viagem. Se isso será tão eficaz para as mães com os próximos filhos não é claro. O modelo original era trabalho intensivo. A tecnologia pode expandir o serviço NFP, mas a equipe ainda está tentando entender a melhor forma de usar iPads e smartphones. E há perguntas sobre quem deve ser o encarregado da linha de frente. Olds continua a acreditar que os enfermeiros são a chave para o sucesso. "Muito depende da confiança. Os enfermeiros são confiáveis."

A Parceria Enfermagem-Família é, idealmente, a primeira de uma série de intervenções[24] que criam um desenvolvimento contínuo saudável ao longo dos primeiros anos. O Comece na Frente, os programas de treinamento dos pais, o Jogo do Bom Comportamento e outros serviços escolares estão entre as inúmeras práticas que melhoram a saúde mental, principalmente ajudando pais e filhos a estabelecer bons hábitos, além de identificar problemas precocemente. Existem fatores de estilo de vida, incluindo nutrição, exercício e sono, que são críticos para o bem-estar. Mais uma vez, temos evidências abundantes para programas eficazes e para as condições vitais necessárias para a saúde mental, mas não houve comprometimento suficiente. Sabemos o que funciona; sabemos como nadar contra a corrente para diminuir a crise. Mas as nossas reações às necessidades urgentes — e são urgentes — impedem-nos de as antecipar.

PREVENÇÃO

Suicídio Zero

Nenhuma discussão sobre prevenção estaria completa sem perguntar se podemos reduzir as mortes por suicídio.

O Sistema de Saúde Henry Ford[25] tem tentado responder a essa pergunta nas últimas duas décadas. O Henry Ford é um sistema de saúde de tamanho moderado, principalmente no sudeste de Michigan, compreendendo dois hospitais e dez clínicas com programas de saúde comportamental ativa, que atende a cerca de 250 mil pessoas, das quais aproximadamente 60% receberam cuidados de saúde comportamental.

Como parte do que eles chamaram de programa de Cuidados Perfeitos contra Depressão, a liderança da Ford se concentrou em eliminar o suicídio. O verbo "eliminar" aqui foi intencional. O grupo de liderança, que se autodenominava "os caça-tristeza", percebeu que reduzir o suicídio não era suficiente; apenas zero suicídios seria um resultado aceitável.

Em 1999, antes de lançar a iniciativa Cuidados Perfeitos contra Depressão, a taxa média anual de suicídio para seus pacientes com saúde mental era de 110,3 por 100 mil. Durante os 11 anos da iniciativa, a taxa média anual de suicídio caiu quase 70%,[26] para 36,21 por 100 mil, com zero suicídios em pelo menos um dos anos de implementação. Essa diminuição contrastou com o aumento da taxa de suicídio entre pacientes não mentais e entre a população geral do estado de Michigan.

O que começou com o Sistema de Saúde Henry Ford evoluiu para o Projeto Suicídio Zero,[27] um esforço nacional que envolve mais de duzentos sistemas de saúde e municípios. O Projeto Suicídio Zero reconheceu a necessidade de se concentrar na prevenção, nas intervenções e no que agora chamamos de "pós-invenção", o período de acompanhamento após uma tentativa. É importante saber que, antes de morrerem por suicídio,[28] 83% das pessoas consultaram um profissional de saúde, 29% consultaram um profissional de saúde comportamental e 20% estiveram no pronto-socorro por um episódio de autolesão. A maioria das pessoas que se suicidam chegou a recorrer ao sistema de saúde, mas não foi alvo de prevenção. A estratégia Suicídio Zero era de fato uma estratégia, não um único ajuste, mas um amplo compromisso para garantir que cada indivíduo em risco fosse rastreado, tratado e seguido. Talvez o mais importante seja o fato de o Suicídio Zero ter rastreado tentativas de suicídio[29] em um processo de aprendizagem contínua.

Indicadores precoces sugerem que a abordagem Suicídio Zero pode reduzir substancialmente o suicídio. O Centerstone, um grande provedor de saúde comportamental, que implementa os princípios do Suicídio Zero[30] no centro-oeste e na Flórida, também relatou uma redução de 65% nas mortes por suicídio. Mas devemos deixar claro que essa abordagem é, na melhor das hipóteses, um guia para os sistemas de saúde. Isso não ajudará pessoas sem acompanhamento de saúde, e exige que alguém seja identificado como de alto risco quando estiver no sistema.

Você pode pensar que saber quem é o suicida seria simples. Assim como com a depressão e outros exemplos mencionados acima, os epidemiologistas descreveram os grupos populacionais com alto risco de suicídio. Estes são três dos principais grupos de risco completamente distintos: homens brancos com mais de 65 anos, nativos americanos e adolescentes LGBTQIA+. Cada grupo tem, pelo menos, um aumento de quatro vezes no risco, o que significa que o risco está quase na faixa daqueles com doença mental. Pessoas com transtorno bipolar, esquizofrenia e depressão correm um risco ainda maior. Mas todas essas categorias, embora úteis para descrever o risco de grupo, não são úteis para detectar o risco individual. As questões críticas tendem a ser agudamente individuais: não apenas quem, mas como, onde e quando.

A detecção de risco individual é especialmente difícil pois um número surpreendente de pessoas que morrem por suicídio negam ser suicidas.[31] De fato, um estudo descobriu que 78% dos pacientes internados negaram pensamentos suicidas durante a última comunicação verbal que tiveram antes de se matarem. Outros podem não ter a capacidade[32] de avaliar com precisão seu risco atual ou de curto prazo, uma vez que o suicídio, especialmente em adolescentes, pode ser um ato impulsivo.

Como podemos detectar o risco de suicídio em pessoas que negam ser suicidas? Matthew Nock, vencedor do Prêmio MacArthur Genius e psicólogo em Harvard, tem lutado com esse problema, usando ferramentas que analisam o viés inconsciente, conhecido pelos pesquisadores como teste de associação implícita,[33] ou IAT. Um IAT para autoagressão ou suicídio mostraria uma série de imagens ou palavras associadas à morte (suicídio, tiro, enforcamento, morte, falecido, morto) ou à vida (vivo, prosperar, respirar, viver), emparelhado com pronomes ou palavras relacionadas a si mesmo ou a outro (eu, eu mesmo, meu *versus* eles, eles mesmos, seus). A tarefa, dada pelo computador, pede aos sujeitos que classifiquem os pares de palavras em categorias associadas à morte ou à vida. Uma grande série de estudos mostrou que os pacientes suicidas, mesmo aqueles que negam a intenção, têm tempos de reação mais rápidos para pares que ligam a autolesão ou a morte a si mesmos.

A associação implícita de morte ou suicídio com o indivíduo participante foi associada a um aumento de aproximadamente seis vezes nas chances de se fazer uma tentativa de suicídio nos seis meses seguintes. O efeito é tão robusto que Nock e seus colegas desenvolveram um jogo de computador para treinar a dissociação dessa conexão entre a autolesão ou a morte e o eu. Surpreendentemente, em três ensaios clínicos randomizados, essa forma de treinamento cognitivo reduziu[34] a ideação suicida.

Ok, por uma questão de argumento, digamos que podemos identificar indivíduos em risco por meio de uma combinação de fatores demográficos e testes de laboratório, como fazemos para prever o risco de ataque cardíaco. A abordagem Suicídio Zero exige uma força de trabalho treinada, um plano de gerenciamento de cuidados de suicidas, tratamentos baseados em evidências e transferências de cuidados humanizadas. Nenhuma parte disso é fácil. Como vimos, a formação de uma força de trabalho é fundamental para melhorar a qualidade. Para o suicídio, essa força de trabalho se estende dos socorristas até os especialistas. Criar um plano de gestão, construído em torno do planejamento colaborativo de segurança, para remover o acesso a meios de dano letais e garantir o contato contínuo, é uma parte vital dos cuidados. Os tratamentos baseados em evidências são uma recomendação óbvia, mas há surpreendentemente pouca evidência sobre tratamentos específicos para o suicídio. A crença tradicional de que os tratamentos para uma doença mental subjacente eram suficientes agora deu lugar a uma compreensão de que o tratamento precisa se concentrar especificamente em pensamentos e impulsos suicidas, ensinando habilidades de enfrentamento e resolução de problemas, como feito na terapia comportamental dialética, ou uma forma específica de terapia cognitivo-comportamental para a prevenção do suicídio. Os medicamentos também reduzem os pensamentos suicidas. Recentemente, a cetamina intravenosa,[35] que poderia ser administrada em um ambiente de pronto-socorro, foi proposta como uma intervenção rápida para reduzir o risco de suicídio. Além dos medicamentos e da terapia, fazer a transferências humanizadas de cuidados é fundamental, uma vez que o primeiro mês após a alta[36] de uma unidade de internação ou de uma sala de emergência é o período de maior risco de morte.

Juntar essas peças sem dúvida salvará vidas. Podemos ver isso já nos dados de Henry Ford e Centerstone. Mas suspeito que a variável-chave para aproximar a taxa de suicídio de zero será a liderança. A falta de liderança está no cerne do nosso fracasso em reduzir o suicídio nas últimas décadas. Para mim, esse problema pode ser resumido como falta de responsabilização. A tragédia do suicídio ainda não é da competência de ninguém. Mas, com a responsabilização, veremos a mudança. E o precedente não é doença cardíaca ou diabetes, mas automóveis.

Acidentes automobilísticos, incluindo fatalidades, foram evidentes quase em sequência à chegada dos automóveis nas estradas. Já em 1900, 36 mortes relacionadas a automóveis haviam sido registradas.[37] A mortalidade aumentou ao longo do século XX, atingindo o pico em 1972, com 55.600 mortes. Esse número converte-se em quase 47 mortes por 100 mil motoristas, ou 4,41 mortes por 100 milhões de quilômetros percorridos. Em 2019, com mais carros, mais pessoas e quase três vezes o número de quilômetros percorridos, houve 36.096 mortes, aproximadamente 12 mortes por 100 mil motoristas, ou 1,11 mortes por 100 milhões de quilômetros percorridos. Medido como mortes por 100 mil pessoas, isso é quase um declínio de 75% entre 1972 e 2019.[38] E 2019 não foi um ano tão bom. As taxas de mortalidade nos EUA estão em alta desde 2011, quando 32.479 pessoas morreram em acidentes de trânsito.

Como reduzimos as mortes no trânsito em mais de 50%, embora mais pessoas estivessem dirigindo mais carros em mais estradas? Houve melhorias em carros, como cintos de segurança (1968) e *airbags* (1998), bem como melhorias nas estradas e políticas de trânsito. O reforço da aplicação das leis[39] contra a condução sob a influência de álcool ou drogas aumentou acentuadamente nos anos 1980 e 1990, principalmente por meio da defesa de grupos como o Mães Contra Condução Embriagada. Mais importante, a segurança no trânsito tornou-se uma prioridade pública, com muitas cidades postando o número de mortes no trânsito local, departamentos de segurança no transporte criando padrões e pessoas responsáveis por garantir que menos pessoas morressem na estrada. Ter alguém que fosse responsável, alguém que fosse demitido quando o trabalho não fosse feito, era crítico.

Existem soluções como cintos de segurança e melhorias na estrada para o suicídio? Há mais algumas grades de segurança que podem ajudar. As barreiras suicidas são uma mudança necessária. Quase 1.700 pessoas saltaram da Ponte Golden Gate desde a sua abertura em 1937.[40] Apesar da forte presença policial e dos sinais de linhas diretas de suicídio, pelo menos 26 pessoas saltaram em 2019. O debate sobre a construção de uma rede sob a ponte está em andamento desde a década de 1970. Finalmente, há planos e fundos para que uma barreira contra o suicídio seja concluída, mas no fim de 2019 os planos foram atrasados novamente,[41] com conclusão não esperada antes de 2023. Além disso, todos os anos há 735 suicídios por envenenamento por monóxido de carbono de veículos.[42] Detectores de monóxido de carbono com alarmes já são obrigatórios para a construção de casas novas em 32 estados. Os detectores de monóxido de carbono ligados à ignição de um automóvel com uma válvula de fecho não são obrigatórios nem são uma característica-padrão em qualquer automóvel novo. Essa adição simples e barata poderia remover o monóxido de carbono como meio de suicídio, salvando centenas de vidas a cada ano.

Não se pode abordar a prevenção do suicídio sem considerar o papel das armas de fogo,[43] especialmente revólveres. Mais da metade das mortes suicidas estão relacionadas com uma arma de fogo. Qualquer família que compre uma arma de fogo para proteção deve fazer as contas. A cada ano, armas de fogo são usadas em cerca de 25 mil suicídios e quase 14 mil homicídios. Estatisticamente, então, essa arma comprada para proteção tem uma probabilidade de quase 80% de ser usada por um membro da família para acabar com sua própria vida, do que usada contra outra pessoa. A taxa de suicídio dos municípios[44] nos EUA mapeia notavelmente bem a taxa de posse de armas no município. Sabemos que a redução do acesso aos meios é o cerne da prevenção do suicídio. Com mais armas do que pessoas nos EUA, e uma cultura que iguala a posse de armas às liberdades civis, reduzir o suicídio pode ser especialmente difícil.

No entanto, quando levarmos a sério o suicídio da mesma forma que levamos a sério a segurança no trânsito, acredito que haverá muitas oportunidades de prevenção. Mesmo após a intervenção, garantir que as pessoas que fizeram uma tentativa não façam outra reduzirá a taxa de mortalidade. A mudança exigirá defesa, acesso aos dados atuais (como postar o número de mortes no trânsito) e responsabilidade. Ninguém registra os números de suicídio diariamente ou semanalmente e ninguém é demitido quando o número permanece alto, porque não há xerife ou oficial de segurança de trânsito equivalente para o suicídio.

O suicídio resulta em 123 mortes todos os dias, mais do que o número de mortes no trânsito. Tal como as mortes no trânsito em 1972, isso parece complexo demais para resolver. Mas reduzimos as mortes no trânsito pela metade; reduzimos os homicídios em quase o mesmo número. Podemos fazer o mesmo para o suicídio, assim que fizermos da prevenção do suicídio uma prioridade pública, com um compromisso de prestação de contas. Essa é a essência da liderança para a prevenção do suicídio.

A prevenção — primária, secundária, terciária — influenciará inquestionavelmente os determinantes sociais e os fatores do estilo de vida que Don Berwick nos lembra de que são críticos para uma saúde melhor. Mas não devemos ser indiferentes sobre o desafio. O racismo sistêmico, a pobreza e a desconexão social fazem parte dessa montanha de desgraça. A prova futura, a Parceria Enfermagem-Família e uma série de outras intervenções podem ajudar, mas são suficientes? Quando Berwick muda o foco para a saúde e Marmot aponta para as "causas das causas", eles estão nos lembrando de que precisamos ter uma perspectiva ainda mais ampla do que o tratamento e a prevenção. A recuperação exige uma mudança sistêmica.

12.

CURA

> De todas as formas de desigualdade, a injustiça na saúde é a mais chocante e a mais desumana porque muitas vezes resulta em morte física.
>
> — Martin Luther King Jr., discurso ao Comitê Médico para os Direitos Humanos em Chicago, 25 de março de 1966[1]

Este livro começou com uma pergunta. Por que, com mais pessoas recebendo mais tratamento, os resultados são piores para pessoas com doenças mentais nos Estados Unidos? A primeira parte do livro descreveu o agravamento dos desfechos como uma crise de cuidados, ao mesmo tempo em que olhava para os tratamentos que temos que funcionam. A segunda parte nos mostrou os impedimentos para resolver essa crise, enquanto investigava outras soluções que já existem. Temos tratamentos que funcionam e, com ciência e tecnologia, esses tratamentos estão melhorando. Assim, a pergunta original pode ser reformulada: por que, com mais pessoas sendo tratadas e melhores tratamentos disponíveis, estamos no meio de uma crise de saúde mental, com o aumento da morte e da incapacidade?

Como vimos, há várias respostas. Em primeiro lugar, a maioria das pessoas que poderiam, e deveriam, se beneficiar não estão recebendo atendimento. Essa falta de comprometimento pode ser atribuída a pelo menos três questões: atitudes negativas em relação ao tratamento, falta de acesso e a natureza de uma doença mental, que muitas vezes impede a busca por ajuda. Em segundo lugar, quando as pessoas recebem atendimento, ou estão em uma crise que leva à internação ou à prisão, ou estão recebendo uma prescrição de um prestador de cuidados primários. Este é o abismo de qualidade: essa lacuna entre o que sabemos que ajuda e o que acontece na prática. O "sistema de cuidados de doença" é fragmentado, reativo e não está focado em resultados. A força de trabalho não é treinada para entregar os tratamentos com uma forte base em evidências. Há pouca continuidade ou coordenação do cuidado. Quando perguntamos por que os resultados são piores quando mais pessoas estão recebendo cuidados, precisamos lembrar que não é apenas a quantidade de cuidado, mas a qualidade que importa.

O capítulo anterior fornece uma resposta diferente. Não é só a falta de compromisso no sistema de cuidados ou sua qualidade. Os resultados são piores por causa do mundo externo ao dos cuidados de saúde. Nossa crise habitacional, nossa crise de pobreza, nossa crise racial e nossas crescentes disparidades sociais pesam mais sobre aqueles com maiores necessidades. Como Paul Farmer disse, "essa crescente lacuna de resultados está relacionada à crescente diferença de renda".[2]

Pessoas com doenças mentais são mais propensas a ser presas, virar sem-teto e a ficar desamparadas porque são as mais vulneráveis em um mundo que não tem mais uma rede de segurança social. Pode ser tentador apontar dedos para os médicos ou culpar aqueles que trabalham nas linhas de frente. Mas, na realidade, eles são mais como os biólogos de campo relatando os efeitos das mudanças climáticas. Eles lidam com os resultados, mas não são a causa do problema.

A solução está em gastar mais em cuidados de saúde ou está em investir na recuperação e na prevenção? Devemos treinar mais clínicos ou focar a equidade? Se definirmos o problema como injustiça racial, isso nos leva a um melhor acesso e a uma melhor qualidade do cuidado? E, por outro lado, se duplicarmos o tratamento, mudaremos os resultados? Precisamos planejar essas respostas se quisermos curar a crise de saúde mental.

A minha esperança para os EUA, depois de tudo o que vi ao longo de 45 anos no campo, é redefinir os cuidados de saúde mental para incluir recuperação e prevenção. Para emprestar uma frase de Don Berwick,[3] precisamos começar a falar sobre os "determinantes morais da saúde". De certa forma, esse é um retorno a 1963, a última vez que houve um acerto de contas nacional com uma crise de saúde mental. Mas, de outras formas, isso foi influenciado por 2020, quando a nação enfrentou uma pandemia e teve que se mover rapidamente para superar a falta de prontidão. Aprendemos que a liderança importa, que a implementação e a execução são tão importantes quanto a pesquisa e o desenvolvimento, que somos uma nação com profundas disparidades e que a saúde pública afeta a todos nós.

A saúde mental tornou-se forma de medir a alma de nossa nação. Os sinais mais visíveis de que essa alma estava doente — falta de moradia, encarceramento em massa, mortes de desespero — eram evidentes antes da pandemia. Como vimos, todos eles foram impulsionados pela crise de saúde mental. Foi a epidemia oculta antes da pandemia viral. O apocalipse de 2020 nos ajudou a ver o que Michael Marmot chama de "as causas das causas".

Para entender as causas das causas, não é preciso procurar longe; esta nação não consegue apoiar famílias e crianças. Os EUA, com o sistema de saúde mais caro do mundo, ocupam o 63º lugar em mortalidade materna, sendo o último entre os países ricos.[4] No boletim anual da UNICEF[5] dos 41 países da OCDE e da UE sobre aspectos do bem-estar infantil, os EUA classificaram-se no nível mais baixo. No relatório de 2020, os EUA continuam a ocupar o número 41 em políticas sociais que apoiam o bem-estar infantil e o número 32 em bem-estar mental geral para crianças e adolescentes. Os EUA são quase únicos (exceto o Suriname e a Papua-Nova Guiné) a falhar em apoiar a licença parental.⁶ E os EUA falharam excepcionalmente em ratificar⁷ os Direitos da Criança para a Convenção das Nações Unidas, o documento de direitos humanos mais amplamente adotado na história, que agora foi ratificado por 189 nações.

NADA EM RELAÇÃO À cura da nossa crise de saúde mental será simples. Ainda precisaremos do sistema de assistência aos doentes que temos hoje. O sistema baseado em crise, cuidados agudos e instalações físicas precisa ser melhorado, mas não podemos abandonar o aparelho médico agudo para doenças mentais, assim como não rejeitaríamos cuidados agudos para uma perna quebrada. Dito isso, precisamos melhorar muito os cuidados agudos. A resposta à crise seria uma van de saúde mental móvel com um enfermeiro, um assistente social e um colega — não uma ambulância médico-cirúrgica ou uma viatura da polícia. Necessidades agudas que não pudessem ser atendidas em casa levariam a um pronto-socorro psiquiátrico e, potencialmente, a uma clínica de crise. Precisaremos de leitos hospitalares para aqueles que não podem ser estabilizados em um ambiente comunitário. E algumas internações podem levar semanas em vez de dias.

Os cuidados médicos para aqueles que não precisam de estabilização de crise envolvem uma abordagem abrangente, combinando medicação e psicoterapia com um provedor totalmente qualificado em tratamentos baseados em evidências. Tal como acontece com os cuidados especializados coordenados, os tratamentos são "centrados na pessoa", o que significa que o paciente tem poder na escolha dos cuidados, e as famílias fazem parte da equipe de tratamento. Tenho esperança de que a ciência nos dê a abordagem de precisão médica para o diagnóstico que melhorará a seleção de tratamentos. E o uso de tecnologia para medir os resultados deve continuar a melhorar os tratamentos — médicos e psicológicos — que podem aperfeiçoar os cuidados agudos.

Os cuidados de saúde mental devem fazer parte dos cuidados gerais. Para mim, isso significa ter três mudanças críticas. Primeiro, as pessoas com TMG receberão cuidados médicos que garantem uma expectativa de vida normal. Em segundo lugar, mediremos os resultados em cuidados de saúde mental assim como medimos os resultados após uma perna quebrada ou uma crise diabética, e esses resultados serão compartilhados. Os dados serão integrados em saúde mental, abuso de substâncias e cuidados primários, e estarão disponíveis para pacientes e, quando apropriado, para famílias. E, em terceiro lugar, os cuidados de saúde mental serão reembolsados pelo seguro público ou privado, assim como outras formas de cuidados médicos agudos.

Preservar e melhorar os cuidados agudos é fundamental. No topo dessa fundação estão os cuidados de reabilitação orientados para a recuperação. Depois de uma perna quebrada, todos os pacientes vão para a reabilitação. É aqui que a mudança de cuidados de doença para cuidados de saúde para alguém com psicose ou depressão fracassa. A recuperação requer que os cuidados contínuos com foco em PLP façam parte do pacote. Cada indivíduo pode receber conexão social, habitação e apoio educacional ou de emprego. Já vimos como são essas intervenções. A conexão social pode ser uma via de apoio de colegas ou clubes ou comunidades online. A habitação pode ser em conjunto ou individual, apoiada ou meramente subsidiada, ou baseada na família, com equipes que fornecem cuidados em domicílio. E o apoio educacional ou ao emprego é fundamental para restaurar um senso de propósito e relevância.

Quem paga por esses serviços de reabilitação? Para a reabilitação física após uma perna quebrada, há pouca dúvida de que o seguro de saúde paga a conta. Mas, de alguma forma, essas intervenções igualmente importantes para a recuperação de uma doença mental acabaram como serviços opcionais, geralmente não cobertos. Isso está começando a mudar à medida que o seguro muda de se basear em quantidade — em que os provedores são reembolsados pelo tempo gasto ou pelos procedimentos feitos — para se basear em valor — em que o pagamento é baseado nos resultados. Nesse sistema reinventado, o reembolso não será apenas baseado em valor, mas os resultados de interesse serão aqueles que importam para os pacientes e as famílias; ou seja, os resultados da recuperação. Quando o reembolso é baseado em conexão social, habitação segura e retorno ao trabalho ou à escola, passaremos de um sistema de assistência de doença para um sistema de assistência à saúde para pessoas com doença mental.

Há mais um nível de cura além dos cuidados agudos e da reabilitação. Precisamos nos concentrar na prevenção e na antecipação. A ciência pode não nos dar ferramentas perfeitas para prever o risco individual, porque ninguém pode prever a perda inesperada de uma criança ou uma agressão traumática; mas já sabemos o suficiente para reduzir a ansiedade e a depressão, e pesquisas recentes mostram que podemos reduzir a incapacidade por tratamento precoce e abrangente para a psicose. Como vimos, o apoio a novos pais, programas escolares que ensinam resiliência e programas para reduzir o suicídio são eficazes, às vezes tão eficazes quanto as vacinas atuais para doenças infecciosas. No entanto, a prevenção, ao contrário da vacinação, não faz parte dos cuidados de saúde mental. Mesmo com evidências convincentes de eficácia, a maioria desses programas continua sendo projeto de demonstração.

Como expandir a prevenção? Quem paga por programas de prevenção ao suicídio? A Parceria Enfermagem-Família é uma forma de assistência médica que deve ser paga pelo seguro? Uma aula de atenção plena na escola faz parte dos cuidados de saúde? Em um mundo onde o reembolso é baseado em valor, esses programas podem valer o investimento, uma vez que a prevenção custa muito menos do que o tratamento agudo. Mas os seguros estão focados nos indivíduos e em seus riscos, não nas populações e em suas necessidades. Para a prevenção, precisamos de compromissos governamentais com a saúde da população.

Fazer com que o governo apoie serviços de prevenção e reabilitação é fundamental. E tem sido criticamente difícil.[8] Há enorme pressão política para produtos farmacêuticos, hospitais e prisões, mas, historicamente, nenhum grupo comparável para a saúde mental. As pessoas com doenças mentais estão lutando para obter cuidados agudos, e suas famílias geralmente estão muito sobrecarregadas e às vezes muito envergonhadas para se manifestar. Existem grupos de advocacia, como NAMI e Mental Health America, mas o foco destes é, compreensivelmente, em cuidados agudos, incluindo a aplicação da paridade. Até pouco tempo atrás, não havia ninguém para lutar por serviços de prevenção e recuperação. E, no entanto, sem esses serviços, estávamos perpetuamente lutando para atender às necessidades agudas e nunca tomamos a dianteira da crise.

A boa notícia é que já enveredamos por esse caminho. O programa Centro Comunitário de Saúde Comportamental Certificado (CCBHC), descrito no Capítulo 9, paga pelo valor e não pelo volume, em muitos estados, e se concentra na coordenação de cuidados e serviços de reabilitação para grupos populacionais. Ainda precisamos de evidências de que o PLP aumentou o número de populações atendidas pelos CCBHCs, mas estou otimista. E com o pacote de estímulo financiado no fim de 2020,[9] o Congresso destinou US$850 milhões adicionais para esse programa, estendendo-o a mais estados e abrindo um caminho para resolver a crise de atendimento.

Mas, realisticamente, será preciso mais do que uma legislação ou um financiamento extra para promover a cura de que precisamos. Como o Dr. Marmot nos lembra, não é apenas o sistema de cuidados que precisa ser consertado. Abordar os determinantes sociais que alimentam essa crise de cuidado exigirá algo mais. Tal como acontece com a luta pelos direitos civis ou as alterações climáticas, vai ser necessário um movimento. As famílias têm de ser o cerne desse esforço. Os movimentos começam com a educação, com a conscientização. Precisamos reconhecer que estamos afundados em uma crise de cuidado, agravada por uma pandemia de perda, e pelas iniquidades sociais, que aumentaram durante a pandemia. Precisamos reformular essa crise como mais do que um desafio médico. É uma questão de justiça social. As crescentes mortes de desespero, as prisões em massa, e a privação de direitos das pessoas com doenças mentais demonstram que estamos na era Jim Crow* de acolhimento da saúde mental da América. Separados e desiguais.

---

* A era Jim Crow teve início quando foram decretadas leis estaduais para os estados do Sul dos Estados Unidos da América. Essas medidas definiram que as escolas públicas e a maioria dos locais públicos (entre eles, trens e ônibus) apresentassem instalações diferentes para brancos e negros. [N. da T.]

Os nossos netos, sem dúvida, perguntarão como, tendo acesso a bons tratamentos, banimos pessoas com distúrbios cerebrais para prisões e abrigos para sem-tetos. E eles podem, com razão, perguntar como uma nação com tantos problemas de saúde mental poderia evitar discutir esse tópico em campanhas políticas, nas redes sociais e em conversas comunitárias. Tal como acontece com os direitos civis e as alterações climáticas, essa questão, há demasiado tempo escondida à vista de todos, acabará por sair do armário à medida que a liderança surge para ajudar todos nós a encontrar o conteúdo e o contexto certos para essa conversa. Paul Hawken, que defendeu a justiça ambiental, colocou esse argumento claramente: "Nossa casa está literalmente em chamas e é natural que os ambientalistas esperem que o movimento da justiça social entre no ônibus ambiental. Mas é o contrário, a única maneira de apagar o fogo é entrar no ônibus da justiça social e curar nossas feridas, porque, no final, há apenas um ônibus."[10]

A educação e a consciência são apenas o começo. Exigir uma ação governamental faz parte do movimento. Assim como o movimento pela justiça social, o movimento pela saúde mental necessita de ação pública para mudança de políticas. Precisamos de uma mudança fundamental da justiça penal para os cuidados de saúde. Precisamos de políticas e de práticas que apoiem a recuperação, incluindo financiamento para PLP e programas de prevenção. Precisamos de uma liderança responsável por reduzir o suicídio e a incapacidade, assim como a liderança já reduziu as mortes no trânsito e as lesões em local de trabalho. Em termos de liderança em saúde mental, o governo federal está praticamente inativo desde 1963. Embora os líderes do Pentágono e da Administração de Veteranos tenham falado abertamente sobre suicídio e TEPT, o setor civil deixou em grande parte a política de saúde mental para os estados, precisamente a situação denunciada pelo presidente Kennedy quando ele pediu ação federal.

Mas as soluções não são todas as políticas e a liderança do governo federal. Durante as eleições de 2020, Yuval Levin, um estudioso do Instituto American Enterprise, escreveu um ensaio no *New York Times* refletindo sobre a capacidade limitada da política federal para corrigir a nação. Levin pede ação local.[11] "Isso não é porque há alguma magia na ação local. É porque o fracasso é fundamentalmente público e institucional, de modo que uma recuperação do ethos, necessário para o funcionamento de nossa política nacional, provavelmente acontecerá mais perto do nível interpessoal."

O que importa não é apenas o que eles fazem em Washington, mas o que fazemos em casa. Se as soluções são sociais e relacionais, então cada um de nós tem um papel. Os EUA, como uma nação de "eu", precisam novamente se tornar uma nação de "nós".[12] Como pais, professores, vizinhos, empregadores e cidadãos, cada um de nós pode desempenhar um papel na reconstrução da comunidade para garantir que aqueles que lutam possam encontrar ajuda. Isso significa superar a vergonha e a culpa que mantiveram as famílias caladas e isoladas. Isso significa que as escolas devem se comprometer com a aptidão mental da mesma maneira que se comprometeram com a aptidão física. E isso significa investir em serviços sociais, de Bancos de Amizade a clubes.

Há uma citação do falecido senador Hubert Humphrey esculpida no hall de entrada do Departamento de Saúde e Serviços Humanos, a apenas um quarteirão do Capitólio em Washington, D.C.: "O teste moral do governo é como ele trata as pessoas no amanhecer da vida, as crianças; no crepúsculo da vida, os idosos; e nas sombras da vida — os doentes, os necessitados e os deficientes." Esse é, de fato, o teste moral da nossa nação. Pessoas com doenças mentais estão na sombra da vida. Elas não querem nada mais do que pessoas, lugar e propósito, que afinal são precisamente o que todos nós queremos. Como nação e como comunidade, podemos garantir que aqueles que foram tão negligenciados e mal compreendidos tenham a oportunidade que merecem. Mas para curar, para ser grande, precisamos construir uma comunidade de compaixão e de conexão, onde não é preciso adoecer para obter cuidados, onde a prevenção e a antecipação fazem parte do tecido social.

Quando comecei essa jornada para resolver a crise da saúde mental, acreditava que a tecnologia e a ciência forneceriam as respostas de que precisamos. Uma nova droga, um aplicativo maravilhoso ou uma grande descoberta faria a diferença. Anos ouvindo famílias e visitando abrigos e clubes, clínicas e hospitais me deixaram convencido de que os problemas são mais complexos e as soluções muito mais simples do que a maioria de nós percebe. Temos de convocar a vontade de pô-los em prática, porque, durante muito tempo, pedimos aos indivíduos e às famílias que suportassem sozinhos essa crise de cuidados. Com eles aprendi algumas das maiores lições de todas. De famílias que perderam filhos para doenças mentais, aprendi o poder de destruição de almas contido nessas doenças. Dos que lutavam contra a depressão ou a psicose, aprendi a importância da paciência e da coragem. Com aqueles que se recuperaram, aprendi o poder do amor e do propósito.

Termino esta viagem com esperança. Os problemas são, de fato, complexos, mas temos soluções que são eficazes. Para a maioria dos problemas, não precisamos saber mais para fazer melhor. Nós sabemos o que funciona. Precisamos simplesmente encontrar a vontade e a maneira de libertar as pessoas, o lugar e o propósito. Lembre-se da visão de Kennedy em 1963, de que as pessoas com doenças mentais "não seriam mais alheias aos nossos afetos". Já não precisam de alheias. Afinal de contas, a recuperação não é apenas um resultado para aqueles que têm uma doença. A recuperação é uma medida de quem somos. E o caminho para a recuperação é como curamos a alma da nossa nação.

APÊNDICE: RECURSOS

Se você está procurando cuidados de saúde mental para si mesmo ou para um ente querido, provavelmente já descobriu que não há guia do consumidor para esses serviços; mas não há escassez de recursos. Meu conselho é começar com uma das fundações sem fins lucrativos que atendem a indivíduos e a famílias. Todos eles têm informações sólidas, muitas linhas de ajuda de execução ou o conectarão ao suporte online, e alguns fornecem referências a provedores específicos. Esta lista não é abrangente nem se destina a substituir por aconselhamento médico direto, mas espero que sirva como um ponto de partida útil. [Conteúdos em inglês].

Fundações

National Alliance on Mental Illness (NAMI), www.nami.org, é a maior organização de saúde mental de base dos EUA, servindo indivíduos com doenças mentais graves e famílias por meio de 600 afiliados e 48 organizações estaduais. Seu site é cheio de informações sobre problemas de saúde mental, desde serviços até políticas. As filiais locais administram grupos de suporte familiar e se conectam aos serviços de recuperação locais.

APÊNDICE: RECURSOS

Mental Health America (MHA), www.mhanational.org, é a organização de saúde mental mais antiga do país, com mais de 200 afiliados e associados em todo o país. Seu site é um excelente guia de recursos com ferramentas de triagem e conexões com serviços locais. A iniciativa B4Stage4 da MHA enfatizou a importância da detecção e da intervenção precoces.

Depression and Bipolar Support Alliance (DBSA), www.dbsalliance.org, fornece educação, ferramentas, apoio de colegas e histórias inspiradoras para pessoas com depressão e transtorno bipolar. A DBSA organiza grupos de apoio online, como a Balanced Mind Parent Network, para pais de crianças com transtornos de humor.

Anxiety and Depression Association of America (ADAA), www.adaa.org, foca ansiedade, depressão, TOC, TEPT e diagnóstico duplo. A ADAA tem enfatizado a formação da força de trabalho, com 1.500 membros profissionais, bem como a educação pública. Seu site tem informações úteis sobre distúrbios individuais e fornece encaminhamentos para médicos específicos.

National Eating Disorders Association (NEDA), www.nationaleatingdisorders.org, é uma organização de defesa e educação para pessoas com transtornos alimentares. Seu site inclui uma descrição útil de vários transtornos alimentares, bem como um guia para as diferentes terapias.

International OCD Foundation (OCDF), www.iocdf.org, apoia pessoas com transtorno obsessivo-compulsivo por meio da educação e da advocacia. O site inclui um diretório de recursos para ajudá-lo a encontrar terapeutas locais, clínicas e grupos de apoio.

APÊNDICE: RECURSOS

Há diversos sites que podem ser úteis para aprender sobre as quatro classes de tratamento descritas neste livro.

Medicação

Conforme descrito neste livro, a medicação pode ser uma parte necessária, mas (geralmente) não suficiente do tratamento. Apesar de décadas de pesquisas rigorosas demonstrando eficácia e segurança, há um intenso e contínuo debate sobre o valor dos medicamentos psiquiátricos, debate pouco frequente em outras áreas da medicina. Como resultado, você pode achar difícil obter informações imparciais. Sites apoiados por empresas farmacêuticas sugerem que seus medicamentos levam à satisfação e à felicidade, enquanto outros sites descrevem esses medicamentos como destrutivos, perigosos e viciantes. Algumas fontes a considerar:

The National Institute of Mental Health (NIMH), https://www.nimh.nih.gov/, é a agência do governo federal que financia e supervisiona pesquisas sobre doenças mentais. O site do NIMH tem uma visão geral útil dos tratamentos médicos, incluindo medicamentos específicos para cada uma das principais doenças mentais.

American Psychiatric Association, https://www.psychiatry.org/patients-families, é uma organização para psiquiatras, mas seu site inclui uma seção útil para pacientes e familiares, com blogs escritos por especialistas e informações relevantes para consumidores.

PsychCentral, www.psychcentral.com, agora faz parte do império da Healthline Media. Desde 1995, esse site tem sido usado por consumidores e profissionais para trocar ideias e experiências com informações detalhadas sobre medicamentos específicos.

APÊNDICE: RECURSOS

Psicoterapia

Conforme descrito neste livro, encontrar um terapeuta pode parecer uma versão da vida real de encontrar o Wally, com muitas pistas, mas pouca informação sobre quem pode ser útil, quanto custará a terapia e quando o tratamento começará e terminará. Além do custo e do cronograma, há três considerações importantes a serem feitas. Primeiro, que habilidades o terapeuta oferece? Ele ou ela é treinado especificamente em um tratamento que foi validado cientificamente para o seu problema? Nem todos os problemas têm um tratamento específico e nem todas as pessoas podem identificar um problema específico, mas, para muitos problemas (por exemplo, depressão, ansiedade, transtornos alimentares e TEPT), existem terapias específicas que foram validadas empiricamente — às vezes chamadas de tratamentos de apoio empírico. Segundo, esse terapeuta vai monitorar os resultados para que ambos possam se ajustar se o tratamento não estiver funcionando? E, finalmente, é alguém em quem confia que possa realmente ajudar? Afinidade, segurança e confiança são fundamentais para um relacionamento terapêutico. Consequentemente, não há um guia simples para escolher um terapeuta.

O advento da teleterapia aprofundou o conjunto de possíveis terapeutas, mas pode não ter facilitado a busca. Existem agora dezenas de empresas que irão combiná-lo com um terapeuta usando um algoritmo patenteado. Ninguém mostrou que esse processo melhora os resultados. E lembre-se de que alguns terapeutas que são contratados online são pessoas que não conseguiram preencher seus casos por meio de referências pessoais. Outros podem ter experiência mínima e formação limitada. No entanto, a terapia online tem a vantagem da conveniência, da escolha e, para alguns serviços, da medição de resultados.

Recursos online que podem ser úteis:

The American Psychological Association,
https://www.apa.org/topics/psychotherapy/understanding, tem uma visão geral útil de como encontrar uma terapia e um terapeuta.

Psychology Today,
www.psychologytoday.com, tem informações úteis e um registro de terapeutas (não verificado).

Para orientação sobre o uso de aplicativos para apoio à saúde mental:

PsyberGuide:
https://onemindpsyberguide.org/

APA app Advisor:
https://www.psychiatry.org/psychiatrists/practice/mental-health-apps

Neuromodulação

A neuromodulação descreve uma classe de tratamentos desde a terapia eletroconvulsiva (ECT) até a estimulação magnética transcraniana. Esses tratamentos têm se mostrado mais úteis para pessoas com uma forma de depressão que não respondeu à psicoterapia e à medicação. Embora alguns tratamentos de neuromodulação existam há muito mais tempo do que a psicoterapia e a medicação modernas, essa é uma área de pesquisa e desenvolvimento ativo, com novas formas de esti-

APÊNDICE: RECURSOS

mulação cerebral e modulação de circuito sendo desenvolvidas. Boas fontes de informação:

O site do NIMH:
tem uma seção sobre terapias de estimulação cerebral que segue os dados mais recentes da pesquisa. https://www.nimh.nih.gov/health/topics/brain-stimulation-therapies/

O site da Clínica Mayo:
https://www.mayoclinic.org/testsprocedures/transcranialmagneticstimulation/about/pac-20384625.

Ferramentas de Recuperação

Abordar o PLP— pessoas, lugar e propósito — é fundamental para a recuperação. Tal como acontece com qualquer forma de reabilitação, isso requer um compromisso a longo prazo, que pode não ser integrado a uma clínica ou com cuidados clínicos reembolsáveis. E, no entanto, esses serviços são importantes, talvez mais até do que as categorias anteriores.

Clubhouse International,
https://clubhouse-intl.org/, é a organização central de mais de trezentos clubes locais. O modelo do clube definiu a recuperação e forneceu apoio social, santuário e treinamento profissional para milhares de pessoas com doenças mentais.

O programa Certified Community Behavioral Health Center (CCBHC) é um modelo de atenção integral à saúde mental apoiado pelo governo federal dos EUA. A maioria dos estados tem pelo menos um desses CCBHCs, com expansão esperada em 2021 e 2022, vinda de financiamento adicional.

APÊNDICE: RECURSOS

Você pode saber mais sobre esse programa público no site do Conselho Nacional de Saúde Comportamental (https://www.thenationalcouncil.org/).

Finalmente, este livro clama por um movimento social para garantir que as pessoas com doença mental obtenham os recursos para se recuperar. Esse movimento já começou por meio de várias novas organizações de advocacia. Além dos fundamentos mencionados acima, estas organizações estão lutando por mudanças nas políticas:

The Kennedy Forum, https://www.thekennedyforum.org/, liderou a campanha nacional para implementar a paridade, a qualidade e a integração dos cuidados de saúde mental.

Inseparable, https://www.inseparable.us/, é uma coalizão crescente de defensores de todo o país que estão pressionando por mudanças na política de saúde mental.

Sozosei Foundation, https://www.sozoseifoundation.org/, é uma organização nova (financiada pela Otsuka América Pharmaceutical) para dirigir-se a edições de equidade com um foco inicial em reduzir a prisão de pessoas com doença mental.

Treatment Advocacy Center, https://www.treatmentadvocacycenter.org/, é uma fonte boa para a informação em uma variedade de edições de sobre política, relacionada especialmente à criminalização, à realocação e à capacidade.

NOTAS

1. "John F. Kennedy and People with Intellectual Disabilities", JFK In History, John F. Kennedy Presidential Library and Museum, acessado em março de 2021, https://www.jfklibrary.org/learn/about-jfk/jfk-in-history/john-f-kennedy-and-people-with-intellectual-disabilities.

INTRODUÇÃO

1. Sandro Galea, *Well: What We Need to Talk About When We Talk About Health* (Nova York: Oxford University Press, 2019).
2. Craig W. Colton e Ronald W. Manderscheid, "Congruencies in Increased Mortality Rates, Years of Potential Life Lost, and Causes of Death Among Public Mental Health Clients in Eight States", *Preventing Chronic Disease* 3, no. 2 (abril de 2006).
3. Roberto Mezzina, "Community Mental Health Care in Trieste and Beyond: An "Open Door-No Restraint" System of Care for Recovery and Citizenship", = *Journal of Nervous and Mental Disease* 202, no. 6 (junho de 2014), https://doi.org/10.1097/nmd.0000000000000142.

CAPÍTULO 1

1. Susan Sontag, *Illness as Metaphor* (Nova York, NY: Farrar, Straus and Giroux, 1978).

NOTAS

2. Holly Hedegaard, Sally Curtin e Margaret Warner, "Suicide Mortality in the United States, 1999-2017", *NCHS Data Brief*, no. 330 (novembro de 2018), https://www.cdc.gov/nchs/products/databriefs/db330.htm.

3. Melonie Heron, "Deaths: Leading Causes for 2016", *CDC NCHS National Vital Statistics Report* 67, no. 6 (julho de 2018), https://www.cdc.gov/nchs/data/nvsr/nvsr67/nvsr67_06.pdf.

4. Alize J. Ferrari et al., "The Burden Attributable to Mental and Substance Use Disorders as Risk Factors for Suicide: Findings fromthe Global Burden of Disease Study 2010", *PLOS ONE* 9, no. 4 (2014), https://doi.org/10.1371/journal.pone.0091936.

5. Matthew Friedman, Ames C Grawert e James Cullen, "Crime Trends: 1990–2016", Brennan Center for Justice, New York University School of Law, 2017, https://www.brennancenter.org/sites/default/files/publications/Crime%20Trends%201990-2016.pdf; D'vera Cohn et al., "Gun Homicide Rate Down 49% Since 1993 Peak; Public Unaware", Pew Research Center, May 13, 2013, https://www.pewresearch.org/social--trends/2013/05/07/gun-homicide-rate-down-49-since-1993-peak-public-unaware/.

6. "Defeating Despair: Suicide Is Declining Almost Everywhere", *Economist*, 24 de novembro de 2018, https://www.economist.com/international/2018/11/24/suicide-is-declining-almost-everywhere.

7. Craig W. Colton e Ronald Manderscheid, "Congruencies in Increased Mortality Rates, Years of Potential Life Lost, and Causes of Death Among Public Mental Health Clients in Eight States", *Preventing Chronic Disease* 3, no. 2 (maio de 2006).

8. National Center for Health Statistics, *Life expectancy at birth, at age 65, and at age 75, by sex, race, and Hispanic origin: United States, selected years 1900-2017* (online, 2019), https://www.cdc.gov/nchs/data/hus/2018/004.pdf.

9. Social Security Administration, *SSI Annual Statistics Report, 2017* (2018), "Recipients Under Age 65", 68–71, https://www.ssa.gov/policy/docs/statcomps/ssi_asr/2017/sect06.pdf.

10. Ursula E. Bauer et al., "Prevention of Chronic Disease in the 21st century: Elimination of the Leading Preventable Causes of Premature Death and Disability in the USA", *Lancet* 384, no. 9937 (5 de julho de 2014), https://doi.org/10.1016/s0140-6736(14)60648-6.

NOTAS

11. "Mental Illness", National Institute of Mental Health, Mental Health Information, atualizado em janeiro de 2021, https://www.nimh.nih.gov/health/statistics/mental-illness.shtml.

12. "Mental Illness", National Institute of Mental Health.

13. Congressista Patrick Kennedy, mensagem para o autor, 23 de fevereiro de 2021.

14. "Key Substance Use and Mental Health Indicators in the United States: Results from the 2018 National Survey on Drug Use and Health" Substance Abuse and Mental Health Services Administration, HHS Publication No. PEP19-5068, NSDUH Series H-54 (Rockville, MD: Center for Behavioral Health Statistics and Quality, 2019), https://www.samhsa.gov/data/sites/default/files/cbhsq-reports/NSDUHNationalFindingsReport2018/NSDUHNationalFindingsReport2018.pdf.

15. Nathaniel J. Williams, Lysandra Scott e Gregory A. Aarons, "Prevalence of Serious Emotional Disturbance Among U.S. Children: A Meta-Analysis", *Psychiatric Services* 69, no. 1 (1º de janeiro de 2018), https://doi.org/10.1176/appi.ps.201700145.

16. Global Health Data Exchange, Institute for Health Metrics and Evaluaiton, 2021, http://ghdx.healthdata.org. Para mais informações, outras excelentes versões desses dados estão disponíveis em Our World in Data, https://ourworldindata.org.

17. Daniel Vigo, Graham Thornicroft e Rifat Atun, "Estimating the True Global Burden of Mental Illness", *Lancet Psychiatry* 3, no. 2 (fevereiro de 2016), https://doi.org/10.1016/s2215-0366(15)00505-2; Harvey A. Whiteford et al., "Global Burden of Disease Attributable to Mental and Substance Use Disorders: Findings from the Global Burden of Disease Study 2010", *Lancet* 382, no. 9904 (9 de novembro de 2013), https://doi.org/10.1016/s0140-6736(13)61611-6.

18. Ronald C. Kessler et al., "Lifetime Prevalence and Age-of-Onset Distributions of DSM-IV D sorders in the National Comorbidity Survey Replication", *Archives of General Psychiatry* 62, no. 6 (junho de 2005), https://doi.org/10.1001/archpsyc.62.6.593.

19. U.S. Burden of Disease Collaborators et al., "The State of US Health, 1990–2016: Burden of Diseases, Injuries, and Risk Factors Among US States", *JAMA* 319, no. 14 (10 de abril de 2018), https://doi.org/10.1001/jama.2018.0158.

20. David E. Bloom et al., "The Global Economic Burden of Noncommunicable Diseases", Program on the Global Demography of Aging (2011), http://

NOTAS

www3.weforum.org/docs/WEF_Harvard_HE_GlobalEconomicBurden-NonCommunicableDiseases_2011.pdf; Vikram Patel et al., "The Lancet Commission on Global Mental Health and Sustainable Development", *Lancet* 392, no. 10157 (2018), https://doi.org/10.1016/S0140-6736(18)-31612-X.

21. Charles Roehrig, "Mental Disorders Top the List of the Most Costly Conditions in the United States: $201 Billion", *Health Affairs* 35, no. 6 (2016), https://doi.org/10.1377/hlthaff.2015.1659.

22. David M. Cutler e Lawrence H. Summers, "The COVID-19 Pandemic and the $16 Trillion Virus", *JAMA* 324, no. 15 (2020), https://doi.org/10.1001/jama.2020.19759; Daniel H. Gillison Jr. e Andy Keller, "2020 Devastated US Mental Health—Healing Must Be a Priority", *The Hill*, 2021, https://thehill.com/opinion/healthcare/539925-2020-devastated-us-mental--health-healing-must-be-a-priority.

23. "Ranking the States", Mental Health America, 2020, https://www.mha-national.org/issues/ranking-states.

24. Abigail Livny et al., "A Population-Based Longitudinal Study of Symptoms and Signs Before the Onset of Psychosis", *American Journal of Psychiatry* 175, no. 4 (1º de abril de 2018), https://doi.org/10.1176/appi.ajp.2017.16121384.

25. "NAMI Family-to-Family", National Alliance on Mental Illness, https://www.nami.org/Support-Education/Mental-Health-Education/NAMI--Family-to-Family.

26. Roy Richard Grinker, *Nobody's Normal* (Nova York: W. W. Norton & Company, 2021).

27. Kessler et al., "Lifetime Prevalence and Ageof-Onset distributions of DSM-IV Disorders in the National Comorbidity Survey Replication."

28. National Center for Health Statistics, Health, United States, 2018, Trend Tables, "Leading Causes of Death and Numbers of Deaths, by Sex, Race, and Hispanic Origin: United States, 1980 and 2017" (2019), https:// www.cdc.gov/nchs/data/hus/2018/006.pdf. Acessado em 4 de abril de 2021.

29. American Diabetes Association, "10. Cardiovascular Disease and Risk Management: Standards of Medical Care in Diabetes—2020", *Diabetes Care* 43, no. Suppl 1 (janeiro de 2020), https://doi.org/10.2337/dc20-S010; World Health Organization, "Prevention of Blindness from Diabetes Mellitus: Report of a WHO Consultation in Geneva, Switzerland, 9–11 November 2005", World Health Organization (2006), https://apps.who.int/iris/handle/10665/43576.

NOTAS

30. Thomas J. Moore e Donald R. Mattison, "Adult Utilization of Psychiatric Drugs and Differences by Sex, Age, and Race", *JAMA Internal Medicine* 177, no. 2 (2017), https://doi.org/10.1001/jamainternmed.2016.7507; Thomas R. Insel, "Next-Generation Treatments for Mental Disorders", *Science Translational Medicine* 4, no. 155 (10 de outubro de 2012), https://doi.org/10.1126/scitranslmed.3004873.

31. Beth Han et al., "National Trends in Specialty Outpatient Mental Health Care Among Adults", *Health Affairs* 36, no. 12 (dezembro de 2017), https://www.healthaffairs.org/doi/abs/10.1377/hlthaff.2017.0922; Mark Olfson, Benjamin G. Druss, e Steven C. Marcus, "Trends in Mental Health Care Among Children and Adolescents", *New England Journal of Medicine* 372, no. 21 (2015), https://doi.org/10.1056/NEJMsa1413512; "Key Substance Use and Mental Health Indicators in the United States: Results from the 2016 National Survey on Drug Use and Health", Substance Abuse and Mental Health Services Administration, 2017, https://www.samhsa.gov/data/sites/default/files/NSDUH-FFR1-2016/NSDUH-FFR1-2016.pdf.

32. Robert Whitaker, *Anatomy of an Epidemic: Magic Bullets, Psychiatric Drugs, and the Astonishing Rise of Mental Illness in America* (Nova York: Crown/Random House, 2010).

33. Steven E. Hyman, "Revolution Stalled", *Science Translational Medicine* 4, no. 155 (2012), https://doi.org/10.1126/scitranslmed.3003142.

34. J. A. Cramer e R. Rosenheck, "Compliance with Medication Regimens for Mental and Physical Disorders", *Psychiatric Services* 49, no. 2 (fevereiro de 1998), https://doi.org/10.1176/ps.49.2.196.

35. Ronald C. Kessler et al., "Prevalence and Treatment of Mental Disorders, 1990 to 2003", *New England Journal of Medicine* 352, no. 24 (16 de junho de 2005), https://doi.org/10.1056/NEJMsa043266.

36. Philip S. Wang et al., "Twelve-Month Use of Mental Health Services in the United States: Results from the National Comorbidity Survey Replication", *Archives of General Psychiatry* 62, no. 6 (junho de 2005), https://doi.org/10.1001/archpsyc.62.6.629.

37. R. Mojtabai et al., "Barriers to mental health treatment: results from the National Comorbidity Survey Replication", *Psychological Medicine* 41, no. 8 (agosto de 2011), https://doi.org/10.1017/s0033291710002291.

38. Mark A. Ilgen et al., "Psychiatric Diagnoses and Risk of Suicide in Veterans", *Archives of General Psychiatry* 67, no. 11 (novembro de 2010), https://doi.org/10.1001/archgenpsychiatry.2010.129.

NOTAS

CAPÍTULO 2

1. "John F. Kennedy and People with Intellectual Disabilities", JFK in History, John F. Kennedy Presidential Library and Museum, https://www.jfklibrary.org/learn/about-jfk/jfk-in-history/john-f-kennedy-and-people-with-intellectual-disabilities.

2. Elizabeth Koehler-Pentacoff, *The Missing Kennedy: Rosemary Kennedy and the Secret Bonds of Four Women* (Baltimore, MD: Bancroft Press, 2016).

3. Ronald Kessler, *The Sins of the Father: Joseph P. Kennedy and the Dynasty He Founded* (Nova York: Warner Books, 1996).

4. Edward Shorter, *History of Psychiatry: From the Era of the Asylum to the Age of Prozac* (Nova York: John Wiley & Sons, 1997).

5. Anne Harrington, *Mind Fixers: Psychiatry's Troubled Search for the Biology of Mental Illness* (Nova York: W. W. Norton & Company, 2019).

6. Richard G. Frank and Sherry A. Glied, *Better But Not Well: Mental Health Policy in the United States Since 1950* (Baltimore: Johns Hopkins University Press, 2006); Harrington, *Mind Fixers: Psychiatry's Troubled Search for the Biology of Mental Illness*.

7. Frank e Glied, *Better But Not Well*.

8. "Egas Moniz—Biographical", NobelPrize.org, 2021, https://www.nobelprize.org/prizes/medicine/1949/moniz/biographical/.

9. Laurence Leamer, *The Kennedy Women: The Saga of an American Family* (Nova York: Villard Books, 1994), 75.

10. Edwin Fuller Torrey, *American Psychosis: How the Federal Government Destroyed the Mental Illness Treatment System* (Nova York: Oxford University Press, 2013), 55.

11. Torrey, *American Psychosis*, 61.

12. N. W. Winkelman, "Chlorpromazine in the Treatment of Neuropsychiatric Disorders", *Journal of the American Medical Association* 155, no. 1 (1º de maio de 1954): 18–21, https://doi.org/10.1001/jama.1954.03690190024007.

13. Torrey, *American Psychosis*.

14. "The U.S. Mental Health Market: $225.1 Billion in Spending In 2019: An OPEN MINDS Market Intelligence Report", Open Minds, 6 de maio de 2020, https://openminds.com/intelligence-report/the-u-s-mental-health-market-225-1-billion-in-spending-in-2019-an-

-open-minds-market-intelligence-report/#:~:text=May%206%2C%20 2020-.

15. "Chart Book: Social Security Disability Insurance", Policy Futures, Center on Budget and Policy Priorities, atualizado em 12 de fevereiro de 2021, https://www.cbpp.org/reseach/social-security-disability-insurance-0.

16. Richard G. Frank, "Helping (Some) SSDI Beneficiaries with Severe Mental Illness Return to Work", *American Journal of Psychiatry* 170, no. 12 (2013), https://doi.org/10.1176/appi.ajp.2013.13091176.

17. "Hard Truths About Deinstitutionalization, Then and Now", CALMatters, Guest Commentary, 10 de março de 2019, atualizado em 16 de janeiro de 2021, https://calmatters.org/commentary/2019/03/hard-truths-about-deinstitutionalization-then-and-now/; Daniel Yohanna, "Deinstitutionalization of People with Mental Illness: Causes and Consequences", *American Medical Association Journal of Ethics* 15, no. 10 (2013), https://doi.org/10.1001/virtualmentor.2013.15.10.mhst1-1310.

18. Torrey, *American Psychosis*, 62.

19. D. A. Dowell and J, A, Ciarlo, "Overview of the Community Mental Health Centers Program from an Evaluation Perspective", *Community Mental Health Journal* 19, no. 2 (verão de 1983), https://doi.org/10.1007/bf00877603; H. H. Goldman et al., "Community Mental Health Centers and the Treatment of Severe Mental Disorder", *American Journal of Psychiatry* 137, no. 1 (janeiro de 1980), https://doi.org/10.1176/ajp.137.1.83; Torrey, *American Psychosis*, 77.

20. Gerald N. Grob, "Public Policy and Mental Illnesses: Jimmy Carter's Presidential Commission on Mental Health", *Milbank Quarterly* 83, no. 3 (2005), https://doi.org/10.1111/j.1468-0009.2005.00408.x; "S. 1177—Mental Health Systems Act", 96th Congress, 1980, Congress.gov, https://www.congress.gov/bill/96th-congress/senate-bill/1177?overview=closed

21. Torrey, *American Psychosis: How the Federal Government Destroyed the Mental Illness Treatment System*, 89.

22. Craig W. Colton e Ronald Manderscheid, "Congruencies in Increased Mortality Rates, Years of Potential Life Lost, and Causes of Death Among Public Mental Health Clients in Eight States", *Preventing Chronic Disease* 3, no. 2 (maio de 2006), 12.

23. Patrick J. Kennedy e Stephen Fried, A *Common Struggle* (Nova York: Blue Rider Press/Penguin, 2015), 210.

CAPÍTULO 3

1. Elyn R. Saks, The C*enter Cannot Hold: My Journey Through Madness* (Nova York: Hyperion Press, 2007), 336.

2. Mark Olfson et al., "Awareness of Illness and Nonadherence to Antipsychotic Medications Among Persons with Schizophrenia", *Psychiatric Services* 57, no. 2 (fevereiro de 2006), https://doi.org/10.1176/appi.ps.57.2.205; Mark Olfson and Steven C. Marcus, "National Patterns in Antidepressant Medication Treatment", *Archives of General Psychiatry* 66, no. 8 (agosto de 2009), https://doi.org/10.1001/archgenpsychiatry.2009.81.

3. Debra J. Brody and Qiuping Gu, "Antidepressant Use Among Adults: United States, 2015–2018", National Center for Health Statistics, CDC.gov, Setembro de 2020, https://www.cdc.gov/nchs/products/databriefs/db377.htm#:~:text=During%202015-%202018%2C%2013.2%25|%20of%20Americans%20aged%2018%20and,over%20(24.3%25)%20took%20antidepressants.

4. LaJeana D. Howie, Patricia N. Pastor, e Susan L. Lukacs, "Use of Medication Prescribed for Eemotional or Behavioral Difficulties Among Children Aged 6–17 yYears in the United States, 2011–2012", NCHS Data Brief, No. 148 National Center for Health Statistics, CDC.gov, (abril de 2014); Thomas Insel, "Post by Former NIMH Director Thomas Insel: Are Children Overmedicated?", National Institute of Mental Health, 6 de junho de 2014, https://www.nimh.nih.gov/about/directors/thomas-insel/blog/2014/are-children-overmedicated.shtml.

5. John M. Grohol, "Top 25 Psychiatric Medications for 2018", PsychCentral, 15 de dezembro de 2019, https://psychcentral.com/blog/top-25-psychiatric-medications-for-2018.

6. Andrea Cipriani et al., "Comparative Efficacy and Acceptability of 21 Antidepressant Drugs for the Acute Treatment of Adults with Major Depressive Disorder: A Systematic Review And Network Meta-Analysis", *Lancet* 391, no. 10128 (2018), https://doi.org/10.1016/S0140-6736(17)32802-7.

7. Nicholas J. Schork, "Personalized Medicine: Time for One-Person Trials", *Nature* 520, no. 7549 (30 de abril de 2015), https://doi.org/10.1038/520609a.

8. "Selective Serotonin Reuptake Inhibitors (SSRIs)", Mayo Clinic, Health Information, atualizado em 17 de setembro de 2019, https://www.mayoclinic.org/diseases-conditions/depression/in-depth/ssris/art-20044825.

9. Alan F. Schatzberg e Charles B. Nemer ff, *The American Psychiatric Association Publishing Textbook of Psychopharmacology*, 5 ed. (Washington, DC: American Psychiatric Association Publishing, 2017); Stephen M. Stahl, *Stahl's Essential Psychopharmacology: Neuroscientific Basis and Practical Applications*, 4 ed. (Cambridge: Cambridge University Press, 2013).

10. Mark Laubach et al., "What, If Anything, Is Rodent Prefrontal Cortex?", *eNeuro* 5, no. 5 (25 de outubro de 2018), https://doi.org/10.1523/eneuro.0315-18.2018.

11. Schatzberg e Nemeroff, *The American Psychiatric Association Publishing Textbook of Psychopharmacology*.

12. N. D. Mitchell e G. B. Baker, "An Update on the Role of Glutamate in the Pathophysiology of Depression", *Acta Psychiatrica Scandinavic* 122, no. 3 (2010), https://onlinelibrary.wiley.com/doi/abs/10.1111/j.1600-0447.2009.01529.x; P. Skolnick et al., "Adaptation of N-methyl-D-aspartate (NMDA) Receptors Following Antidepressant Treatment: Implications for the Pharmacotherapy of Depression", *Pharmacopsychiatry* 29, no. 1 (janeiro de 1996), https://doi.org/10.1055/s-2007-979537.

13. Beth Han et al., "National Trends in Specialty Outpatient Mental Health Care Among Adults", *Health Affairs* 36, no. 12 (dezembro de 2017), https://www.healthaffairs.org/doi/abs/10.1377/hlthaff.2017.0922; James W. Murrough et al., "Antidepressant Efficacy of Ketamine in TreatmentResistant Major Depression: A Two-Site Randomized Controlled Trial", *American Journal of Psychiatry* 170, no. 10 (outubro de 2013), https://doi.org/10.1176/appi.ajp.2013.13030392; Yu Han et al., "Efficacy of Ketamine in the Rapid Treatment of Major Depressive Disorder: A Meta-Analysis of Randomized, Double-Blind, Placebo-Controlled Studies", *Neuropsychiatric Disease and Treatment* 12 (2016), https://doi.org/10.2147/ndt.S117146; Carlos A. Zarate et al., "A Randomized Trial of an N-methyl-D-aspartate Antagonist in Treatment-Resistant Major Depression", *Archives of General Psychiatry* 63, no. 8 (2006), https://doi.org/10.1001/archpsyc.63.8.856.

14. Nolan R. Williams e Alan F. Schatzberg, "NMDA Antagonist Treatment of Depression", *Currents Opinions in Neurobiology* 36 (February 2016), https://doi.org/10.1016/j.conb.2015.11.001.

15. Peter Kramer, *Ordinarily Well: The Case for Antidepressants* (Nova York: Farrar, Straus and Giroux, 2016), 241.

16. Stephen V. Faraone et al., "The World Federation of ADHD International Consensus Statement: 208 Evidence-Based Conclusions About the Disorder", *Neuroscience and Biobehavioral Reviews* (4 de fevereiro de 2021), ht-

tps://doi.org/10.1016/j.neubiorev.2021.01.022; Rodrigo Machado-Vieira, Husseini K. Manji, e Carlos A. Zarate Jr., "The Role of Lithium in the Treatment of Bipolar Disorder: Convergent Evidence for Neurotrophic Effects as a Unifying Hypothesis", *Bipolar Disorders* 11, no. s2, (junho de 2009), https://doi.org/10.1111/j.1399-5618.2009.00714.x; Christopher Pittenger e Michael H. Bloch, "Pharmacological Treatment of Obsessive-Compulsive Disorder", *Psychiatric Clinics of North America* 37, no. 3 (setembro de 2014), https://doi.org/10.1016/j.psc.2014.05.006; Schatzberg and Nemeroff, *The American Psychiatric Association Publishing Textbook of Psychopharmacology*; "Treating ObsessiveCompulsive Disorder", Harvard Mental Health Letter, Harvard Health Publishing, março de 2009, https://www.health.harvard.edu/fhg/updates/treating-obsessive-compulsive-disorder.shtml.

17. Charles B. Nemeroff, "The State of Our Understanding of the Pathophysiolo y and Optimal Treatment of Depression: Glass Half Full or Half Empty?", *American Journal of Psychiatry* 177, no. 8 (2020), https://doi.org/10.1176/appi.ajp.2020.20060845.

18. E. Ernst e M. H. Pittler, "Efficacy or Effectiveness?", *Journal of Internal Medicine* 260, no. 5 (novembro de 2006), https://doi.org/10.1111/j.1365-2796.2006.01707.x.

19. Bradley N. Gaynes et al., "What Did STAR*D Teach Us? Results from a Large-Scale, Practical, Clinical Trial for Patients with Depression", *Psychiatric Services* 60, no. 11 (2009), https://doi.org/10.1176/ps.2009.60.11.1439.

20. Michael E. Thase, "Are SNRIs More Effective Than SSRIs? A Review of the Current State of the Controversy", *Psychopharmacology Bulletin* 41, no. 2 (2008).

21. Jan Wiener, *The Therapeutic Relationship: Transference, Countertransference, and the Making of Meaning* (College Station: Texas A&M University Press, 2009), http://hdl.handle.net/1969.1/88025.

22. Isaac Meyer Marks, *Living with Fear: Understanding and Coping with Anxiety*, 2 ed. (Maidenhead, Berkshire, UK: McGraw-Hill, 2005).

23. James Lock and Dasha Nicholls, "Toward a Greater Understanding of the Ways Family-Based Treatment Addresses the Full Range of Psychopathology of Adolescent Anorexia Nervosa", *Frontiers in Psychiatry* 10 (2019), https://doi.org/10.3389/fpsyt.2019.00968.

24. Jennifer M. May, Toni M. Richardi e Kelly S. Barth, "Dialectical Behavior Therapy as Treatment for Borderline Personality Disorder", *Mental Health Clinician* 6, no. 2 (março de 2016), https://doi.org/10.9740/mhc.2016.03.62.

NOTAS

25. Pim Cuijpers et al., "How Effective Are Cognitive Behavior Therapies for Major Depression and Anxiety Disorders? A MetaAnalytic Update of the Evidence", *World Psychiatry* 15, no. 3 (outubro de 2016), https://doi.org/10.1002/wps.20346.

26. Steven D. Hollon, Michael O. Stewart e Daniel Strunk, "Enduring Effects for Cognitive Behavior Therapy in the Treatment of Depression and Anxiety", *Annual Review of Psychology* 57 (2006), https://doi.org/10.1146/annurev.psych.57.102904.190044.

27. Vikram Patel palestra ministrada em 4th Rhodes Healthcare Forum, Oxford, UK, fevereiro de 2019.

28. R. Kathryn McHugh et al., "Patient Preference for Psychological vs Pharmacologic Treatment Of Psychiatric Disorders: A MetaAnalytic Review", *Journal of Clinical Psychiatry* 74, no. 6 (junho de 2013), https://doi.org/10.4088/JCP.12r07757.

29. Veja Capítulo 5.

30. M. Justin Coffey e Joseph J. Cooper, "Therapeutic Uses of Seizues in Neuropsychiatry", *Focus* 17, no. 1 (inverno de 2019), https://doi.org/10.1176/appi.focus.20180023; Pim Cuijpers et al., "Who Benefits from Psychotherapies for Adult Depression? A Meta-Analytic Update of the Evidence", *Cognitive Behavioral Therapy* 47, no. 2 (março de 2018), https://doi.org/10.1080/16506073.2017.1420098.

31. Coffey e Cooper, "Therapeutic Uses of Seizures in Neuropsychiatry". 3

32. Andre R. Brunoni et al., "Repetitive Transcranial Magnetic Stimulation for the Acute Treatment of Major Depressive Episodes: A Systematic Review with Network Meta-Analysis", *JAMA Psychiatry* 74, no. 2 (1º de fevereiro de 2017), https://doi.org/10.1001/jamapsychiatry.2016.3644.

33. Maurizio Fava, "Diagnosis and Definition of Treatment-Resistant Depression", *Biological Psychiatry* 53, no. 8 (1º de abril de 2003), https://doi.org/10.1016/s0006-3223(03)00231-2; Christian Otte et al., "Major Depressive Disorder", *Nature Reviews. Disease Primers* 2 (15 de setembro de 2016), https://doi.org/10.1038/nrdp.2016.65.

34. Mark S. George et al., "Daily Left Prefrontal Transcranial Magnetic Stimulation Therapy for Major Depressive Disorder: A Sham-Controlled Randomized Trial", *Archives of General Psychiatry* 67, no. 5 (2010), https://doi.org/10.1001/archgenpsychiatry.2010.46.

35. "Deep Brain Stimulation", American Association of Neurological Surgeons, Neurological Conditions and Treatments, https://www.aans.org/

en/Patients/NeurosurgicalConditionsand-Treatments/Deep-Brain-Stimulation.

36. Paul E. Holtzheimer e Helen S. Mayberg, "Deep Brain Stimulation for Psychiatric Disorders", *Annual Review of Neuroscience* 34 (2011), https://doi.org/10.1146/annurev-neuro-061010-113638.

37. Zhi-De Deng et al., "Device-Based Modulation of Neurocircuits as a Therapeutic for Psychiatric Disorders", *Annual Review of Pharmacology and Toxicology* 60, no. 1 (2020), https://doi.org/10.1146/annurev-pharmtox-010919-023253.

38. Singhan Krishnan et al., "Reduction in Diabetic Amputations over 11 Years in a Defined U.K. Population: Benefits of Multidisciplinary Team Work and Continuous Prospective Audit", *Diabetes Care* 31, no. 1 (janeiro de 2008), https://doi.org/10.2337/dc07-1178.

39. *World Health Organization, Prevention of Blindness from Diabetes Mellitus: Report of a WHO consultation in Geneva, Switzerland, 9–11,* novembro de 2005, WHO, https://apps.who.int/iris/handle/10665/43576.

40. Marina Dieterich et al., "Intensive Case Management for Severe Mental Illness", *Cochrane Database Systematic Reviews* 1, no. 1 (6 de janeiro de 2017), https://doi.org/10.1002/14651858.CD007906.pub3; Robert E. Drake et al., "Individual Placement and Support Services Boost Employment for People with Serious Mental Illnesses, but Funding Is Lacking", *Health Affairs* 35, no. 6 (2016), https://doi.org/10.1377/hlthaff.2016.0001.

41. Interdepartmental Serious Mental Illness Coordinating Committee, "The Way Forward: Federal Action for a System That Works for All People Living with SMI and SED and Their Families and Caregivers", Substance Abuse and Mental Health Services Administration, 13 de dezembro de 2017, https://www.samhsa.gov/sites/default/files/programs_campaigns/ismicc_2017_report_to_congress.pdf.

42. Gregory P. Strauss, Lisa A. Bartolomeo e Philip D. Harvey, "Avolition as the Core Negative Symptom in Schizophrenia: Relevance to Pharmacological Treatment Development", *NPJ Schizophrenia* 7, no. 1 (26 de fevereiro de 2021), https://doi.org/10.1038/s41537-021-00145-4.

43. Alexandra Thérond et al., "The Efficacy of Cognitive Remediation in Depression: A Systematic Literature Review and MetaAnalysis", *Journal of Affective Disorders* 284 (9 de fevereiro de 2021), https://doi.org/10.1016/j.jad.2021.02.009.

44. Richard Dinga et al., "Predicting the Naturalistic Course of Depression from a Wide Range of Clinical, Psychological, and Biological Data: A Ma-

chine Learning Approach", *Translational Psychiatry* 8, no. 241 (5 de novembro de 2018), https://doi.org/10.1038/s41398-018-0289-1.

45. Saks, *The Center Cannot Hold*, 336.

CAPÍTULO 4

1. E. Fuller Torrey et al., "No Room at the Inn: Trends and Consequences of Closing Public Psychiatric Hospitals", Treatment Advocacy Center, 19 de julho de 2012, https://www.treatmentadvocacycenter.org/storage/documents/no_room_at_the_inn-2012.pdf.

2. "The Medicaid IMD Exclusion and Mental Illness Discrimination", Treatment Advocacy Cente, agosto de 2016, https://www.treatmentadvocacycenter.org/storage/documents/backgrounders/imd-exclusion-and-discrimination.pdf.

3. Richard G. Frank and Sherry A. Glied, *Better But Not Well: Mental Health Policy in the United States Since 1950* (Baltimore: Johns Hopkins University Press, 2006).

4. The Blue Ridge Academic Health Group, "The Behavioral Health Crisis: A Road Map for Academic Health Center Leadership in Healing our Nation", Emory University Woodruff Health Sciences Center, Winter 2019-2020 Report, http://whsc.emory.edu/blueridge/publica tions/archive/Blue%20Ridge%20 019-2020-FINAL.pdf.

5. Emergency Medicine Practice Committee, "Emergency Department Crowding: High Impact Solutions", American College of Emergency Physicians, maio de 2016, https://www.acep.org/globalassets/sites/acep/media/crowding/empc_crowding-ip_092016.pdf.

6. Fiona B. McEnany et al., "Pediatric Mental Health Boarding", *Pediatrics* 146, no. 4 (outubro de 2020), https://doi.org/10.1542/peds.2020-1174; Kimberly Nordstrom et al., "Boarding of Mentally Ill Patients in Emergency Departments: American Psychiatric Association Resource Document", *Western Journal of Emergency Medicine* 20, no. 5 (22 de julho de 2019), https://doi.org/10.5811/westjem.2019.6.42422.

7. National Association of State Mental Health Program Directors, Trend in Psychiatric Inpatient Capacity, United States and Each State, 1970 to 2014, Alexandria, Virginia, agosto de 2017, https://www.nasmhpd.org/sites/default/files/TACPaper.2.Psychiatric-Inpatient-Capacity_508C.pdf.

NOTAS

8. National Association of State Mental Health Program Directors, "Trend in Psychiatric Inpatient Capacity, United States and Each State, 1970 to 2014."

9. Doris A. Fuller et al., "Going, Going, Gone: Trends and Consequences of Eliminating State Psychiatric Beds", Treatment Advocacy Center, junho de2016, https://www.treatmentadvocacycenter.org/storage/documents/going-going-gone.pdf.

10. S. Allison et al., "When Should Governments Increase tThe Supply of Psychiatric Beds?", *Molecular Psychiatry* 23, no. 4 (abril de 2018), https://doi.org/10.1038/mp.2017.139.

11. Torrey et al., "No Room at the Inn."

12. National Association of State Mental Health Program Directors, "Trend in Psychiatric Inpatient Capacity, United States and Each State, 1970 to 2014."

13. Dominic A. Sisti, Elizabeth A. Sinclair e Steven S. Sharfstein, "Bedless Psychiatry-Rebuilding Behavioral Health Service Capacity", *JAMA Psychiatry* 75, no. 5 (1º de maio de, 2018), https://doi.org/10.1001/jamapsychiatry.2018.0219.

14. "UHS Universal Health Services, Inc.", https:// www.uhsinc.com/.

15. jails and prisons: Alisa Roth, *Insane: America's Criminal Treatment of Mental Illness* (Nova York: Basic Books, 2018).

16. risk of incarceration: William B. Hawthorne et al., "Incarceration Among Adults Who Are in the Public Mental Health System: Rates, Risk Factors, and Short-Term Outcomes", *Psychiatric Services* 63, no. 1 (janeiro de 2012), https:// doi.org/10.1176/appi.ps.201000505.

17. "Mental illness is not a problem that we can arrest ourselves out of", PBS NewsHour, 17 de janeiro de 2019, https://www.pbs.org/newshour/brief/290400/trey-oliver.

18. Esperando pela Justiça, em tradução livre: https://calmatters.org/justice/2021/03/waiting-for-justice/?mc_cid=8a98791a14&mc_eid=-28c37d1d32

19. Christine Montross, *Waiting for an Echo: The Madness of American Incarceration* (Nova York: Penguin Press, 2020).

20. Fuller et al., "Going, Going, Gone".

21. Pete Earley, *Crazy: A Father's Search Through America's Mental Health Madness* (Nova York: Berkley Books, 2007).

NOTAS

22. Montross, *Waiting for an Echo*; Roth, *Insane*.

23. National Association of State Mental Health Program Directors, "Trend in Psychiatric Inpatient Capacity, United States and Each State, 1970 to 2014."

24. "Annual Probation Survey and Annual Parole Survey", Annual Survey of Jails", e "Census of Jail Inmates", National Prisoner Statistics Program, 1980–2016, Bureau of Justice Statistics, Washington, D.C., 2018, https://www.bjs.gov/index.cfm?ty=dcdetail&iid=271, https://www.bjs.gov/index.cfm?ty=dcdetail&iid=261, https://www.bjs.gov/index.cfm?ty=dcdetail&iid=404.

25. E. Fuller Torrey et al., "The Treatment of Persons with Mental Illness in Prisons and Jails: A State Survey", Treatment Advocacy Center, 8 de abril de 2014, https://www.treatmentadvocacycenter.org/storage/documents/treatment-behind-bars/treatment-behind-bars.pdf.

26. Melanie Newport, "When a Psychologist Was in Charge of Jail", Marshall Project, 21 de maio de 2015, https://www.themarshallproject.org/2015/05/21/when-a-psychologist-was-in-charge-of-jail.

27. Montross, *Waiting for an Echo: The Madness of American Incarceration*.

28. Matthew E. Hirschtritt e Renee L Binder, "Interrupting the Mental Illness–Incarceration-Recidivism Cycle", *JAMA* 317, no. 7 (2017), https://doi.org/10.1001/jama.2016.20992; Jennifer Eno Louden e Jennifer L. Skeem, "Parolees with Mental Disorder: Toward Evidence-Based Practice", *the Bulletin* 7, no. 1 (abril de 2011), https://ucicorrections.seweb.uci.edu/files/2013/06/Parolees-with-Mental-Disorder.pdf.

29. "The Role and Impact of Law Enforement in Transporting Individuals with Severe Mental Illness, A National Survey", Treatment Advocacy Center, Maio de 2019, https://www.treatmentadvocacycenter.org/storage/documents/Road-Runners.pdf.

30. Bryan Stevenson, *Just Mercy: A Story of Justice and Redemption* (Nova York: Spiegel & Grau, 2015).

31. John K Iglehart, "Decriminalizing Mental Illness—The Miami Model", *New England Journal of Medicine* 374, no. 18 (5 de maio de 2016), https://doi.org/10.1056/NEJMp1602959.

32. Nastassia Walsh, "Mental Health and Criminal Justice Case Study: Miami-Dade County", National Association of Counties, 1º de junho de 2016, https://www.naco.org/sites/default/files/documents/Miami-Dade%20County%20-%20Mental%20Health%20and%20Jails%20Case%20Study.pdf.

NOTAS

33. C. Joseph Boatwright II, "Solving the Problem of Criminalizing the Mentally Ill: The Miami Model", *American Criminal Law Review* 56, no. 1 (2018), https://www.law.georgetown.edu/american-criminal-law-review/wpcontent/uploads/sites/15/2019/01/56-1SolvingtheProblemof-Criminalizing-the-Mentally-Ill-the-Miami-Model.pdf.

34. Montross, *Waiting for an Echo: The Madness of American Incarceration*.

35. "Harnessing Hope Nationwide", Transitions Clinic Network, https://transitionsclinic.org/; "Significant Achievement Awards: The Nathaniel Project—An Effective Alternative to Incarceration", *Psychiatric Services* 53, no. 10 (2002), https://doi.org/10.1176/appi.ps.53.10.1314.

36. *Business Case: The Crisis Now Model*, Crisis Now: Transforming Crisis Services (2020), https://crisisnow.com/wp-content/uploads/2020/02/CrisisNow-BusinessCase.pdf.

37. Pete Earley, "Opinion: Mental Illness Is a Health Issue, Not a Police Issue", *Washington Post* 2020, https://www.washingtonpost.com/opinions/2020/06/15/mental-illness-is-health-issue-not-police-issue/.

38. Joel Shannon, "At Least 228 Police Officers Died by Suicide in 2019, Blue H.E.L.P. Says. That's More Than Were Killed in the Line of Duty", *USA Today*, 2 de janeiro de 2020, https://www.usatoday.com/story/news/nation/2020/01/02/blue-help-228-police-suicides-2019-highest-total/2799876001/?fbclid=IwAR3NuUuuPc2anVfKQi5JAYWS9Lw0wP-2cYDOie PiEQwB622ftu-jKYjCQCkE.

39. "FBI Releases 2019 Statistics on Law Enforcement Officers Killed in the Line of Duty", FBI National Press Office, 4 de maio de 2020, https://www.fbi.gov/news/pressrel/pressreleases/fbireleases-2019-statistics-on-law-enforcement-officers-killed-in-the-line-of-duty.

40. "Business Case: The Crisis Now Model", Crisis Now.com, https://crisisnow.com/wp-content/uploads/2020/02/CrisisNow-BusinessCase.pdf.

41. *How Many Individuals with Serious Mental Illness are in Jails and Prisons?*, Treatment Advocacy Center, novembro de 2014, https://www.treatmentadvocacycenter.org/storage/documents/backgrounders/how%20many%20individuals%20with%20serious%20mental%20illness%20are%20in%20jails%20and%20prisons%20final.pdf.

42. "Tonight, 8,000 people will experience homelessness in Alameda County", EveryOneHome, https://everyonehome.org.

43. Vivian Ho, "'It's a cycle': The Disproportionate Toll of Homelessness on San Francisco's African Americans", *Guardian*, 21 de fevereiro de 2020,

https://www.theguardian.com/us-news/2020/feb/21/san-francisco--bay-area-homelessness-african-americans.

44. "Overlooked Mental Health 'Catastrophe': Vanishing Board-and-Care Homes Leave Residents with Few Options", CALMatters, 15 de abril de 2019, atualizado em 17 de setembro de 2020, https://calmatters.org/projects/board-and-care-homes-closing-in-california-mental-health-crisis/.

45. "Breakdown: California's Mental Health System, Explained", CALMatters, 30 de abril de 2019, atualizado em 17 de setembro de 2020, https://calmatters.org/explainers/breakdowncaliforniasmental-health-system-explained/#87b18bd0-9792-11e9-b4ba-6daafb072cad.

46. "The 2017 Annual Homeless Assessment Report (AHAR) to Congress. Part 1: Point-in-Time Estimates of Homelessness", U.S. Department of Housing and Urban Development, dezembro de 2017, https:// www.huduser.gov/portal/sites/default/files/pdf/2017-AHAR-Part-1.pdf.

47. E. Fuller Torrey, "250, Mentally Ill Are Homeless. 140, Seriously Mentally Ill Are Homeless", Mental Illness Policy Org., 2021, https://mentalillnesspolicy.org/consequences/homeless-mentally-ill.html.

CAPÍTULO 5

1. Committee on Crossing the Quality Chasm: Adaptation to Mental and Disorders Addictive, Institute of Medicine, *Improving the Quality of Health Care for Mental and Substance-Use Conditions: Quality Chasm Series* (Washington, D.C.: National Academies Press, 2006), 72.

2. "Behavioral Health, United States, 2012", Substance Abuse and Mental Health Services Administration, HHS Publication ID SMA13-4797, 192, (Rockville, MD: Center for Behavioral Health Statistics and Quality, 2013), https://store.samhsa.gov/product/Behavioral-Health-United-States-2012/SMA13-4797.

3. "Occupational Outlook Handbook", U.S. Bureau of Labor Statistics, atualizado em 9 de abril de 2021, https://www.bls.gov/ooh/.

4. World Health Organization, *Mental Health Atlas 2011*, https://www.who.int/mental_health/publications/mental_health_atlas_2011/en/.

5. Mark Olfson, "Building the Mental Health Workforce Capacity Needed to Treat Adults with Serious Mental Illnesses", *Health Affairs* 35, no. 6 (1º de junho de 2016), https://doi.org/10.1377/hlthaff.2015.1619.

6. Angela J. Beck et al., "Estimating the Distribution of the U.S. Psychiatric Subspecialist Workforce", University of Michigan Behavioral Health

NOTAS

Workforce Research Center, University of Michigan School of Public Health, dezembro de 2018; Olfson, "Building the Mental Health Workforce Capacity Needed to Treat Adults with Serious Mental Illnesses."

7. "COVID-19 and the Great Reset: Briefing Note #19, 20 de agosto de 2020, McKinsey & Company, https://www.mckinsey.com/~/media/mckinsey/business%20functions/risk/our%20insights/covid%2019%20implications%20for%20business/covid%2019%20aug%2020/covid-19-briefing-note-19-august-20-2020.pdf.

8. "Behavioral Health, United States, 2012."

9. Daniel Michalski, Tanya Mulvey e Jessica Kohout, "2008: APA Survey of Psychology Health Service Providers", American Psychological Association Center for Workforce Studies, 2010, https://www.apa.org/workforce/publications/08-hsp.

10. Olfson, "Building The Mental Health Workforce Capacity Needed To Treat Adults With Serious Mental Illnesses".

11. Tara F. Bishop et al., "Acceptance of Insurance by Psychiatrists and the Implications for Access to Mental Health Care", *JAMA Psychiatry* 71, no. 2 181 (2014), https://doi.org/10.1001/jamapsychiatry.2013.2862.

12. Myrna M. Weissman et al., "National Survey of Psychotherapy Training in Psychiatry, Psychology, and Social Work", *Archives of General Psychiatry* 63, no. 8 (agosto de 2006), https://doi.org/10.1001/archpsyc.63.8.925.

13. Weissman et al., "National Survey of Psychotherapy Training in Psychiatry, Psychology, and Social Work."

14. David M. Clark, "Realizing the Mass Public Benefit of Evidence-Based Psychological Therapies: The IAPT Program", *Annual Review of Clinical Psychology* 14 (7 de maio de 2018), https://doi.org/10.1146/annurev-clinpsy-050817-084833.

15. Richard Laynard and David M. Clark, *Thrive: The Power of Evidence-Based Psychological Therapies* (Londres: Allen Lane, 2014).

16. Clark, "Realizing the Mass Public Benefit of Evidence-Based Psychological Therapies."

17. Clark, "Realizing the Mass Public Benefit of Evidence-Based Psychological Therapies."

18. "Suicides in England and Wales: 2019 registrations, Office for National Statistics", 1º de setembro de 2020, https://www.ons.gov.uk/peoplepopulationandcommunity/birthsdeathsandmarriages/deaths/bulletins/suicidesintheunitedkingdom/2019registrations.

19. "Suicide Rates in the United Kingdom, 2000–2009", Office for National Statistics. Statistical Bulletin, TheCalmZone.net, 27 de janeiro de 2011, https://www.thecalmzone.net/wp-content/uploads/2014/02/suicides2009_tcm77-202259-2.pdf.

20. Bradley E. Karlin e Gerald Cross, "From the Laboratory to the Therapy Room: National Dissemination and Implementation of Evidence-Based Psychotherapies in the U.S. Department of Veterans Affairs Health Care System", *American Psychologist* 69, no. 1 (janeiro de 2014), https://doi.org/10.1037/a0033888.

21. Charles B. Nemeroff et al., "Differential Responses to Psychotherapy Versus Pharmacotherapy in Patients with Chronic Forms of Major Depression and Childhood Trauma", *Proceedings of the National Academy of Sciences* 100, no. 24 (2003), https://doi.org/10.1073/pnas.2336126100.

22. Mark Olfson e Steven C. Marcus, "National Patterns in Antidepressant Medication Treatment", *Archives of General Psychiatry* 66, no. 8 (agosto de 2009), https://doi.org/10.1001/archgenpsychiatry.2009.81

23. Peter J. Cunningham, "Beyond Parity: Primary Care Physicians' Perspectives on Access to Mental Health Care", *Health Affairs* 28, no. s1 (2009), https://doi.org/10.1377/hlthaff.28.3.w490.

24. Mark Olfson et al., "Trends in Office-Based Mental Health Care Provided by Psychiatrists and Primary Care Physicians", *Journal of Psychiatry* 75, no. 3 (março de 2014), https://doi.org/10.4088/JCP.13m08834.

25. Wang et al., "Twelve-Month Use of Mental Health Services in the United States: Results from the National Comorbidity Survey Replication", Archives of General Psychiatry 62, no. 6 (junho de 2005), https://doi.org/10.1001/archpsyc.62.6.629.

26. Comunicação pessoal com Gregory Simon, 8 de dezembro de 2020.

27. Wayne J. Katon et al., "Collaborative Care for Patients with Depression and Chronic Illnesses", *New England Journal of Medicine* 363, no. 27 (30 de dezembro de 2010), https://doi.org/10.1056/NEJMoa1003955.

28. Janine Archer et al., "Collaborative Care for Depression and Anxiety Problems", *Cochrane Database of Systematic Reviews* 10 (17 de outubro de 2012), https://doi.org/10.1002/14651858.CD006525.pub2.

29. David J. Katzelnick e Mark D. Williams, "LargeScale Dissemination of Collaborative Care and Implications for Psychiatry", *Psychiatric Services* 66, no. 9 (setembro de 2015), https://doi.org/10.1176/appi.ps.201400529.

30. Mark S. Bauer e JoAnn Kirchner, "Implementation Science: What Is It and Why Should I Care?", *Psychiatry Research* 283 (janeiro de 2020), https://doi.org/https://doi.org/10.1016/j.psychres.2019.04.025.

31. Matthew J. Press et al., "Medicare Payment for Behavioral Health Integration", *New England Journal of Medicine* 376, no. 5 (2 de fevereiro de 2017), https://doi.org/10.1056/NEJMp1614134.

32. Comunicação pessoal com Gregory Simon, 8 de dezembro de 2020.

33. John Fortney, Rebecca Sladek e Jürgen Unützer, "Fixing Behavioral Health Care in America: A National Call for Measurement Based Care in the Delivery of Behavioral Health Services", Kennedy Forum, 6 de outubro de 2015, https://thekennedyforum-dot-org.s3.amazonaws.com/documents/KennedyForum-MeasurementBasedCare_2.pdf.

34. *mhGAP Intervention Guide—Version 2.0*, WHO (Geneva, Switzerland: World Health Organization, 24 de junho de 2019), https://www.who.int/publications/i/item/mhgap-intervention-guide---version-2.0.

35. Milesh M. Patel et al., "The Current State of Behavioral Health Quality Measures: Where Are the Gaps?", *Psychiatric Services* 66, no. 8 (1º de agosto de 2015), https://doi.org/10.1176/appi.ps.201400589.

36. "HEDIS and Performance Measurement", National Committee for Quality Assurance, https://www.ncqa.org/hedis/.

37. Harold Alan Pincus, Brigitta Spaeth-Rublee e Katherine E. Watkins, "The Case for Measuring Quality in Mental Health And Substance Abuse Care", *Health Affairs* 30, no. 4 (2011), https://doi.org/10.1377/hlthaff.2011.0268.

38. "Report Cards", National Committee for Quality Assurance, https://www.ncqa.org/report-cards/.

39. "Diabetes and Cardiovascular Disease Screening and Monitoring for People with Schizophrenia or Bipolar Disorder (SSD, SMD, SMC)", National Committeefor Quality Assurance, https://www.ncqa.org/hedis/measures/diabetes-and-cardiovascular-disease-screening-and-monitoring-for-people-with-schizophrenia-or-bipolar-disorder/;"HEDISMeasures", National Committee for Quality Assurance, https://www.ncqa.org/hedis/measures/.

40. "Follow-Up After Hospitalization for Mental Illness (FUH)", National Committee for Quality Assurance, https://www.ncqa.org/hedis/measures/follow-up-after-hospitalization-for-mental-illness/.

NOTAS

41. "Persistence of Beta-Blocker Treatment After a Heart Attack (PBH)", National Committee for Quality Assurance, https://www.ncqa.org/hedis/measures/persistence-of-beta-blocker-treatment-after-a-heart-attack/.

42. "Follow-Up After Emergency Department Visit for Mental Illness (FUM)", National Committee for Quality Assurance, https://www.ncqa.org/hedis/measures/follow-up-after-emergency-department-visit-for-mental-illness/.

43. Timothy Schmutte et al., "Deliberate Self-Harm in Older Adults: A National Analysis of US Emergency Department Visits and Follow-Up Care", *International Journal of Geriatric Psychiatry* 34, no. 7 (julho de 2019), https://doi.org/10.1002/gps.5109.

44. "A Prioritized Research Agenda for Suicide Prevention: An Action Plan to Save Lives", National Action Alliance for Suicide Prevention: Research Prioritization Task Force, National Institute of Mental Health and the Research Prioritization Task Force, 2014, https://theactionalliance.org/sites/default/files/agenda.pdf.

45. Harold Alan Pincus et al., "Quality Measures for Mental Health and Substance Use: Gaps, Opportunities, And Challenges", *Health Affairs* 35, no. 6 (2016), https://doi.org/10.1377/hlthaff.2016.0027.

46. Fortney, Sladek e Unützer, "Fixing Behavioral Health Care in America".

47. Can be therapeutic: Kelli Scott e Cara C Lewis, "Using MeasurementBased Care to Enhance Any Treatment", *Cognitive and Behavioral Practice* 22, no. 1 (February 2015), https://doi.org/10.1016/j.cbpra.2014.01.010.

48. Jordan M. VanLare e Patrick H. Conway, "Value-based purchasing—national programs to move from volume to value", *The New England Journal of Medicine* 367, no. 4 (26 de julho de 2012), https://doi.org/10.1056/NEJMp1204939.

49. Eric C. Reese, "The Health Care Value Imperative: All Eyes on North Carolina's Move to Value-Based Payment", Healthcare Financial Management Association, 31 de janeiro de 2020, https:// www.hfma.org/topics/hfm/2020/february/healthcare-value-imperative-north-carolinas-move-value-based-payment.html.

50. William Bruce Cameron, *Informal Sociology: A Casual Introduction to Sociological Thinking* (Nova York: Random House, 1963).

51. Donald M. Berwick, "Era 3 for Medicine and Health Care", *Journal of the American Medical Association* 315, no. 13 (5 de abril de 2016), https://doi.org/10.1001/jama.2016.1509.

52. Sarah Forsberg e James Lock, "Family-based Treatment of Child and Adolescent Eating Disorders", *Child and Adolescent Psychiatric Clinics of North America* 24, no. 3 (julho de 2015), https://doi.org/10.1016/j.chc.2015.02.012; James Lock et al., "Randomized clinical trial comparing family-based treatment with adolescent-focused individual therapy for adolescents with anorexia nervosa", *Archives of General Psychiatry* 67, no. 10 (outubro de 2010), https://doi.org/10.1001/archgenpsychiatry.2010.128; Andrew Wallis et al., "Five-years of family based treatment for anorexia nervosa: the Maudsley Model at the Children's Hospital at Westmead", *International Journal of Adolescent Medicine and Health* 19, no. 3 (julho–setembro de 2007), https://doi.org /10.1515/ijamh.2007.19.3.277.

CAPÍTULO 6

1. Bertolt Brecht, *The Life of Galileo* (Londres: Eyre Methuen, 1980).
2. André F. Carvalho et al., "Evidence-Based Umbrella Review of 162 Peripheral Biomarkers for Major Mental Disorders", *Translational Psychiatry* 10, no. 1 (18 de maio de 2020), https://doi.org/10.1038/s41398-020-0835-5.
3. G. N. Grob, "Origins of DSM-I: A Study in Appearance and Reality", *American Journal of Psychiatry* 148, no. 4 (abril de 1991), https://doi.org/10.1176/ajp.148.4.421.
4. Roy R. Grinker e John P. Spiegel, *Men Under Stress* (Philadelphia: Blakiston, 1945).
5. Grob, "Origins of DSM-I".
6. A. C. Houts, "Fifty Years of Psychiatric Nomenclature: Reflections on the 1943 War Department Technical Bulletin, Medical 203", *Journal of Clinical Psychology* 56, no. 7 (julho de 2000), https://doi.org/10.1002/1097-4679(200007)56:7<935::aid-jclp11>3.0.co;2-8.
7. National Mental Health Act, 79th Congress, 2nd Session, 3 de julho de 1946, https://www.loc.gov/law/help/statutes-at-large/79th-congress/session-2/c79s2ch538.pdf.
8. Grob, "Origins of DSM-I: A Study in Appearance and Reality".
9. Gary Greenberg, *The Book of Woe* (Nova York: Plume, 2014).
10. Pablo V. Gejman, Alan R. Sanders e Jubao Duan, "The Role of Genetics in the Etiology of Schizophrenia", *Psychiatric Clinics of North America* 33, no. 1 (março de 2010), https://doi.org/10.1016/j.psc.2009.12.003.

11. Michael J. Gandal et al., "The Road to Precision Psychiatry: Translating Genetics into Disease Mechanisms", *Nature Neuroscience* 19, no. 11 (1º de novembro de 2016), https://doi.org/10.1038/nn.4409, https://doi.org/10.1038/nn.4409; Naomi R. Wray et al., "From Basic Science to Clinical Application of Polygenic Risk Scores: A Primer", *JAMA Psychiatry* 78, no. 1 (1º de janeiro de 2021), https://doi.org/10.1001/jamapsychiatry.2020.3049.

12. Sophie E. Legge et al., "Genetic Aarchitecture of Schizophrenia: A Review of Major Advan ements", *Psychological Medicine* (8 de fevereiro de 2021), https://doi.org/10.1017/s0033291720005334.

13. Nenad Sestan e Matthew W. State, "Lost in Translation: Traversing the Complex Path from Genomics to Therapeutics in Autism Spectrum Disorder", *Neuron* 100, no. 2 (24 de outubro de 2018), https://doi.org/10.1016/j.neuron.2018.10.015.

14. Amanda J. Price, Andrew E. Jaffe e Daniel R. Weinberger, "Cortical Cellular Diversity and Development in Schizophrenia", *Molecular Psychiatry* 26, no. 1 (janeiro de 2021), https://doi.org/10.1038/s41380-020-0775-8.

15. Philipp Mews et al., "From Circuits to Chromatin: The Emerging Role of Epigenetics in Mental Health", *Journal of Neuroscience* 41, no. 5 (3 de fevereiro de 2021), https://doi.org/10.1523/jneurosci.1649-20.2020.

16. Olaf Sporns, *Discovering the Human Connectome* (Cambridge, MA: MIT Press, 2012).

17. Aaron Kucyi e Karen D. Davis, "Dynamic Functional Connectivity of the Default Mode Network Tracks Daydreaming", *Neuroimage* 100 (15 de outubro de 2014), https://doi.org/10.1016/j.neuroimage.2014.06.044; Jonathan Smallwood et al., "The Neural Correlates of Ongoing Conscious Thought", *iScience* 24, no. 3 (19 de março de 2021), https://doi.org/10.1016/j.isci.2021.102132; Yaara Yeshurun, Mai Nguyen e Uri Hasson, "The Default Mode Network: Where the Idiosyncratic Self Meets the Shared Social World", *Neuroscience* 22, no. 3 (março de 2021), https://doi.org/10.1038/s41583-020-00420-w.

18. Andrew T. Drysdale et al., "Resting-State Connectivity Biomarkers Define Neurophysiological Subtypes of Depression", *Nature Medicine* 23, no. 1 (janeiro de 2017), https://doi.org/10.1038/nm.4246.

19. Drysdale et al., "Resting-state connectivity biomarkers define neurophysiological subtypes of depression".

20. Yu Zhang et al., "Identification of Psychiatric Disorder Subtypes from Functional Connectivity Patterns in Resting-State Electroencephalogra-

phy", *Nature Biomedical Engineering* (19 de outubro de 2020), https://doi.org/10.1038/s41551-020-00614-8.

21. Justin T. Baker et al., "Functional Connectomics of Aaffective and Psychotic Pathology", *Proceedings of the National Academy of Sciences* 116, no. 18 (30 de abril de 2019), https://doi.org/10.1073/pnas.1820780116.

22. John Weisz et al., "Initial Test of a Principle-Guided Approach to Transdiagnostic Psychotherapy with Children and Adolescents", *Journal of Clinical Child and Adolescent Psychology* 46, no. 1 (janeiro–fevereiro de 2017), https://doi.org/10.1080/15374416.2016.1163708.

23. "CETA: Common Elements Treatment Approach", CETA, https://www.cetaglobal.org.

24. Greenberg, *The Book* of Woe.

CAPÍTULO 7

1. Arthur Kleinman, "Catastrophe and Caregiving: The Failure of Medicine as an Art", *Lancet* 371, no. 9606 (5 de janeiro de 2008), https://doi.org/10.1016/s0140-6736(08)60057-4.

2. "Amplify Change", Bring Change to Mind, https:// bringchange2mind.org.

3. Bianca Manago, Bernice A. Pescosolido e Olafsdottir Olafsdottir, "Icelandic Inclusion, German Hesitation and American Fear: A Cross-Cultural Comparison of Mental-Health Stigma and the Media", *Scandinavian Journal of Public Health* 47, no. 2 (março de 2019), https://doi.org/10.1177/1403494817750337; Bernice A. Pescosolido, "The Public Stigma of Mental Illness: What Do We Think; What Do We Know; What Can We Prove?", *Journal of Health and Social Behavior* 54, no. 1 (março de 2013), https://doi.org/10.1177/0022146512471197.

4. "SMI & Violence", Treatment Advocacy Center, Key Issues, https://www.treatmentadvocacycenter.org/key-issues/violence.

5. Roy Richard Grinker, *Nobody's Normal* (Nova York: W. W. Norton & Company, 2021), 256.

6. Carrie Fisher, *Shockaholic* (Nova York: Simon & Schuster, 2012).

7. Kitty Dukakis e Larry Tye, *Shock: The Healing Power of Electroconvulsive Therapy* (Nova York: Penguin, 2007).

8. "Behavioral Health", Substance Abuse and Mental Health Services Administration, 2012. https://store.samhsa.gov/product/Behavioral-Health--United-States-2012/SMA13-4797.

NOTAS

9. Samuel T. Wilkinson et al., "Identifying Recipients of Electroconvulsive Therapy: Data from Privately Insured Americans", *Psychiatric Services* 69, no. 5 (1º de maio de 2018), https://doi.org/10.1176/appi.ps.201700364.

10. James Meikle, "Antidepressant Prescriptions in England Double in a Decade", *Guardian*, 5 de julho de 2016, https://www.theguardian.com/society/ 2016/ jul/ 05/ antidepressantprescriptions-in-england-double-in-a-decade.

11. Patrick J. Kennedy e Stephen Fried, *A Common Struggle* (Nova York: Blue Rider Press/Penguin, 2015).

12. Editorial Board, "The Crazy Talk About Bringing Back Asylums", *New York Times*, 2 de junho de 2018, https://www.nytimes.com/2018/06/02/opinion/trump-asylum-mental-health-guns.html.

13. Adam Cohen, *Imbeciles* (Nova York: Penguin, 2017).

14. Ron Powers, *No One Cares About Crazy People: The Chaos and Heartbreak of Mental Health in America* (Nova York: Hachette Books, 2017).

15. Shilpa Jindia, "Belly of the Beast: California's Dark History of Forced Sterilizations", *Guardian*, 30 de junho de 2020, https://www.theguardian.com/us-news/2020/jun/30/california-prisons-forced-sterilizations-belly-beast.

16. Lisa Rosenbaum, "Liberty Versus Need—Our Struggle to Care for People with Serious Mental Illness", *New England Journal of Medicine* 375, no. 15 (13 de outubro de 2016), https://doi.org/10.1056/NEJMms1610124.

17. Xavier Amador, *I Am Not Sick, I Don't Need Help!: How to Help Someone with Mental Illness Accept Treatment* (Nova York: Vida Press, 2012).

18. Tad Friend, "Jumpers", *New Yorker*, 13 de outubro de 2003, https://www.newyorker.com/magazine/2003/10/13/jumpers.

19. Health Management Associates, "State and Community Considerations for Demonstrating the Cost Effectiveness of AOT Services", Treatment Advocacy Center, fevereiro de 2015, https://www.treatmentadvocacycenter.org/storage/documents/aot-cost-study.pdf.

20. "Kendra's Law", New York State Office of Mental Health, https://omh.ny.gov/omhweb/kendra_web/khome.htm.

21. 21st Century Cures: "21st Century Cures Act", Treatment Advocacy Center, dezembro de 2016, https://www.treatmentadvocacycenter.org/storage/documents/21st-century-cures-act-summary.pdf.

22. Steve R. Kisely, Leslie A. Campbell e Richard O'Reilly, "Compulsory Community and Involuntary Outpatient Treatment for People with Severe Mental Disorders", *Cochrane Database of Systematic Reviews* 3, no. 3 (17 de março de 2017), https://doi.org/10.1002/14651858.CD004408.pub5.

23. Marvin S. Swartz et al., "New York State Assisted Outpatient Treatment Program Evaluation", New York State Office of Mental Health, 30 de junho de 2009, https://omh.ny.gov/omhweb/resources/publications/aot_program_evaluation/report.pdf.

24. "Assisted Outpatient Treatment Laws", Treatment Advocacy Center, 2017, acessado em 28 de fevereiro de 2021, https://www.treatmentadvocacycenter.org/component/content/article/39.

25. Anne Sexton, *The Awful Rowing Toward God* (Boston: Houghton Mifflin, 1975).

CAPÍTULO 8

1. Sheldon Vanauken, *A Severe Mercy* (Nova York: Bantam Books, 1979).

2. Stephanie Cacioppo, John P. Capitanio e John T. Cacioppo, "Toward a Neurology of Loneliness", *Psychological Bulletin* 140, no. 6 (novembro de 2014), https://doi.org/10.1037/a0037618.

3. Vivek H. Murthy, *Together: The Healing Power of Human Connection in a Sometimes Lonely World* (Nova York: Harper Wave, 2020).

4. https://www.cigna.com/assets/docs/newsroom/loneliness-survey--2018-updated-fact-sheet.pdf.

5. Dan Buettner, *The Blue Zones: Lessons for Living Longer from the People Who've Lived the Longest* (Washington, D.C.: National Geographic Society, 2009).

6. "Remarks by President Obama at Memorial Service for Former South African President Nelson Mandela", publicado em 13 de dezembro de 2013, https://obamawhitehouse.archives.gov/the-press-office/2013/12/10/remarkspresidentobamamemorialserviceformersouthafrican-president-.

7. Neil A. Wilmot e Kim Nichols Dauner, "Examination of the Influence of Social Capital on Depression In Fragile Families", *Journal of Epidemiol and Community Health* 71, no. 3 (março de 2017), https://doi.org/10.1136/jech-2016-207544.

NOTAS

8. Joshua Wolf Shenk, "What Makes Us Happy?", *Atlantic*, junho de 2009, https://www.theatlantic.com/magazine/archive/2009/06/what-makes-us-happy/307439/.

9. "Welcome to the Harvard Study of Adult Development", https://www.adultdevelopmentstudy.org.

10. Michael Rutter, *Maternal Deprivation Reassessed* (Harmondsworth, UK: Penguin Books, 1981).

11. Robert J. Waldinger e Marc S. Schulz, "The Long Reach of Nurturing Family Environments: Links with Midlife EmotionRegulatory Styles and Late-Life Security in Intimate Relationships", *Psychological Science* 27, no. 11 (novembro de 2016), https://doi.org/10.1177/0956797616661556.

12. Shenk, "What Makes Us Happy?".

13. "Study of Adult Development", Grant & Glueck Study, https://www.adultdevelopmentstudy.org/grantandglueckstudy.

14. Paul Farmer, *To Repair the World: Paul Farmer Speaks to the Next Generation* (Oakland: University of California Press, maio de 2013).

15. Farmer, *To Repair the World*.

16. Angus Chen, "For Centuries, a Small Town Has Embraced Strangers with Mental Illness", National Public Radio, 1º de julho de 2016, https://www.npr.org/sections/health-shots/2016/07/01/484083305/for-centuries-a-small-town-has-embraced-strangers-with-mental-illness; M. W. Linn, C. J. Klett e E. M. Caffey, "Foster Home Characteristics and Psychiatric Patient Outcome. The Wisdom of Gheel Confirmed", *Archives of General Psychiatry* 37, no. 2 (fevereiro de 1980), https://doi.org/10.1001/archpsyc.1980.01780150019001.

17. Henck P. J. G. van Bilsen, "Lessons to Be Learned from the Oldest Community Psychiatric Service in the World: Geel in Belgium", *BJ-Psych Bulletin* 40, no. 4 (agosto de 2016), https://doi.org/10.1192/pb.bp.115.051631.

18. Linn, Klett e Caffey, "Foster Home Characteristics and Psychiatric Patient Outcome."

19. Viktor E. Frankl, *Man's Search for Meaning* (Boston: Beacon Press, 2006).

20. Drake et al., "Individual Placement and Support Services Boost Employment for People with Serious Mental Illnesses, but Funding Is Lacking".

21. Interdepartmental Serious Mental Illness Coordinating Committee, "The Way Forward: Federal Action for a System That Works for All People Living with SMI and SED and Their Families and Caregivers", Substance

Abuse and Mental Health Services Administration, HHS Publication No. PEP17-ISMICC-RTC, (Rockville, M.D.: Center for Behavioral Health Statistics and Quality, 2017).

22. "History of the Clubhouse Movement", Donald Berman UP House, http://www.uphouse.org/who-we-are/history-clubhouse-movement/.

23. "Tomorrow's Clubhouse: Being the Change the World Needs" Clubhouse International 2015, World Seminar, Denver, CO, 25–29 de outubro de 2015, https://www.clubhouse-intl.org/documents/2015_world_seminar_program.pdf.

24. Colleen McKay et al., "A Systematic Review of Evidence for the Clubhouse Model of Psychosocial Rehabilitation", *Administration and Policy in Mental Health* 45, no. 1 (janeiro de 2018), https://doi.org/10.1007/s10488-016-0760-3.

25. C. S. Lewis, *Collected Letters, vol. 3: Narnia, Cambridge, and Joy, 1950–1963* (Nova York: HarperCollins Entertainment, 2006).

CAPÍTULO 9

1. Francis W. Peabody, "The Care of the Patient", *Journal of the American Medical Association* 313, no. 18 (27 de março de 1927; reimpresso em 12 de maio de 2015), https://doi.org/10.1001/jama.2014.11744.

2. "Childhood Acute Lymphoblastic Leukemia Treatment (PDQ®)—Health Professional Version", National Cancer Institute, National Institutes of Health, atualizado em 4 de fevereiro de 2021, https://www.cancer.gov/types/leukemia/hp/child-all-treatment-pdq.

3. Stephen P. Hunger e Charles G. Mullighan, "Acute Lymphoblastic Leukemia in Children", *New England Journal of Medicine* 373, no. 16 (15 de outubro de 2015), https://doi.org/10.1056/NEJMra1400972.

4. Yoram Unguru, "The Successful Integration of Research and Care: How Pediatric Oncology Became the Subspecialty in Which Research Defines the Standard of Care", *Pediatric Blood & Cancer* 56, no. 7 (1º de julho de 2011), https://doi.org/10.1002/pbc.22976.

5. Jean Addington et al., "Duration of Untreated Psychosis in Community Treatment Settings in the United States", *Psychiatric Services* 66, no. 7 (julho de 2015), https://doi.org/10.1176/appi.ps.201400124; Gregory E. Simon et al., "Mortality Rates After the First Diagnosis of Psychotic Disorder in Adolescents and Young Adults", *JAMA Psychiatry* 75, no. 3 (2018), https://doi.org/10.1001/jamapsychiatry.2017.4437.

NOTAS

6. John M. Kane et al., "Comprehensive Versus Usual Community Care for First-Episode Psychosis: 2-Year Outcomes from the NIMH RAISE Early Treatment Program", *American Journal of Psychiatry* 173, no. 4 (1º de abril de 2016), https://doi.org/10.1176/appi.ajp.2015.15050632.

7. American Psychiatric Association Practice Guidelines for the Treatment of Patients with Schizophrenia, Third Edition (2020). https://doi.org/10.1176/appi.books.9780890424841.

8. Delbert G. Robinson et al., "Prescription Practices in the Treatment of First-Episode Schizophrenia Spectrum Disorders: Data from the National RAISE-ETP Study", *American Journal of Psychiatry* 172, no. 3 (1º de março de 2015), https://doi.org/10.1176/appi.ajp.2014.13101355.

9. Addington et al., "Duration of Untreated Psychosis in Community Treatment Settings in the United States."

10. Diana O. Perkins et al., "Relationship Between Duration of Untreated Psychosis and Outcome in First-Episode Schizophrenia: A Critical Review and Meta-Analysis", *American Journal of Psychiatry* 162, no. 10 (outubro de 2005), https://doi.org/10.1176/appi.ajp.162.10.1785; Max Marshall et al., "Association Between Duration of Untreated Psychosis and Outcome in Cohorts of First-Episode Patients: A Systematic Review", *Archives of General Psychiatry* 62, no. 9 (setembro de 2005), https://doi.org/10.1001/archpsyc.62.9.975.

11. Ilana Nossel et al., "Results of a Coordinated Specialty Care Program for Early Psychosis and Predictors of Outcomes", *Psychiatric Services* 69, no. 8 (1º de agosto de 2018), https://doi.org/10.1176/appi.ps.201700436.

12. "EPINET Early Psychosis Intervention Network", https://nationalepinet.org.

13. Daniel H. Gillison e Andy Keller, "2020 Devastated US Mental Health—Healing Must Be a Priority", *The Hill*, 23 de fevereiro de 2021, https://thehill.com/opinion/healthcare/539925-2020-devastated-us-mental-health-healing-must-be-a-priority.

14. "Morbidity and Mortality in People with Serious Mental Illness", National Association of State Mental Health Program Directors (NASMHPD) Medical Directors Council, outubro de 2006, https://nasmhpd.org/sites/default/files/Mortality%20and%20Morbidity%20Final%20Report%208.18.08_0.pdf.

15. Dhruv Khullar, "The Largest Health Disparity We Don't Talk About", *New York Times*, 30 de maio de 2018, https://www.nytimes.com/2018/05/30/upshot/mental-illness-healthdisparity-longevity.html?smid=url-share.

16. "Health Homes", Centers for Medicare & Medicaid Services, Medicaid.gov, https://www.medicaid.gov/medicaid/long-term-services-supports/health-homes/index.html.

17. National Association of State Mental Health Program Directors, *The Promise of Convergence: Transforming Health Care Delivery in Missouri*, NASCA (Denver, Colorado, 2015), https://www.mo-newhorizons.com/uploaded/2015%20NASCA%20Case%20Study%20-%20The%20Prom ise%20of%20Convergence.pdf.

18. Dixon Chibanda et al., "Effect of a Primary Care–Based Psychological Intervention on Symptoms of Common Mental Disorders in Zimbabwe: A Randomized Clinical Trial", *JAMA* 316, no. 24 (2016), https://doi.org/10.1001/jama.2016.19102; *Missouri Community Mental Health Center Healthcare Homes Progress Report 2018*, Missouri Department of Mental Health (2018), https://dmh.mo.gov/media/pdf/missouri-community-mental-health-center-health care-homes-progress-report-2018.

19. Chibanda et al., "Effect of a Primary Care–Based Psychological Intervention on Symptoms of Common Mental Disorders in Zimbabwe".

20. Tina Rosenberg, "Depressed? Here's a Bench. Talk to Me", *New York Times*, 22 de julho de 2019, https://www.nytimes.com/2019/07/22/opinion/depressed-heres-a-bench-talk-to-me.html?smid=nytcore-ios-share.

21. Wai Tong Chien et al., "Peer Support for People with Schizophrenia or Other Serious Mental Illness", *Cochrane Database of Systematic Reviews* 4, no. 4 (4 de abril de 2019), https://doi.org/10.1002/14651858.CD010880.pub2; "Peers", Recovery Support Tools and Resources, SAMHSA, atualizado em 26 de abril de 2022, https://www.samhsa.gov/brss-tacs/recovery-support-tools/peers.

22. "CCBHC Success Center: Overview", National Council for Behavioral Health, https://www.thenationalcouncil.org/ccbhc-success-center/ccbhcta-overview/; "Certified Community Behavioral Health Clinics Demonstration Program, Report to Congress, 2017", Substance Abuse and Mental Health Services Administration, 10 de agosto de 2018, https://www.samhsa.gov/sites/default/files/ccbh_clinicdemonstrationprogram_081018.pdf.

23. "Hope for the Future: CCBHCs Expanding Mental Health and Addiction Treatment, An Impact Report", National Council for Behavioral Health, https://www.nationalcouncildocs.net/wp-content/uploads/2020/03/2020-CCBHC-Impact-Report.pdf.

24. "Hope for the Future: CCBHCs Expanding Mental Health and Addiction Treatment."

25. Donald M. Berwick, Thomas W. Nolan e John Whittington, "The Triple Aim: Care, Health, and Cost", *Health Affairs (Project Hope)* 27, no. 3 (maio-–junho de 2008), https://doi.org/10.1377/hlthaff.27.3.759.

CAPÍTULO 10

1. Eric Topol, *Deep Medicine: How Artificial Intelligence Can Make Healthcare Human Again* (Basic Books, 12 de março de 2019).

2. Nils J. Nilsson, *The Quest for Artificial Intelligence: A History of Ideas and Achievements* (Nova York: Cambridge University Press, 2010).

3. Jacob Weizenbaum, "Computers as 'Therapists'", *Science* 198, no. 4315 (28 de outubro de 1977), https://doi.org/10.1126/science.198.4315.354.

4. Sarah Graham et al., "Artificial Intelligence for Mental Health and Mental Illnesses: An Overview", *Current Psychiatry Reports* 21, no. 11 (7 de novembro de 2019), https://doi.org/10.1007/s11920-019-1094-0.

5. Cheryl Mary Corcoran e Guillermo A. Cecchi, "Using Language Processing and Speech Analysis for the Identification of Psychosis and Other Disorders", *Biological Psychiatry Cognitive Neuroscience Neuroimaging* 5, no. 8 (agosto de 2020), https://doi.org/10.1016/j.bpsc.2020.06.004; Cheryl M. Corcoran et al., "Language as a Biomarker for Psychosis: A Natural Language Processing Approach", *Schizophrenia Research* 226 (dezembro de 2020), https://doi.org/10.1016/j.schres.2020.04.032.

6. Cheryl M. Corcoran et al., "Prediction of Psychosis Across Protocols and Risk Cohorts Using Automated Language Analysis", *World Psychiatry* 17, no. 1 (fevereiro de 2018), https://do .org/10.1002/wps.20491.

7. Sigmund Freud, "Mourning and Melancholia", in *The Standard Edition to the Complete Psychological Works of Sigmund Freud*, vol. 14 (Londres: Hogarth Press, 1994).

8. James W. Pennebaker, Matthias R. Mehl e Kate G. Niederhoffer, "Psychological Aspects of Natural Language Use: Our Words, Our Selves", *Annual Review of Psychology* 54 (2003), https://doi.org/10.1146/annurev.psych.54.101601.145041.

9. Peter Garrard et al., "The Effects of Very Early Alzheimer's Disease on the Characteristics of Writing by a Renowned Author", *Brain* 128, no. 2 (fevereiro de 2005), https://doi.org/10.1093/brain/awh341.

10. "Discover LIWC2015", Pennebaker Conglomerates, Inc., http://liwc.wpengine.com.

NOTAS

11. Terri Cheney, *Modern Madness: An Owner's Manual* (Nova York: Hachette Books, 2020).

12. Thomas R. Insel, "Digital Phenotyping: Technology for a New Science of Behavior", *Journal of the American Medical Association* 318, no. 13 (3 de outubro de 2017), https://doi.org/10.1001/jama.2017.11295.

13. Jukka-Pekka Onnela e Scott L Rauch, "Harnessing Smartphone-Based Digital Phenotyping to Enhance Behavioral and Mental Health", *Neuropsychopharmacology* 41, no. 7 (junho de 2016), https://doi.org/10.1038/npp.2016.7.

14. Emotional contagion effects: Adam D. I. Kramer, Jamie E. Guillory e Jeffrey T. Hancock, "Experimental Evidence of Massive-Scale Emotional Contagion Through Social Networks", *Proceedings of the National Academy of Sciences* 111, no. 24 (2014), https://doi.org/10.1073/pnas.1320040111; Robinson Meyer, "Everything We Know About Facebook's Secret Mood Manipulation Experiment", *Atlantic*, 28 de junho de 2014, https://www.theatlantic.com/technology/archive/2014/06/everything-we-know-about-facebooks-secret-mood-manipulation-experiment/373648/.

15. Sidney Fussell, "Google's Totally Creepy, Totally Legal Health-Data Harvesting", *Atlantic*, 14 de novembro de 2019, https://www.theatlantic.com/technology/archive/2019/11/google-project-nightingale-all-your-health-data/601999/.

16. Shoshana Zuboff, *The Age of Surveillance Capitalism: The Fight for a Human Future at the New Frontier of Power* (Nova York: PublicAffairs, 2019).

17. Nicole Martinez-Martin et al., "Data Mining for Health: Staking Out the Ethical Territory of Digital Phenotyping", *NPJ Digital Medicine* 1, no. 1 (19 de dezembro de 2018), https://doi.org/10.1038/s41746-018-0075-8.

18. "/r/depression, because nobody should be alone in a dark place", Reddit, acessado em 2 de março de 2021, https://www.reddit.com/r/depression/.

19. Dani Blum, "Therapists Are on TikTok. And How Does That Make You Feel?", *New York Times*, 12 de janeiro de 2021, https://www.nytimes.com/2021/01/12/well/mind/tiktok-therapists.html.

20. Adam S. Miner, Arnold Milstein e Jefferey T. Hancock, "Talking to Machines About Personal Mental Health Problems", *Journal of the American Medical Association* 318, no. 13 (3 de outubro de 2017), https://doi.org/10.1001/jama.2017.14151; Adam S. Miner et al., "Smartphone-Based Con-versational Agents and Res onses to Questions About Mental Health, Interpersonal Violence, and Physical Health", *JAMA Internal Medici-*

ne 176, no. 5 (1º de maio de 2016), https://doi.org/10.1001/jamainternmed.2016.0400.

21. Anjali Dagar e Tatiana Falcone, "High Viewership of Videos About Teenage Suicide on YouTube", *Journal of the American Academy of Child and Adolescent Psychiatry* 59, no. 1 (janeiro de 2020), https://doi.org/10.1016/j.jaac.2019.10.012.

22. Mark Zuckerberg, "A Blueprint for Content Governance and Enforcement", Facebook, 15 de novembro de 2018.

23. NLM_4Caregivers (@nlm4caregivers), "Mental Health", Pinterest.

24. "How Race Matters: What We Can Learn from Mental Health America's Screening in 2020", Mental Health America, https://mhanational.org/mental-health-data-2020.

25. "Theresa Nguyen, MD (Mental Health America) palestra ministrada em Technology in Psychiatry Summit 2017", YouTube, 28 de janeiro de 2018, https://www.youtube.com/watch?v=-pw0mp6ZtvO]; Theresa Nguyen, comunicação pessoal com Theresa Nguyen, CPO da Mental Health America, 6 de janeiro de 2021.

26. https://humanestcare.com; https://www.wisdo.com; https://www.7cups.com; https://peercollective.com, todos acessados em 3 de março de 2021.

27. M. Blake Berryhill et al., "Videoconferencing Psychological Therapy and Anxiety: A Systematic Review", *Family Practice* 36, no. 1 (25 de janeiro de 2019), https://doi.org/10.1093/fampra/cmy072; Eirini Karyotaki et al., "Internet-Based Cognitive Behavioral Therapy for Depression: A Systematic Review and Individual Patient Data Network Meta-analysis", *JAMA Psychiatry* (20 de janeiro de 2021), https://doi.org/10.1001/jamapsychiatry.2020.4364.

28. Reena L. Pande et al., "Leveraging Remote Behavioral Health Interventions To Improve Medical Outcomes and Reduce Costs", *American Journal of Managed Care* 21, no. 2 (fevereiro de 2015); Linda Godleski, Adam Darkins e John Peters, "Outcomes of 98,609 U.S. Department of Veterans Affairs Patients Enrolled in Telemental Health Services, 2006–2010", *Psychiatric Services* 63, no. 4 (abril de 2012), https://doi.org/10.1176/appi.ps.201100206.

29. Gretchen A. Brenes et al., "A Randomized Controlled Trial of Telephone-Delivered Cognitive-Behavioral Therapy for Late-Life Anxiety Disorders", *American Journal of Geriatric Psychiatry* 20, no. 8 (2012), https://doi.org/10.1097/JGP.0b013e31822ccd3e.

NOTAS

30. Kelsey Waddill, "Mental Health Visits Take Majority of 1M Payer Telehealth Claims", *Healthpayer Intelligence*, 22 de maio de 2020, https://healthpayerintelligence.com/news/mental-health-visits-take-majority-of-1m-payer-telehealth-clais.

31. Lori Gottlieb, "In Psychotherapy, the Toilet Has Become the New Couch", *New York Times*, 30 de abril de 2020, https://www.nytimes.com/2020/04/30/opinion/psychotherapy-remotecovid.html?searchResultPosition=1.

32. "Welcome to the future of mental health", acessado em 1º de março de 2021, https://woebothealth.com.

33. Kathleen Kara Fitzpatrick, Alison Darcy e Molly Vierhile, "Delivering Cognitive Behavior Therapy to Young Adults with Symptoms of Depression and Anxiety Using a Fully Automated Conversational Agent (Woebot): A Randomized Controlled Trial", *JMIR Mental Health* 4, no. 2 (2017), https://doi.org/10.2196/mental.7785.

34. Stefan Scherer et al., "Automatic Audiovisual Behavior Descriptors for Psychological Disorder Analysis", *Image and Vision Computing* 32, no. 10 (outubro de 2014), https://doi.org/https://doi.org/10.1016/j.imavis.2014.06.001, https://www.sciencedirect.com/science/article/pii/S0262885614001000; "SimSensei & MultiSense: Virtual Human and Multimodal Perception for Healthcare Support", YouTube, 7 de fevereiro de 2013, https://www.youtube.com/watch?v=ejczMs6b1Q4.

35. Gale M. Lucas et al., "It's Only a Computer: Virtual Humans Increase Willingness to Disclose", *In Computers in Human Behavior* 37 (agosto de 2014), https://doi.org/10.1016/j.chb.2014.04.043; Gale M. Lucas et al., "Reporting Mental Health Symptoms: Breaking Down Barriers to Care with Virtual Human Interviewers", *Frontiers Robotics AI*, no. 4 (2017), https://doi.org/10.3389/frobt.2017.00051.

36. Stephen Hays, "Approaching 1, Mental Health Startups in 2020", What If Ventures, Medium.com, https://medium.com/what-if-ventures/approaching-1-000-mental-health-startups-in-2020-d344c822f757.

37. Elaine Wang E. e Megan Zweig, "A Defining Moment for Digital Behavioral Health: Four Market Trends". Rock Health: https://rockhealth.com/reports/a-defining-moment-for-digital-behavioral-health-four-market-trends

38. "Mental Health Apps and How They Can Help", One Mind PsyberGuide, https://onemindpsybergude.org/resources/mental-health-apps-and--how-they-can-help/.

39. David Mou e Thomas R. Insel, "Startups Should Focus on Innovations That Truly Improve Mental Health", First Opinion, STAT News, 19 de janeiro de 2021, https://www.statnews.com/2021/01/19/startups-innovations-truly-improve-mental-health/.

CAPÍTULO 11

1. "While health care is unquestionably": Sandro Galea, *Well: What We Need to Talk About When We Talk About Health* (Nova York: Oxford University Press, 2019), 35.
2. Donald M. Berwick, Thomas W. Nolan e John Whittington, "The Triple Aim: Care, Health, and Cost", *Health Affairs (Project Hope)* 27, no. 3 (maio–junho de 2008), https://doi.org/10.1377/hlthaff.27.3.759
3. Donald M. Berwick, "To Isaiah", *Journal of the American Medical Association* 307, no. 24 (2012), https://doi.org/10.1001/jama.2012.6911.
4. "Constitution of the World Health Organization", Basic Documents, World Health Organization, 1946, https://apps.who.int/gb/bd/PDF/bd47/EN/constitution-en.pdf?ua=1.
5. Donald M. Berwick, "The Moral Determinants of Health", *Journal of the American Medical Association* 324, no. 3 (21 de julho de 2020), https://doi.org/10.1001/jama.2020.11129; Michael Marmot, *The Health Gap: The Challenge of an Unequal World* (Nova York: Bloomsbury, 2015); Galea, *Well*.
6. Marmot, *The Health Gap*, 289. "Inequalities in health": Marmot, *The Health Gap*, 37.
7. Marmot, *The Health Gap*, 27.
8. Morten Rix Hansen et al., "Postponement of Death by Statin Use: A Systematic Review and Meta-analysis of Randomized Clinical Trials", *Journal of General Internal Medicine* 34, no. 8 (agosto de 2019), https://doi.org/10.1007/s11606-019-05024-4.
9. "DOD Releases Fiscal Year 2021 Budget Proposal", comunicado à imprensa, 10 de fevereiro de 2020, https://www.defense.gov/Newsroom/Releases/Release/Article/2079489/dodreleasesfiscalyear2021budget-proposal/.
10. National Research Council and Institute of Medicine, Preventing Mental, Emotional, and Behavioral Disorders Among Young People: *Progress and Possibilities*, ed. Mary Ellen Connell, Thomas Boat e Kenneth E. Warner (Washington, D.C.: National Academies Press, 2009), https://www.nap.

edu/catalog/12480/preventing-mental-emotional-and-behavioral-disorders-among-young-people-progress; Johan Ormel and Michael Von-Korff, "Reducing Common Mental Disorder Prevalence in Populations", *JAMA Psychiatry* (28 de outubro de 2020), https://doi.org/10.1001/jamapsychiatry.2020.3443.

11. U.S. Preventive Services Task Force, "Interventions to Prevent Perinatal Depression: U.S. Preventive Services Task Force Recommendation Statement", *Journal of the American Medical Association* 321, no. 6 (2019), https://doi.org/10.1001/jama.2019.0007.

12. Ricardo F. Muñoz, "Prevent Depression in Pregnancy To Boost All Mental Health", *Nature* 574, no. 7780 (outubro de 2019), https://doi.org/10.1038/d41586-019-03226-8.

13. Tyrone D. Cannon et al., "An Individualized Risk Calculator for Research in Prodromal Psychosis", *American Journal of Psychiatry* 173, no. 10 (1º de outubro de 2016), https://doi.org/10.1176/appi.ajp.2016.15070890; Arieh Y. Shalev et al., "Estimating the Risk of PTSD in Recent Trauma Survivors: Results of the International Consortium to Predict PTSD (ICPP)", *World Psychiatry* 18, no. 1 (fevereiro de 2019), https://doi.org/10.1002/wps.20608; Danella M. Hafeman et al., "Assessment of a Person-Level Risk Calculator to Predict New-Onset Bipolar Spectrum Disorder in Youth at Familial Risk", *JAMA Psychiatry* 74, no. 8 (2017), https://doi.org/10.1001/jamapsychiatry.2017.1763.

14. Mark E. Courtney e Darcy Hughes Heuring, "The Transition to Adulthood for Youth 'Aging Out' of the Foster Care System", in *On Your Own Without a Net: The Transition to Adulthood for Vulnerable Populations*, ed. D. W. Osgood, C. A. Flanagan, and E. M. Foster (Chicago: University of Chicago Press, 2005).

15. Lorraine E. Lothwell, Naomi Libby e Stewart L. Adelson, "Mental Health Care for LGBT Youths", *Focus (American Psychiatric Publishing)* 18, no. 3 (julho de 2020), https://doi.org/10.1176/appi.focus.20200018.

16. D. Bhushan et al., "Roadmap for Resilience: The California Surgeon General's Report on Adverse Childhood Experiences, Toxic Stress, and Health", Office of the California Surgeon General, 2020, 27, https://osg.ca.gov/wp-content/uploads/sites/266/2020/12/Roadmap-For-Resilience_CA-Surgeon-Generals-Report-on-ACEs-Toxic-Stress-and-Health_12092020.pdf.

17. Joanne R. Beames et al., "Protocol for the Process Evaluation of a Complex Intervention Delivered in Schools to Prevent Adolescent Depression:

The Future Proofing Study", *BMJ Open* 11, no. 1 (12 de janeiro de 2021), https://doi.org/10.1136/bmjopen-2020-042133.

18. Yael Perry et al., "Preventing Depression in Final Year Secondary Students: School-Based Randomized Controlled Trial", *Journal of Medical Internet Research* 19, no. 11 (2 de novembro de 2017), https://doi.org/10.2196/jmir.8241; "The Future Proofing Study", Black Dog Institute, https://www.blackdoginstitute.org.au/research-projects/the-future-proofing-study/.

19. "Annual Report 2019: Impact That Reaches Beyond One Nurse, One Mother, One Baby", Nurse-Family Partnership (2019), https://www.nursefamilypartnership.org/wp-content/uploads/2020/07/annual-report-2019.pdf.

20. Lynn A. Karoly, M. Rebecca Kilburn e Jill S. Cannon, *Early Childhood Interventions: Proven Results, Future Promises* (Santa Monica, CA: RAND Corporation, 2005).

21. Eckenrode et al., "Long-term effects of prenatal and infancy nurse home visitation on the life course of youths: 19-year follow-up of a randomized trial", *Archives of Pediatrics & Adolescent Medicine* 164, no. 1 (janeiro de 2010), https://doi.org/10.1001/archpediatrics.2009.240

22. Comunicação pessoal com David Olds, 14 de dezembro de 2020.

23. National Research Council and Institute of Medicine, *Preventing Mental, Emotional, and Behavioral Disorders Among Young People*.

24. C. Edward Coffey, "Building a System of Perfect Depression Care in Behavioral Health", *Joint Commission Journal on Quality and Patient Safety* 33, no. 4 (abril de 2007), https://doi.org/10.1016/s1553-7250(07)33022-5.

25. M. Justin Coffey e C. Edward Coffey, "How We Dramatically Reduced Suicide: If Depression Care Were Truly Perfect, No Patient Would Die from Suicide", *NEJM Catalyst* (20 de abril de 2016), https://catalyst.nejm.org/doi/full/10.1056/CAT.16.0859.

26. Michael F. Hogan e Julie Goldstein Grumet, "Suicide Prevention: An Emerging Priority for Health Care", *Health Affairs (Project Hope)* 35, no. 6 (1º de junho de 2016), https://doi.org/10.1377/hlthaff.2015.1672.

27. Brian K. Ahmedani et al., "Health Care Contacts in the Year Before Suicide Death", *Journal of General Internal Medicine* 29, no. 6 (junho de 2014), https://doi.org/10.1007/s11606-014-2767-3; Jason B. Luoma, Catherine E. Martin e Jane L. Pearson, "Contact with Mental Health and Primary Care Providers Before Suicide: A Review of the Evidence", *American Journal of Psychiatry* 159, no. 6 (junho de 2002), https://doi.org/10.1176/appi.

NOTAS

ajp.159.6.909; National Action Alliance for Suicide Prevention: Research Prioritization Task Force, "A Prioritized Research Agenda for Suicide Prevention: An Action Plan to Save Lives."

28. "Zero Suicide", Education Development Center, https://zerosuicide.edc.org.

29. Hogan e Grumet, "Suicide Prevention: An Emerging Priority For Health Care."

30. Katie A. Busch, Jan Fawcett e Douglas G. Jacobs, "Clinical Correlates of Inpatient Suicide", *Journal of Clinical Psychiatry* 64, no. 1 (janeiro de 2003), https://doi.org/10.4088/jcp.v64n0105.

31. Timothy D. Wilson, "Know Thyself", *Perspectives on Psychological Science* 4, no. 4 (julho de 2009), https://doi.org/10.1111/j.1745-6924.2009.01143.x.

32. Jeffrey J. Glenn et al., "Suicide and Self-InjuryRelated Implicit Cognition: A L rge-Scale Examination and Replication", *Journal of Abnormal Psychology* 126, no. 2 (fevereiro de 2017), https://doi.org/10.1037/abn0000230; Matthew K. Nock et al., "Measuring the Suicidal Mind: Implicit Cognition Predicts Suicidal Behavior", *Psychological Science* 21, no. 4 (abril de 2010), https://doi.org/10.1177/0956797610364762.

33. Joseph C. Franklin et al., "A Brief Mobile App Reduces Nonsuicidal and Suicidal Self-Injury: Evidence from Three Randomized Controlled Trials", *Journal of Consulting and Clinical Psychology* 84, no. 6 (junho de 2016), https://doi.org/10.1037/ccp0000093.

34. Samuel T. Wilkinson et al., "The Effect of a Single Dose of Intravenous Ketamine on Suicidal Ideation: A Systematic Review and Individual Participant Data Meta-Analysis", *The American Journal of Psychiatry* 175, no. 2 (fevereiro de 2018), https://doi.org/10.1176/appi.ajp.2017.17040472.

35. Seena Fazel e Bo Runeson, "Suicide", *New England Journal of Medicine* 382, no. 3 (16 de janeiro de 2020), https://doi.org/10.1056/NEJMra1902944.

36. "Motor Vehicle Traffic Fatalities, 1900–2007: National Summary", U.S. Department of Transportation Federal Highway Administration, 2007, https://www.fhwa.dot.gov/policyinformation/statistics/2007/pdf/fi200.pdf.

37. "Highway Statistics 2019", U.S. Department of Transportation Federal Highway Administration, atualizado em 11 de março de 2021, https://www.fhwa.dot.gov/policyinformation/statistics/2019/.

38. "Automobile Safety", America on the Move, National Museum of American History Behring Center, https://americanhistory.si.edu/america-on-the-move/essays/automobile-safety.

39. Rachel Swan, "Golden Gate Bridge Suicide Nets Delayed Two Years, as People Keep Jumping", Local, *San Francisco Chronicle*, 12 de dezembro de 2019, https://www.sfchronicle.com/bayarea/article/Golden-Gate-Bridge-suicide-nets-delayed-two-14900278.php.

40. "Saving Lives at the Golden Gate Bridge", Golden Gate Bridge Highway & Transportation District, https://www.goldengatebridgenet.org.

41. Neil B. Hampson, "U.S. Mortality Due to Carbon Monoxide Poisoning, 1999–2014. Accidental and I tentional Deaths", *Annals of the American Thoracic Society* 13, no. 10 (outubro de 2016), https://doi.org/10.1513/AnnalsATS.201604-318OC.

42. David M. Studdert et al., "Handgun Ownership and Suicide in California", *New England Journal of Medicine* 382, no. 23 (4 de junho de 2020), https://doi.org/10.1056/NEJMsa1916744.

43. David Hemenway, "Comparing Gun-Owning vs NonOwning Households in Terms of Firearm and Non-Firearm Suicide and Suicide Attempts", *Preventive Medicine* 119 (fevereiro de 2019), https://doi.org/10.1016/j.ypmed.2018.12.003.

CAPÍTULO 12

1. "Dr. Martin Luther King on Health Care Injustice", Physicians for a National Health Program, 25 de março de 1966, Associated Press, disponível em: https://pnhp.org/news/dr-martin-luther-king-on-health-care-injustice/.

2. Paul Farmer, *To Repair the World: Paul Farmer Speaks to the Next Generation* (Oakland: University of California Press, May, 2013).

3. Donald M. Berwick, "The Moral Determinants of Health", *Journal of the American Medical Association* 324, no. 3 (21 de julho de 2020), https://doi.org/10.1001/jama.2020.11129.

4. Michael Marmot, *The Health Gap: The Challenge of an Unequal World* (Nova York: Bloomsbury, 2015), 36; Steven H. Woolf e Laudan Aron, *U.S. Health in International Perspective: Shorter Lives, Poorer Health* (Washington, D.C.: National Academies Press, 2013), https://www.ncbi.nlm.nih.gov/books/NBK154489/.

5. UNICEF Innocenti, "Innocenti Report Card 16: Worlds of Influence: Understanding What Shapes Child Well-Being in Rich Countries", UNICEF Office of Research, 2020, https://www.unicef-irc.org/child-well-being-report-card-16.

6. "Is Paid Leave Available for Mothers of Infants?", World Policy Center, 2016, https://www.worldpolicycenter.org/policies/is-paid-leave-available-for-mothers-of-infants.

7. "Convention on the Rights of the Child", UNICEF, https:// www.unicef.org/child-rights-convention; Sarah Mehta, "There's Only One Country That Hasn't Ratified the Convention on Children's Rights: US", ACLU, 3 de março de 2015, https://www.aclu.org/blog/human-rights/treaty-ratification/theres-only-one-country-hasnt-ratified-convention-childrens; "Convention on the Rights of the Child", UNICEF, https://www.unicef.org/child-rights-convention.

8. Sandro Galea, *Well: What We Need to Talk About When We Talk About Health* (Nova York: Oxford University Press, 2019).

9. Neal Comstock, "Congress Unveils Covid-Relief, FY2021 Spending Package", National Council, 22 de dezembro de 2020, https://engage.thenationalcouncil.org/communities/community-home/digestviewer/viewthread?MessageKey=b2aa3c89-3840-46c5-8a20-8d29545fc060&CommunityKey=83fe128a-4d3e-4805-88dc-5acfaef5d555&tab=digestviewer.

10. Paul Hawken, *Blessed Unrest: How the Largest Social Movement in History Is Restoring Grace, Justice, and Beauty to the World* (Nova York: Penguin Books, 2008), 190.

11. Yuval Levin, "Either Trump or Biden Will Win. But Our Deepest Problems Will Remain", *New York Times*, 3 de novembro de 2020, https://www.nytimes.com/2020/11/03/opinion/2020-election.html?action=click&module=Opinion&pgtype=Homepage.

12. Shaylyn Romney Garrett and Robert D. Putnam, "Why Did Racial Progress Stall in America?", *New York Times*, 4 de dezembro de 2020, https://www.nytimes.com/2020/12/04/opinion/race-american-history.html?action=click&module=Opinion&pgtype=Homepage.

ÍNDICE

A

Abordagem
 holística, xxxiii
 transdiagnóstica, 140
Abuso de substâncias, xvi, 12
Administração de Serviços de Saúde Mental e Abuso de Substâncias (SAMHSA), 10
AIDS, xxi, 9
Alcoolismo, 87
Andrea Cipriani, 47
Anorexia nervosa, xxi, 11, 54, 107
Ansiedade, 107, 127, 214
 social, 105
Antidepressivos, 34, 48
Antipsicóticos, 34, 48, 124
Apego social, 162, 167

Apoio social, xxxiii, 14, 37, 188, 222
Aptidão mental, 226, 245
Associação clang, 32
Atenção plena (mindfulness), 53
Atendimento
 especializado, 108
 integral, 195
 psiquiátrico hospitalar, 75
Ativação comportamental, 105, 192
Autismo, 133

B

Banco da Amizade, 191, 192, 194
Barreiras atitudinais, 22
Benefício da Seguridade Social por invalidez (SSDI), 35

ÍNDICE

Benefício Suplementar de Seguridade (SSI), 34, 173
Bernice Pescosolido, 144
Big data, ix

C

Capitalismo de vigilância, 210
Carga Global de Morbidade, 12
Carl Rogers, 203
Cegueira cognitiva, 150
Central 988, 15
Central de Serviços Medicare e Medicaid (CMS), 111, 219
Centro Comunitário De Saúde Comportamental Certificado (CCBHC), 195, 243, 252–302
Centro Médico Berkshire, 33, 35
Código
  epigenético, 135
  genético, 135
Coletivo social, 163
Comissão Carter, 39
Comportamento
  de esquiva, 53
  disruptivo, 169
Comunidade
  Broadway Housing, 170
  intencional, 176
Conectividade desregulada, 57
Conectividade social, 200

Conexão
  assíncrona, 215
  cultural, 194
  social, 162, 191, 241
Contágio emocional, 209
Continuidade do cuidado, 78
Craig Colton, 39
Crise
  de cuidados de saúde mental nos EUA, xxiv, 20, 44, 86, 126, 183
  de psicose, 33
Crisis Now, 87
Cuidados
  baseados em eminência, 103
  baseados em evidências, 103
  colaborativos, 183
  de ansiedade, 110
  comunitários, 14, 100
  contínuos, 241
  de reabilitação, 62
  de saúde mental, 43
  escalonados, 108
  Especializados Coordenados (CEC), 187, 191, 224, 240

D

Dan Buettner, 163
Déficits sociais, 140
Democratizar
  o cuidado, 194, 218

o tratamento, xxxi
Depressão, 52, 87, 109, 127, 145, 193, 214, 241
  grave, 166
  humana, 49
  pós-parto, 224–236
  refratária, 58
Desafios sociais, xxiv
Desinstitucionalização, 30, 35, 71, 85
Desregulação emocional grave (DEG), 12
Desvantagem social, 166
Determinantes
  morais da saúde, 239
  sociais, 133, 221
Diabetes, 3
Discriminação, xxxiv, 146
Disparidade geográfica, 99
Distúrbios
  alimentares, 114–122
  cerebrais, xv, 18, 45, 135
  complexos, 20
  comportamentais, 46
Dixon Chibanda, 191
Doença
  bipolar, 51
  de Alzheimer, 206
  de Parkinson, 58
  mental, 27, 97, 132
  vs. identidade, 18
Doenças
  cardíacas, 224
  mentais, xv, 11, 74
    graves, xxii, 38
  neurodegenerativas, 51
Don Berwick, 219, 235, 239
Dorothea Dix, 27

E

Efeitos
  antidepressivos, 50
  multigeracionais da depressão, 61
  neurotransmissores, 49
Eletroconvulsoterapia, 57
Eletroencefalograma (EEG), 60, 138, 199
Elyn Saks, 64
Embotamento afetivo, xxvi
Empower, 192
Emprego apoiado, 174
Entropia comportamental, 200
Envelhecimento saudável, 165
Epigenômica, 135
Escassez
  de profissionais de saúde mental, 100
  de recursos, 108
Esquizofrenia, 6, 28, 48, 90, 115, 132, 145, 153, 159, 186

Estimulação
  elétrica, 57
  magnética transcraniana (EMT), 56, 107, 251
  química, 50
Estudo
  de conectividade cerebral, 137
  Glueck, 166
  Grant, 164

F

Falta
  de acesso, 109
  de responsabilização, 232
  de tratamento, 20
Fatores
  de estilo de vida, 221
  endócrinos, 127
  sociais, 222
Fenotipagem digital, 208, 211
Fobia social, 166–180
Fountain House, 176
Fragmentação, 109

G

Genômica, 126
  do autismo, 133
  psiquiátrica, 134
Genotipagem, 208
George Vaillant, 165

Gheel, 156, 168

H

Habituação, 53
HEDIS, 116, 114–122
Henck van Bilsen, 169
Herb Pardes, 141–142

I

IAPT, 104
Incapacidade, xxi, 12
  crônica, 8, 28
Indústria farmacêutica, 47
Iniciativa Brain, xix
Injustiça
  racial, 238
  social, xxiv
Instituições de Doença Mental do Medicaid2 (IMD), 71
Instituto
  Black Dog, 226
  de Melhoria de Assistência Médica (IHI), 219
  Nacional de Saúde Mental, xix
Integração de cuidados, 187
Internação, 71–92
  involuntária, 72
Intervenções
  digitais, 202
  preventivas, 223

psicológicas, 128
Iris Murdoch, 206
ISRS, 48

J

Jimmy Carter, 36
Jim O'Connell, 151
Joe Parks, 189
John Weisz, 140
Justiça social, 146

L

Lacuna de implementação, 111
Lares de Saúde, 189, 194
Lei
   das Curas do Século XXI, 155
   de Kendra, 153
   de Proteção e Cuidado Acessível ao Paciente, 189, 220
   de Saúde Mental Comunitária, 29, 71
   de Serviços de Saúde Mental, 170
   de Sistemas de Saúde Mental de 1980, 37
   do Medicaid, 71
   Nacional de Saúde Mental, 129
Leucemia
   linfoide aguda, 220
   linfoide aguda (LLA), 184
Lobotomia, 26, 28, 88

Logoterapia, 174
Ludoterapia, 124
Lyndon Johnson, 34

M

Mania, 200, 206
Manual Diagnóstico e Estatístico de Transtornos Mentais (DSM), 127, 140, 144
Marsha Linehan, 156
Medicaid, 10, 34, 77
Medical 203, 129
Medicare, 10
Medicina de precisão, 125
Modelo Clubehouse, 176
Moradias de apoio, 168, 170
Mortalidade precoce, 40, 189
Myrna Weissman, 101

N

National Alliance on Mental Illness (NAMI), 156, 178, 247
Necessidade
   médica, 151
   psiquiátrica, 151
Neurociência social, 162
Neurotecnologias, 107
Neuroterapêutica, 56
NIMH, xix, 37, 129, 156, 186, 227, 249

O

Openbaar Psychiatrisch Zorgcentrum (OPZ), 169
Ouvintes, 213

P

Pandemia da Covid-19, xxiii, 12, 163
Parceria Enfermagem-Família (NFP), 226–236, 235, 242–246
Paul Farmer, 167
Pesquisa Nacional de Comorbidades, 109
Peter Kramer, 50
Philippe Pinel, 27
PLP, 175, 183, 222, 241
Pobreza, 191, 223
  endêmica, xxxiv
Políticas sociais, 239
Potencial de autolesão, 52
Prevenção, 223, 239
  do suicídio, 235
  primária, 225
  secundária, 224
  terciária, 224
Processamento de linguagem natural (PLN), 203
Pródromo, 15, 70
Programa Suicídio Zero, 231
Progress Foundation, 78
Projeto Suicídio Zero, 229
Propósito, 174, 241
Psicoeducação, 61
  familiar, 61
Psiconeuroses, 129
Psicose, 5, 107, 127, 186, 193, 224, 241
  aguda, 8, 14
Psicoterapia, 51, 214, 225
  intensiva, 15
  interpessoal (TIP), 101
  psicodinâmica, 55, 103
Psicoterapias modernas, 53

R

Redlining, 90
Redução de leitos hospitalares, 74
Responsabilização, 232
Resultados funcionais, 106
Revolução
  da psicofarmacologia, 20
  tecnológica, 197
Risco
  genético, 133
  individual, 230
Robert Heinssen, 186
Robert Waldinger, 165
Ronald Mandersheid, 39
Ronald Reagan, 38
Rosalynn Carter, 36
Rosemary Kennedy, 25

S

Saúde
  comportamental, xvi
  mental, xv, 28, 97, 223
    atendimento em, xxiii
  pública, 220
Segurança
  pública, 150, 152
  social, 238
Senso
  de propósito, 5
  de solidariedade, 163
Sigmund Freud, 53
Síndrome de Asperger, 123
Síndromes psiquiátricas
  agudas, 128
Sistema
  de Saúde Henry Ford, 229
  hospitalar estadual, 128
Skid row, xxiii, 160
Soft science, 162, 223
Solidão, 162, 223
Solidariedade, 179
Solução
  em rede, 188
  social, 167
Suicídio, xxi, 9, 52, 82, 115, 150, 192, 230

T

TDAH, xxi, 47, 51, 123, 145
Telemedicina, 214
Telepsiquiatria, 213
TEPT, 11, 87, 114, 138, 193, 214, 244
Terapia
  centrada na pessoa, 203
  cognitivo-comportamental (TCC), 54, 105
  comportamental, 53, 232
  comportamental dialética (TCD), 54, 232
  de fala empática, 128
  eletroconvulsiva (ECT), 57, 147, 251
  familiar, 54, 119
Terapia Rogeriana, 203
Teste
  de associação implícita (IAT), 231
  de Turing, 203
TMG, 19, 34–42, 56–64, 84–92, 87, 100, 144–158, 152, 166–180, 189–198, 196–198, 202–218, 240–246
TOC, 53, 135–142, 161–180
Transinstitucionalização, 85, 88
Transtorno
  bipolar, 11, 68, 154, 200
    em crianças, 130
  comportamental, 85
  de ansiedade, 123

de déficit de atenção com hiperatividade, xxi, 123
de Estresse Pós-Traumático (TEPT), 11, 36
de personalidade borderline, 11, 54, 114
depressivo maior, 11, 45, 58
disruptivo da desregulação do humor, 123
do espectro autista (TEA), 123, 130–142
esquizoafetivo, 6
mental grave (TMG), 11
obsessivo-compulsivo, 53, 102
opositor desafiador, 123

Transtornos
alimentares, 55, 248
comportamentais, xv
da mente, 145
de ansiedade, 109
de humor, 107
mentais, xv
neurodegenerativos, xv
psicóticos, xv
psiquiátricos, 18

Tratamento
ambulatorial assistido (AOT), 153
combinado, 108
da depressão, 52
humanizado, 27
involuntário, 150

Tratamentos
psicofarmacológicos, 49
psiquiátricos, 45
reabilitadores, 60

Treinamento cognitivo, 188

U

Ubuntu, 164
UNICEF, 239

V

Varredura genômica, 133
vigilância tecnológica, 209
Vikram Patel, 55
Viktor Frankl, 174
Vivek Murthy, 163

W

We Are Not Alone, 176
William Bruce Cameron, 117
William Tuke, 27
Woebot, 215

Projetos corporativos e edições personalizadas
dentro da sua estratégia de negócio. Já pensou nisso?

Coordenação de Eventos
Viviane Paiva
viviane@altabooks.com.br

Contato Comercial
vendas.corporativas@altabooks.com.br

A Alta Books tem criado experiências incríveis no meio corporativo. Com a crescente implementação da educação corporativa nas empresas, o livro entra como uma importante fonte de conhecimento. Com atendimento personalizado, conseguimos identificar as principais necessidades, e criar uma seleção de livros que podem ser utilizados de diversas maneiras, como por exemplo, para fortalecer relacionamento com suas equipes/ seus clientes. Você já utilizou o livro para alguma ação estratégica na sua empresa?

Entre em contato com nosso time para entender melhor as possibilidades de personalização e incentivo ao desenvolvimento pessoal e profissional.

PUBLIQUE SEU LIVRO

Publique seu livro com a Alta Books. Para mais informações envie um e-mail para: autoria@altabooks.com.br

 /altabooks
 /alta-books
 /altabooks
 /altabooks

CONHEÇA OUTROS LIVROS DA **ALTA BOOKS**

Todas as imagens são meramente ilustrativas.

Este livro foi impresso nas oficinas gráficas da Editora Vozes Ltda.,
Rua Frei Luís, 100 – Petrópolis, RJ.